灯下昆虫图鉴

广西壮族自治区植保站
广西农业科学院植物保护研究所　主编

李永禧　周至宏　王助引　编绘

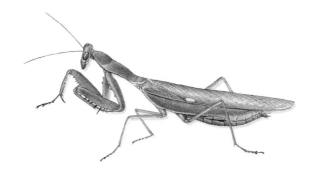

广西科学技术出版社
·南宁·

再版说明

　　《灯下昆虫图鉴》第一版于 1995 年出版发行，图书出版后受到广大读者的喜爱。第一版的出版目的主要是为植物保护专业工作者进行昆虫鉴别提供帮助。在广泛征求读者和专家的意见后，本次再版增加了昆虫身体结构图，在文字描述中增加了昆虫的生活习性和地理分布，以增强科普性和趣味性。同时，对图片和文字字号作了调整，以期为读者带来更加舒适的阅读体验。

　　限于水平，此次修订尚存在疏漏之处，欢迎广大读者批评指正。

编者

2024 年 1 月

初版序

　　植保工作在害虫防治方面，很注重预测预报，故每个基层县的植保部门都安排专人装设测报灯，以诱集那些有趋光性的主要农作物害虫，记录每年始见期与各月诱到的数量，从而可以看出这些害虫在一年中各个季节的消长情况，找出其发生发展规律，作为预报防治的依据。

　　但趋光的昆虫种类很多，灯下诱到需要检查记录的主要害虫种类，恐达不到百分之一。其余的百分之九十九里面，绚丽多姿、大小纷繁的究竟是些什么种类？从事检查测报灯的人员，多么渴望知道！可这是有关昆虫分类学的问题，必得手边有昆虫各目科的昆虫学专著，供作查对，方可办到。这些浩繁的分类资料，远非一个基层病虫测报单位所能置备的。倘有一本专门记述灯下诱到的昆虫形态特征的专著，用来查对识别，岂不方便？若每种都附有彩图，就更理想了。

　　广西壮族自治区植保站为满足这方面的需要，提议并征得广西农业科学院植物保护研究所的同意，两家协作，组织有关专家专门编著了这本《灯下昆虫图鉴》。全书包含昆虫409种，灯下诱到较为大型且常见的，多已收集进去。每种既有手绘彩图，又有形态特征描述。使用时，将标本与彩图一比对，便可认识，极为方便。此书不单从事虫害测报工作的人员留在手边大有用场，即使是科研机构与农业生产单位以及大专院校昆虫植保专业人员，供作参考，也很有用。书内虫类虽只根据广西一地的标本，但由于昆虫分布的范围很广，故国内其他各省（区），将本书置备起来，也很有参考价值。

李永禧研究员是本书的主要编绘人员，又是顾问。李老不但学识渊博，而且其手绘的昆虫彩图更是精美绝伦，早已驰誉海内外，洛阳纸贵了！

像这样的专著，国内尚不多见。倘能续作，将更多的小型种类也收罗进去，则参考作用将会更大。爱书所见，乐为之序。

前　言

　　1987年秋天，皓年先生找我商量关于农作物病虫测报技术规范化工作问题，大家认为要写一些有关这方面技术的工具书，特别是灯下昆虫种类繁多，为帮助基层测报科技人员识别灯下昆虫，很有必要。记得20世纪60年代中期，梁礼彰、王金发两位先生曾在五塘实验区连续多年从事灯下昆虫种类的记载，收集了大量的标本，可惜毁诸"文革"，所有资料，荡然无存。我和皓年先生决意组织编绘一本"灯下昆虫图谱"一类的工具书。我们翻阅了多套昆虫图谱(鉴)，发现有的是按新鲜标本彩色绘制，有的是照实物原色摄影。我们觉得原色拍照虽然形态逼真，但对整个昆虫形体"难窥全豹"；而按标本彩绘，则可以展现全形。可是，一种一种昆虫去绘制，难度极大，我站更没有如此丹青妙手。要完成这本"巨著"，除非请广西农业科学院李永禧研究员"出山"。当时他年逾古稀，已经退休。我和皓年先生先找到广西农业科学院植物保护研究所前所长孙恢鸿研究员，得到了大力支持，然后一起向李老求助，李老慨然允诺，并率其入室弟子广西农业科学院植物保护研究所的周至宏、王助引两位先生一起投入工作。周先生是李老"东床"，翁婿联袂创作，一时传为佳话。李老是我国著名的昆虫绘图专家，20世纪60年代早负盛名，以形态逼真、设色传神而蜚声饮誉。周、王两位先生深得乃师真传，自然得心应手。为了使绘图标本更有代表性和真实感，我们按照广西不同的自然地理和农业生态，选定有代表类型的县（市）农作物病虫测报站，采集灯下昆虫新鲜标本，专送绘图使用。

经过两年多的辛勤耕耘，采集、制作、鉴定了大量灯下昆虫标本，并从中编写和彩绘了409种，包括11个目，其中蜚蠊目2科2种、螳螂目1科3种、等翅目1科1种、直翅目4科7种、同翅目6科32种、半翅目8科42种、鞘翅目29科77种、脉翅目2科2种、鳞翅目21科158种、双翅目14科27种、膜翅目11科58种。属于害虫的有321种、益虫有88种。每种昆虫的彩图下均附有中文学名和拉丁文学名及形态特征的描述。本书全册均选用铜版纸印制，其内容、印刷、装帧工艺等，极尽精美，绝非一般图谱可比。经编者商定，书名曰："灯下昆虫图鉴"。本图鉴专供广大植保、昆虫、生物科技工作者阅读使用，不论是技术推广，还是科学研究和教学等领域，都具有广阔的应用范围，尤其是农作物病虫测报人员，更需必备。因此，本图鉴不失为一部富有学术价值、实用价值、艺术价值和收藏价值的好书。

本图鉴承蒙我国昆虫学界老前辈、世界著名学者周尧教授赐《序》。谨致谢忱。

在图鉴的酝酿和编写过程中，得到全国植保总站的领导、区内外专家教授、植保同行的许多帮助和教益，我们表示衷心感谢。

孙霈昌

1994年7月于南宁

目 录

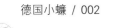

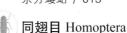
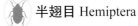

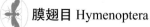

昆虫身体结构

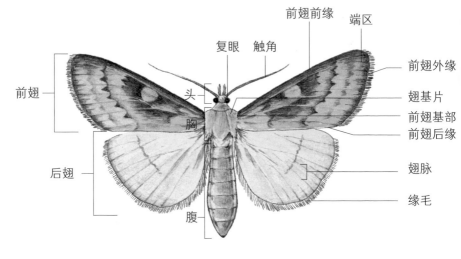

前翅前缘　端区

复眼　触角

前翅

头

胸

后翅

腹

前翅外缘

翅基片
前翅基部
前翅后缘

翅脉

缘毛

玉米螟

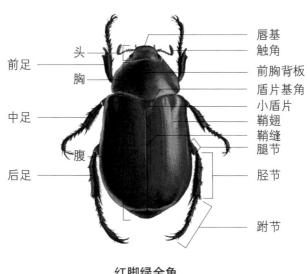

头

胸

腹

前足

中足

后足

唇基
触角

前胸背板

盾片基角
小盾片
鞘翅
鞘缝
腿节

胫节

跗节

红脚绿金龟

美洲大蠊

Periplaneta americana Linnaeus

形态特征： 体长约 45 毫米。大体赤褐色。头小，头顶近似三角形，复眼大。颜面与头顶垂直。前胸背板宽大，略扁平，底色淡黄，中部有 2 个深赤褐色大斑，两斑内侧后角向后延伸并相连。背板后缘黑褐色。雄虫背板后缘之前有 2 条斜的浅凹沟，雌虫不明显。雄虫翅长较雌虫超出腹端，肛上板宽大，近似四方形，侧缘弧形，雌虫略呈三角形。足侧扁，各腿节腹面及胫节周缘有长刺。

生活习性： 蜚蠊即蟑螂，是昆虫纲中一个古老而活跃的种类。美洲大蠊与黑胸大蠊、德国小蠊混生或单独发生，在我国是蜚蠊目中的室内三大害虫之一。它们污染食物，传播疾病，不仅会造成巨大的经济损失，还会影响人类健康。美洲大蠊成虫寿命为 1 ～ 2 年，完成 1 个世代需两年半。卵鞘初产时白色，渐变褐色至黑色。雌虫用口分泌液体将卵黏附于附近的物体上。每鞘有卵 14 ～ 16 粒，卵期 45 ～ 90 天，孵化后若虫经几次蜕皮化为成虫。此虫能飞善走，当食物缺乏时，会互相残杀，吃掉同类卵鞘。

地理分布： 国内大部分地区有分布，广泛分布于全世界。

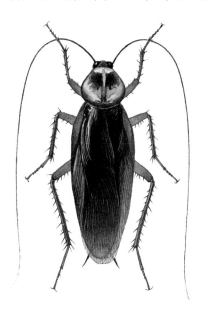

德国小蠊

Blattella germanica Linnaeus

形态特征：体长约 13 毫米，雄虫体狭，雌虫体较短宽。大体淡褐色。头小，背面梯形，表面圆，额的上方为黑褐色大斑。前胸背板宽大，略扁平，中部有 2 条黑色纵斑。翅超出腹端甚多。雄虫肛上板狭长如舌状，下生殖板左右不对称，左后缘有一凹缺；雌虫肛上板略呈三角形，下生殖板宽大，表面似馒头状隆起。足侧扁，各腿节背面有一深褐色条纹，其腹面和胫节周缘有长刺。

生活习性：此虫在我国是蜚蠊目中的室内三大害虫之一。卵鞘初产下呈白色，渐变为淡褐色，后呈栗褐色。卵孵化前卵鞘两侧有缘带，卵鞘出现约 1 日，即向左或右旋转横置，卵鞘产出后常挂在雌虫尾端，直至卵孵化。孵化前一天卵鞘由雌虫尾端落下。雌虫有时也能产不受精的卵，但迄今尚未见其孵化若虫。成虫翅虽发达，但一般不飞翔，当用农药喷射时，偶可见到大群成虫起飞相当远的距离，当行走遇到凹陷或小阻碍时，也能借助震翼作用飞跃而过。每年室内可繁殖多代，终年活动。

地理分布：广西、广东、福建、云南、贵州、四川、西藏、上海、北京、辽宁、黑龙江、内蒙古、陕西、新疆，全世界范围从热带、亚热带、温带、寒带及至极寒地均有分布。

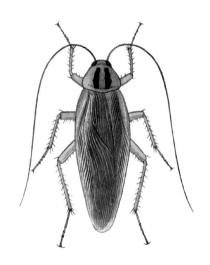

两点广腹螳螂

Hierodula patellifera（Serville）

形态特征：体长 50 ～ 70 毫米。全体绿色或带紫褐色。头比胸宽，正面观近似三角形。前胸背板宽大，长菱形，侧缘具细钝齿。前足粗大，基节向后伸超过前胸背板后缘，腿节长度略短于前胸背板，其腹面有黑色的外列刺和中列刺各 4 个，内列刺 15 个。前翅于前缘脉基部 1/3 处各有一明显的黄白色斑。

生活习性：肉食性，捕食其他昆虫，被称为天敌昆虫，但不论害虫或益虫都捕食。螳螂的一生只经过卵、若虫、成虫 3 个虫期，是不完全变态的昆虫。每年 7 月陆续进入成虫期，8 月雌雄虫交尾，9 ～ 10 月上旬为雌虫产卵期。产卵前，雌虫先由左侧附腺分泌出泡沫状蛋白物质于生殖腔开口处，右侧附腺分泌出二酚醛类物，并立即被氧化为醌，使分泌的蛋白物质凝固为一层较坚硬的外壳，覆盖在卵块的外面，形成卵鞘，卵产在卵鞘内。以卵鞘越冬，1 年发生 1 代。

地理分布：广西、广东、福建、云南、贵州、四川、台湾、河南、江西、湖南、江苏、山东、河北、甘肃、新疆、吉林。

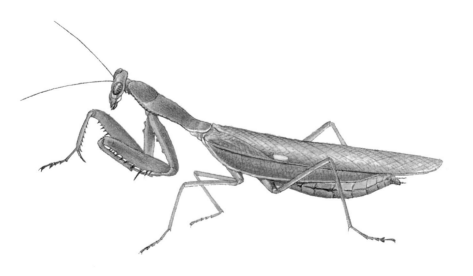

螳螂目螳螂科

丽眼斑螳螂

Creobroter gemmata（Stoll）

形态特征：雌虫体长约 30 毫米。头、胸、腹及足大体黄褐色。头约与前胸背板等宽，正面观近似正三角形，复眼呈尖锥状突起，额和头顶凹陷，在单眼后方处有一角状尖锥突起。前胸背板宽短，近似马鞍形。前足粗大，腿节腹面具黑色外列刺和中列刺各 4 个，内列刺 13～14 个。前翅绿色，基部有一略小的黄白色斑，中部有一个土黄色大斑，该斑的边缘由 2 根黑色弧线构成，中央有 1～2 个黑点。

生活习性：与两点广腹螳螂相似，肉食性，捕食其他昆虫。一般以卵鞘越冬。翌年 6 月初，越冬卵开始孵化，一直延续至 7 月上旬。卵在卵鞘内经过胚胎发育成为若虫后，若虫即借助身体的蠕动和卵的张力，挣脱卵膜从做鞘时留下的孵化孔中孵化出来，并借助第 10 节腹板上分泌的胶质细丝，将卵壳及虫体粘连悬挂着。不久，孵化出的个体即借助风力，用足抓住周围物体，各奔东西。

地理分布：广西、广东、福建。

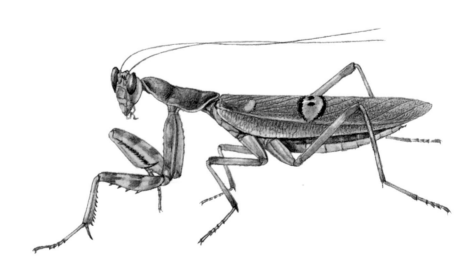

棕污斑螳螂

Statilia nemoralis（Saussure）

形态特征：体长 40 ～ 50 毫米。大体暗褐色。头明显比前胸背板宽，正面观三角形，复眼球形突出。前胸背板瘦长呈菱形，侧缘有小钝齿，背面横沟后部有一中纵脊。前足粗大，基节内侧基部黑色。腿节腹面具外列刺和中列刺各 4 个，内列刺 14 个，侧面中部有一黄白色斑，该斑的前侧为一黑横线，后侧为一黑方斑。前翅中央靠基部近径脉处有一色略浅的小斑。

生活习性：与两点广腹螳螂相似，肉食性，捕食其他昆虫。若虫的外形与成虫相似，只是不同龄期的若虫的胸部背面具有由小到大的翅芽，在末龄完成后，才长出能飞翔的 2 对大翅。每年 7 ～ 10 月为成虫陆续发生期，一般雄性成虫较雌虫提早 10 天。羽化出的成虫，10 ～ 15 天后即可进行交尾。

地理分布：广西、甘肃。

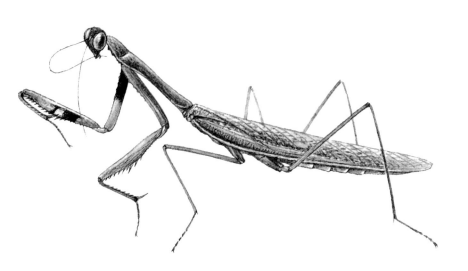

黄翅大白蚁

Macrotermes barneyi Light

形态特征： 有翅成虫体长约 13 毫米，翅长约 25 毫米。头、胸部背板和腹部背板均暗红棕色，胸部腹面、触角、足棕黄色，翅浅黄色，前缘色深。头椭圆形，囟呈极小的颗粒状突起，位于头顶中央。后唇基强度隆起，中间有一浅纵沟。前胸背板后端收缩，前后缘中部均向内凹入，背板前端中央有浅色的近似"十"字形纹。前后翅中脉距肘脉较中脉距径脉近，在中点后有分支，肘脉有十余根分支。

生活习性： 白蚁可危害房屋建筑、水库堤坝、林木，以及甘蔗、高粱、玉米、花生、大豆、红薯和木薯等作物，造成很大的经济损失。黄翅大白蚁和黑翅土白蚁是中国堤坝白蚁中危害最为严重的土栖白蚁种类。蚁巢由大、小菌圃组成，具有强烈的酸臭味。巢居深度超过 1 米，"王宫"建在中部，一般为一王多蚁后，主巢常向左右或更深处转移，留下 1 ～ 3 个旧的主巢腔。地面常有粗大的断断续续的粗蚁路，在地表分布非常明显。

地理分布： 我国长江以南各地，越南等地。

长翅稻蝗

Oxya velox（Fabricius）

形态特征：体长 27 ～ 35 毫米。体黄绿色或褐绿色。头胸两侧自复眼之后至前胸背板后缘有一明显的深褐色纵条纹，条纹下方及腹部均黄绿色，后足腿节内、外侧亦黄绿色，前翅褐绿色。前胸背板中隆线和3 条横沟明显，无侧隆线。前翅明显超出腹末。后足胫节具内、外端刺，近端部两侧缘呈片状扩大。雌虫腹部仅第 2 背板侧缘角呈齿状。

生活习性：在广西 1 年可发生 2 代，以卵越冬。成虫喜在低湿向阳、土质疏松的地上产卵。产卵时，分泌胶质物粘连草屑土粒结成卵囊，斜立于约 3 厘米深的土中，卵聚产在囊内。若虫 3 龄以后才侵入稻田，取食稻叶和嫩穗。还可为害芋头、瓜类、豆类、竹等。10 月中旬后，成虫产完越冬卵，陆续死亡。

地理分布：我国南方各地。

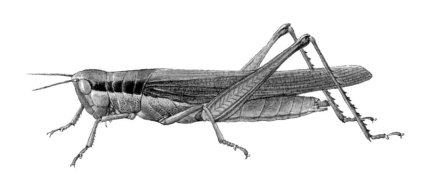

台湾禾螽蟖

Pyrgocorypha formosana Matsumura et Shiraki

形态特征： 体长约 70 毫米。黄绿色。头顶呈尖锥状向前突起，背面平坦。颜面圆形，强度倾斜。额的上方有一大一小两纵列突起，两者间呈凹缺。触角约与体等长。前胸背板比头长，具细密刻点，侧片与背面呈垂直，表面平坦，横沟不甚明显。前翅长，翅端圆形。后足腿节细，棒状，约与胫节等长。腹面端部有 2 列刺。胫节呈方形，有 4 列刺。

生活习性： 为害水稻和其他禾本科植物。主要生活在低海拔地区，成虫出现在春夏两季，在诱虫灯下，1～5 月都能诱到成虫。在早稻收割时，常能见到较大量的成虫。

地理分布： 广西、广东、福建、海南、江西、湖北、台湾，印度，东南亚。

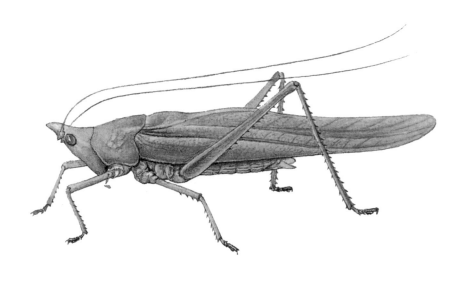

南方油葫芦

Teleogryllus mitratus（Burmeister）

形态特征： 体长约 28 毫米。体黄褐色、赤褐色至黑褐色。颜面黄褐色夹有黑褐色斑，头背面前缘及两侧均有窄的黄色带，背面观呈不明显的八字黄纹。头较前胸背板略窄，但头顶则稍高。前胸背板隐约可见一对羊角形纹，两侧片下部浅黄色。后足发达，胫节有 5 ～ 6 对长刺和 6 枚端距。雄虫前翅发音镜略呈长方形，其前脉两端弯曲，内有一弯曲横脉；雌虫无发音镜，其产卵管鞘长约为体长的 3/4。

生活习性： 若虫、成虫日间潜伏于土隙中、泥块下或乱草堆内，傍晚和夜间活动。雄虫喜欢鸣叫和格斗，交尾多在傍晚进行。雌虫产卵于土中，数粒或十余粒聚产于一处。以若虫或卵越冬，每年 5 ～ 6 月为若虫活动盛期，7 ～ 9 月为成虫活动盛期。蟋蟀属渐变态昆虫，大多 1 年发生 1 代，卵初产时，呈椭圆形、乳白色有光泽，后呈暗褐色。油葫芦的雌虫一生可产卵 34 ～ 114 粒。若虫 5 ～ 6 龄，第 2 龄后出现翅芽，后翅覆在前翅的上面。成虫期大于 5 个月。

地理分布： 广西、广东、福建、海南、江西、湖南、河北、河南、浙江、安徽、陕西、宁夏、台湾。

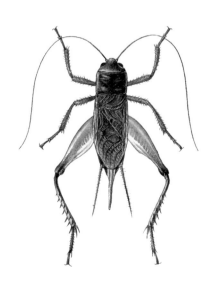

拟京油葫芦

Teleogryllus occipitalis（Audinet-Serville）

形态特征：体长约 24 毫米。大体黑褐色，颜面黄褐色至黑褐色，头背面前缘和两侧黄色，背面观呈八字形黄纹，头顶黑色。前胸背板隐约可见一对羊角形纹和一条中纵线纹。后足胫节有 6 对长刺和 6 枚端距。雄虫前翅有盘曲的纵横脉，形成若干小室，发音镜略呈长方形，其前脉近直线稍弯，镜内有一弧形横脉，后翅露出于腹端约达尾须末端；雌虫前翅脉排列如网状，无发音镜，产卵管鞘长为体长的 0.8 倍。

生活习性：1 年发生 1 代，多以卵在土中越冬。成虫和若虫喜杂草较多、低畦的环境，白天藏身于土缝中，夜间外出活动。雌虫一生可产卵数十粒至上百粒。成虫寿命长达 200 多天。同时，蟋蟀科的大多数种类都有鸣叫的习性，它们音质清雅、欢快，体态娇美可爱，具有极高的审美价值。古人云"花前月下闻其声可涤虑澄怀，秋高日朗观其斗能赏心悦目"，拟京油葫芦和南方油葫芦都是个中高手。

地理分布：广西、广东、海南、福建、贵州、云南、湖南、湖北、江西、浙江、河北、西藏。

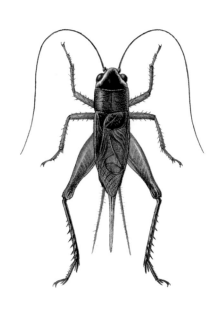

双斑蟋蟀

Gryllus bimaculatus De Geer

直翅目蟋蟀科

形态特征：雌虫体长约 25 毫米。大体黑色，前翅基部有一黄斑，后足腿节基部内侧带赤褐色。头比前胸背板略窄但稍高。前胸背板中部最宽，前缘中部弧形凹入，后缘则凸出，表面羊角状纹及中纵线隐约可见，侧片后部向内凹入。前翅油光，翅脉网状交错。后翅向后延伸超过尾须。后足胫节端部三分之二具 5 对长刺，端距 6 枚。产卵管鞘长于后足腿节。

生活习性：1 年发生 1 代，以卵在土内越冬，翌年 4 ~ 8 月若虫活动，7 ~ 10 月成虫活动。白天栖息于土缝、地面蔗叶、杂草暗处，夜间出来活动为害。蟋蟀有娱乐观赏的价值。随着人们文化生活水平的日益提高，饲养鱼、虫、鸟、兽成为人们的广泛兴趣，而饲养和斗蟋蟀就是其中之一。上海、天津等地还成立了蟋蟀协会和蟋蟀交易市场，山东宁津地区的蟋蟀交易就带来了可观的经济效益。双斑蟋蟀就是蟋蟀中的斗士。

地理分布：广西、广东、福建、海南、江西、湖南、四川、云南、西藏、浙江、内蒙古。

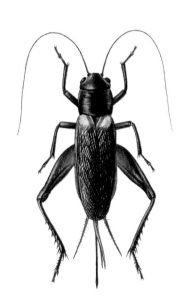

棺头蟋

Loxoblemmus doenitzi Stein

形态特征： 体长约 20 毫米。大体土黄褐色。头较胸宽，头顶前缘向前呈舌状突出，颜面倾斜。额平坦，黑褐色，中央有一黄斑。头顶黑褐色，有土黄色横带和纵条纹。前胸背板浅褐色杂有黑褐色斑，密被黑色细毛，有一对明显的土黄色羊角状纹。侧片前角黄色。雄虫前翅发音镜近于方形，略斜。后翅向后延伸部分与前翅等长。后足淡土黄色，被细毛，腿节末端有黑斑，胫节有 5 对长刺，端距 6 枚。

生活习性： 白天蛰伏于土缝、地面杂草暗处，夜间活动，能为害多种作物。蟋蟀除观其斗和听其鸣声外，它们也是餐桌上的美味佳肴。因为昆虫的肌肉和体液中含有丰富的蛋白质和较低的脂肪，特别是人体最需要的氨基酸在昆虫的体液里含量很高。我国两广地区的群众有吃蟋蟀和蝼蛄的习俗。

地理分布： 广西、贵州、上海、河南、江西、湖南、四川、安徽、浙江、辽宁、河北、北京、山西、陕西、山东。

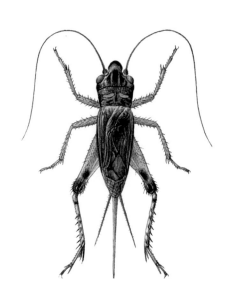

东方蝼蛄
Gryllotalpa orientalis Burmeister

形态特征：体长约 32 毫米。大体深褐色，全体密被细毛。头小，前胸背板大，盾形，正中有 4 根、后端中央有 1 根细纵刻线。前翅短，色略浅，后翅纵褶成条，远超出腹末。前足扁宽，具有用来挖掘的特殊构造齿。后足胫节背侧内缘有 3 ～ 4 个能动的棘刺。

生活习性：1 年发生 1 代，以成虫在土穴内或厩肥中越冬，为害作物时将隧道引至幼嫩植株附近，成虫、若虫均咬食芽和嫩苗基部，使苗发育不良甚至枯死。成虫喜在低湿地带产卵。卵产在 5 ～ 30 厘米深的土室中，每只雌虫产卵量 30 ～ 250 粒。初孵若虫有群集性，3 龄后分散活动。成虫有较强的趋光性。成虫和若虫均有强趋化性和趋粪性，并喜好香甜食物。蝼蛄也是餐桌上的美味佳肴。

地理分布：广西、广东、海南、贵州、黑龙江、吉林、辽宁、内蒙古、青海、上海、河南、江西、湖南、四川、安徽、浙江、河北、北京、天津、山西、陕西、山东。

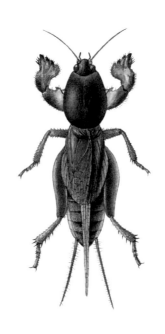

蚱蝉

Cryptotympana atrata（Fabricius）

形态特征：体长约42毫米，前翅长约50毫米。体肥大，黑色具光泽，局部密生金色细毛。头短，前缘近复眼处和额顶各有一橘红色斑。前胸背板具明显的X形纹，外片上有粗皱纹。中胸背板具2条浅的短盾纵沟。前后翅透明，基部有枯黄色。腹部背板各节侧缘、腹板各节两侧橘黄色。前足腿节腹面有2根粗刺，该节中部和中足腿节、后足腿节及跗节红褐色。

生活习性：成虫栖息于树上，雄虫常鸣唱，雌虫不能鸣。若虫生活在土中，吸食寄主植物根部汁液。成虫羽化后经补充营养，即交尾产卵。该虫在华南地区越冬，6～7月为产卵盛期。卵于翌年5月陆续孵化，6月中旬结束。幼虫孵化即落地入土，若虫在土中生活若干年，共蜕皮5次。老熟若虫每年4月出土羽化，9月底结束。若虫出土后会爬到附近的树干、竹竿、杂草或灌木上羽化，蜕皮时身体垂直面对树身。老熟若虫出土以雨后晚上9～10点最多，5～6月为成虫出现盛期，10月为末期。

地理分布：广西、广东、云南、海南、贵州、江西、湖南、四川、浙江等地，朝鲜、越南、老挝。

红娘子

Huechys sanguinea（De Geer）

形态特征： 体长（连翅）约30毫米。头黑色具光泽，额明显隆凸，鲜红色。单眼红色。前胸背板黑色，具若干明显的凹沟，前后缘较平直，两侧后端向外突出。中胸背板两侧各具一大红斑，其余黑色。前翅暗褐色，半透明。腹部红色。足黑色，前足腿节腹面有2个大锐刺。头、胸、腹及足均密被黑色细长毛。

生活习性： 红娘子又称红蝉，是果树的害虫。成虫多发生在丘陵地带，喜栖息于低矮树丛或杂草中。雄虫昼鸣，不能高飞。若虫生活于未开垦的砂质土壤中。蝉类依其食性可分为单食性、寡食性和多食性三大类。因其若虫长年生活在地下，不易被人发现，故而在我国，蝉类的危害过去一直没有引起人们的注意和重视，但近年随着大量果园的建立，人们发现蝉已成为果园最主要的害虫之一。

地理分布： 广西、广东、贵州、湖南、云南、江苏、浙江、安徽、福建、陕西、四川等地，印度、缅甸、马来西亚。

斑翅黑蝉

Gaeana maculata（Drury）

形态特征： 体长（连翅）约 52 毫米。大体黑色，具黄斑。头顶两侧、复眼与单眼之间及颊的上部各有一黄斑，额圆形隆凸，中单眼后方有一纵刻纹。前胸背板具若干凹沟，中胸背板 2 盾纵沟浅，具 4 个黄斑，小盾片两侧分别有一黄斑。前翅基半部有 5 个黄斑，端半部各翅室为淡褐色。腹部背、腹面各节后缘两侧多有黄斑。前足腿节腹面有 2 根长锐刺。头、胸、腹及足均密被黑色细长毛。

生活习性： 斑翅黑蝉又称斑蝉，与蚱蝉一样会鸣唱，成虫早于蚱蝉出现。此虫为害林木。蝉自古就是人们喜爱的食物。人们一般在傍晚捕捉刚出土的老熟幼虫，洗净后用盐腌制，然后油炸食用。

地理分布： 广西、广东、湖南、云南、福建、台湾、四川、海南，印度、缅甸、斯里兰卡。

形态特征： 体长约 12 毫米。全体黑色具光泽。头冠不甚突出。前胸背板两侧角处最宽，中后部隆起，上有细密刻点，中部两侧稍凹陷。前侧缘比后侧缘长，有向上折的宽边。后角弧形，后缘中央凹入。小盾片三角形，中部隆起，顶有一大的菱形凹陷。前翅近基部有 2 个大白斑，近端部有 1 个肾状大红斑（雄性）或一大一小 2 个红斑（雌性）。前足腿节特别长，后足胫节具一侧刺。

生活习性： 成虫为害水稻、甘蔗、玉米、竹子，刺吸植物叶片汁液。若虫共 5 龄，群栖于植物心叶内其自身分泌的白色泡沫中。每只雌虫可产卵 200 粒左右。1 年发生 1 代，以卵在田埂 3～15 厘米深的土缝中越冬。5 月中下旬越冬卵孵化，6 月中旬羽化为成虫，8 月以后成虫数量陆续减少。在成虫刺吸孔周围形成黄色或黄褐色菱形斑，并逐渐扩大，发展很快，严重的会引起被害叶片干枯。

地理分布： 广西、广东、福建、海南、贵州、江西、湖南、四川、陕西，印度、缅甸、马来西亚、日本。

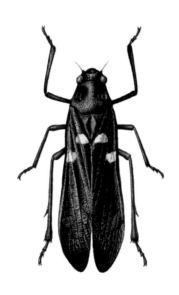

黑唇斑叶蝉

Erythroneura maculifrons（Motschulsky）

形态特征： 体长（连翅）约 1.8 毫米。大体黄色。头冠部黄色，前端圆形，在其端部中间有一黑色大斑点。颜面淡黄褐色，前唇基端部黑色，复眼黑色。前胸背板黄色，中后部带暗灰色，前缘圆突，后缘稍凹入。小盾片黄色，横刻痕位于中央略前处，深褐色。翅透明淡白色，略带黄绿色，前翅端部带褐色。胸部腹板及足均为黄色。腹部背板黑褐色。

生活习性： 为害水稻、甘蔗等作物，也为害竹。以成虫越冬，越冬成虫一般在落叶下或植物枝叶间，甚至在树皮缝隙内蛰伏，在春季一俟天暖，寄主萌发生长，便自蛰伏处外出，并且不久就开始产卵，卵产在植物表皮下。叶蝉是比较活泼的昆虫，尤其是在高温微风的天气下最为活跃。稍受惊扰，便斜走或横行，当惊扰过大时，若虫迅速跳跃逃逸，成虫则起飞离去。

地理分布： 广西、广东、福建、海南、贵州、江西、湖南、四川、陕西，印度、缅甸、马来西亚。

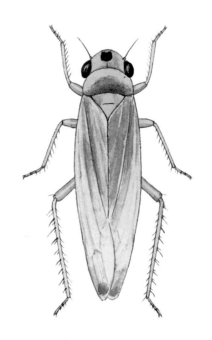

小绿叶蝉

Empoasca flavescens（Fabricius）

形态特征：体长（连翅）约 3 毫米。头冠黄绿色，向前突出，前缘圆。颜面橙黄色，复眼深褐色，无单眼。前胸背板与小盾片淡鲜绿色，二者与头部有时具不甚明显的白斑。翅略带黄绿色，近于透明，前翅端部第 1、第 2 分脉在基部甚接近，向端部渐分开，其间形成一个三角形端室。胸、腹部和足大体为淡黄绿色，各足胫节端部以下青绿色。

生活习性：取食为害作物较多，如水稻、小麦、棉花、甘蔗等，也为害茶树和果树。1 年发生 5 代以上，以成虫越冬。4 月下旬产卵繁殖，卵散产。若虫共蜕皮 5 次。若虫行动活泼，常将尾端举起，不时由肛门排出透明的蜜露。寄主被害后变黄、卷缩、凋萎。10 月羽化出最后一代成虫，潜伏于枯草、落叶、树皮裂隙及其他冬季生长的植物丛中。

地理分布：广西、广东、福建、台湾、河北、陕西、山东、湖北、湖南、四川、安徽、江苏、浙江、内蒙古、黑龙江、吉林、辽宁，朝鲜、日本、印度、斯里兰卡，非洲、欧洲、北美洲。

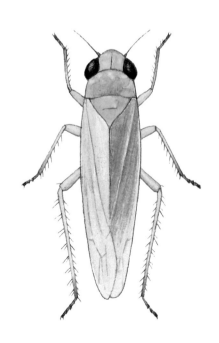

横带叶蝉
Scaphoideus festivus Matsumura

形态特征： 体长（连翅）约 5 毫米。头冠黄白色，向前呈锐角突出，沿前缘有一黑色横纹，中部复眼间有一橙红色宽横带。颜面淡黄色，基缘区有数条黑色横纹。前胸背板黄白色，前缘中部和近后缘分别有一宽橙红色带，两侧前角处各有一小黑斑。小盾片基半橙红色，端半黄白色，每边侧缘均有 2 个黑点。翅脉深褐色，翅面散生灰白色及黑褐色斑。

生活习性： 取食为害水稻等禾本科植物，以及茶树、果树和多种杂木。叶蝉发生世代的多少因种类、气候及寄主条件而异。叶蝉一生经过卵、若虫、成虫 3 个虫期。若虫期共有 5 龄。一般完成 1 个世代所需时间比较短，通常卵期在 10 天左右，若虫期 20 天左右，成虫寿命则长短不等，差异很大。生殖成虫均分雌、雄两性，进行有性生殖。

地理分布： 广西、广东、福建、台湾，朝鲜、日本、斯里兰卡。

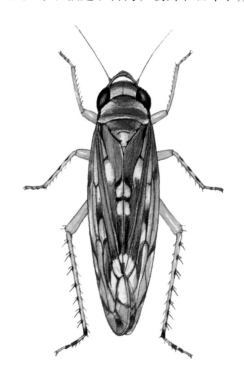

二点叶蝉

Macrosteles fascifrons（Stal）

形态特征：体长（连翅）约 3.5 毫米。头部黄绿色，头冠近后缘处有一对黑色小圆斑，前部有 2 对褐色横纹。颜面额唇基区有若干对黑褐色横纹。前胸背板黄绿色，中后部色略暗。小盾片鲜黄绿色，基缘有一对黑褐色三角形小斑，中央横刻痕平直。前翅淡灰黄色，略透明。各足淡黄色，散有褐色短条纹。腹部背板黑褐色，边缘黄色，腹板大体黄色，基部中央黑褐色。

生活习性：取食为害作物较多，如水稻、甘蔗、大麦、小麦、棉花、白菜、茄子等。叶蝉成虫有飞翔习性，在温暖无风雨天，有些种类白天飞翔，有些黄昏天黑之后飞翔。大多数叶蝉成虫具有趋光性，每当高温无风雨的黑夜，或雨后初晴的夜晚，在诱虫灯中可诱到许多种叶蝉，便是明证。

地理分布：广西、黑龙江、吉林、辽宁、内蒙古、河北、安徽、江苏、浙江，朝鲜、日本、俄罗斯（西伯利亚），欧洲、北美洲。

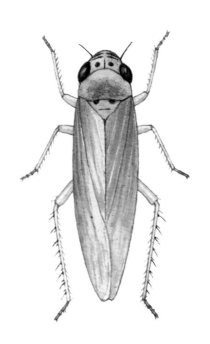

电光叶蝉

Inazuma dorsalis（Motschulsky）

形态特征： 体长（连翅）约 3.6 毫米。头部淡黄白色，头冠前突，颜面额唇基区有淡褐色横纹。前胸背板黄白色，前缘有淡褐色斑点，中后部有 4 条不明显的浅褐色纵纹。小盾片黄白色，近基角处有一浅褐色斑。前翅淡黄褐色，有一自近肩角斜向爪片末端的闪电状褐色大斑，该斑边缘色深，呈角状曲折，后缘中央有一黄白色半圆形斑，翅端部亦有褐色斑。胸、腹及足均黄白色，各足腿节有褐色斑。

生活习性： 为害水稻、大麦、小麦、甘蔗、柑橘。1 年发生 5 代。寄生于水稻时，产卵于稻叶中筋内，少数产于叶鞘内，每只雌虫可产卵 130 粒左右。卵期最短的 7 天，最长 20 天。若虫期 13 ～ 37 天，若虫共 5 龄。成虫寿命雌雄不等，雌虫 5 ～ 42 天，雄虫 2 ～ 30 天。

地理分布： 广西、江苏、浙江、安徽、江西、湖北、湖南、四川、贵州、台湾、广东、海南，日本、马来西亚、印度、斯里兰卡。

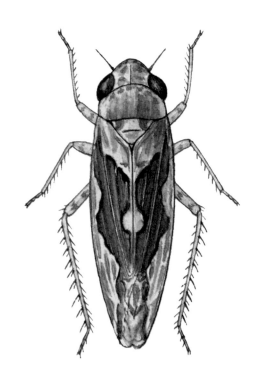

稻叶蝉

Inemadara oryzae（Matsumura）

形态特征：体长（连翅）约 3.5 毫米。大体污黄色。头冠黄白色，前端呈钝角突出，近前缘有一波曲状褐色条纹，冠缝两侧有淡褐色斑，额唇基两边排列黄褐色横纹。前胸背板前缘有褐色斑，中后部有 5 条不甚明显的灰白色纵纹。小盾片基部侧角有一三角形暗褐色斑或基部中央有褐色小斑点。翅脉黄白色，翅室周缘色较深。腹部腹面及足淡黄褐色，各足的腿节和胫节有褐色斑，腹部背面黑褐色。

生活习性：为害水稻、大麦、小麦、雀麦及其他禾本科植物。食料对叶蝉的影响是多方面的，一个种的大量发生有赖于寄主的丰盛和生长多汁时期。寄生于草本植物的叶蝉，大量发生便是在雨季和寄主生长旺盛的时期。6 月水稻生长旺盛，又值雨季，便易盛发，以氮肥多、叶色浓绿、生长茂盛的稻田发生量大。

地理分布：广西、广东、内蒙古、安徽、浙江及东北地区、华北地区、朝鲜、日本。

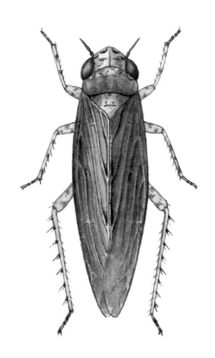

大白叶蝉

Tettigella spectra（Distant）

形态特征：体长（连翅）约9毫米。大体淡蜡黄色。复眼黑褐色，单眼棕红色。头冠前端圆形，前缘有3个圆形黑斑分别位于中央和两侧，前部两侧还各有一组淡褐色横曲纹，后部两单眼间有一菱状大黑斑。颜面后唇基的两边排列褐色横纹。前胸背板前部有若干淡褐色横纹。翅微被白粉。胸、腹部及足浅黄白色，腹部背面中间有深浅不一的褐色纵带。

生活习性：为害水稻、甘蔗、玉米、大麦、小麦、灯芯草等。1年发生多代。以各种虫期越冬。若虫性喜群聚，常栖息于叶背或茎上。成虫好聚集于矮生植物，趋光性强。成虫及若虫均善跳跃。雌虫羽化后经20多天开始交尾产卵。

地理分布：广西、广东、海南、台湾，日本、印度尼西亚、印度、斯里兰卡、澳大利亚，非洲南部。

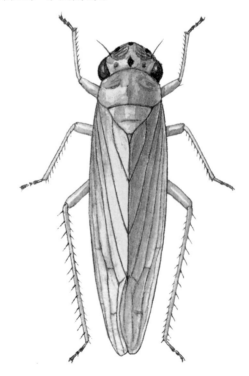

绿斑大叶蝉

Tettigella differentialis Baker

形态特征：体长（连翅）约6毫米。头、前胸背板、小盾片淡黄绿色。头冠具3个黑斑，较大一个位于后部两单眼之间，另2个位于前缘两侧。头冠前部两侧尚有弯形淡褐色横纹，与颜面后唇基两侧的淡褐色横纹相接。前胸背板前部有一弯曲的横刻纹，该横纹至后缘间具细小横皱，并隐约可见绿色大斑。前翅乳白色微绿，胸、足姜黄色，腹部淡绿色。

生活习性：为害水稻、甘蔗、玉米等作物。叶蝉取食时，把口器刺入植物组织内，分泌唾液，吸食细胞汁液。在刺入时会先分泌一种透明液体与口刺同时下降，此液体进入植物组织内部立刻凝固，形成口刺的一层外鞘，最后遗留于植物组织中，因而植物被刺吸后被害处常呈现有色斑点。

地理分布：广西、广东、海南、云南，菲律宾。

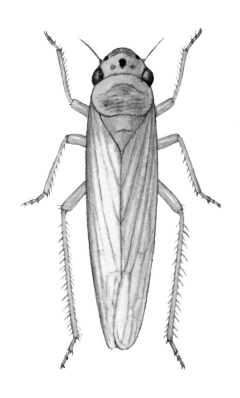

隐纹大叶蝉
Tettigella thalia（Distant）

形态特征： 体长（连翅）约9毫米。大体姜黄色。头冠顶端有一黑斑，后缘中央常具一小黑点，中部有一弧形横纹。复眼、单眼周缘黑色。颜面后唇基两侧排列细横脊纹。前胸背板比头宽，前部亦有一弯曲横纹。小盾片基部有2个椭圆形黑斑，黑斑的一半被前胸背板后端遮盖，隐现浅黑色。翅和胸部腹面及足均为姜黄色。腹部腹面姜黄色或具黑褐色斑。

生活习性： 为害茶树和阔叶林。生活在植株上时，用刺吸口器刺入植物组织内吸取汁液。一般在叶部则刺吸叶内汁液，在树干上则刺入韧皮部吸食。叶部被害后，最初通常出现淡白色斑点，在大量虫体为害下，则斑点成块，最后整个叶片苍白枯死，提早落叶，也可能形成枯焦斑点，引起所谓的枯焦病或使叶片变成其他颜色。

地理分布： 广西、湖南、云南、四川，印度。

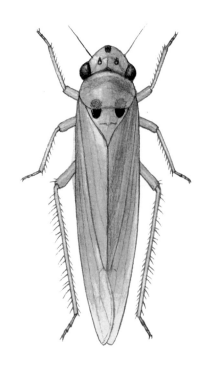

大青叶蝉

Tettigella viridis（Linnaeus）

形态特征：体长（连翅）约 10 毫米。大体青绿色。头冠淡黄绿色，前端淡黄褐色，后部中央有一对不规则的五边形黑斑。颜面后唇基黄色，两边密排浅褐色横纹，触角窝上方处有一小黑斑。前胸背板和小盾片淡黄绿色，前者后部深青绿色。前翅青绿色，翅脉淡黄绿色，前缘黄白色，翅端色淡透明。后翅烟黑色半透明。胸部和足橙黄色。腹部背面除两侧和末节橙黄色外，其余灰黑色，腹面暗橙黄色。

生活习性：寄主植物为多种禾本科、豆科、十字花科、杨柳科、蔷薇科植物。1 年发生 3 代，以各种虫期越冬。卵多于早晨孵化。若虫性喜群聚，常栖息于叶背或茎上。成虫好聚集于矮生植物，趋光性强。成虫及若虫均善跳跃。雌虫羽化后经 20 多天开始交尾产卵。卵块产于寄主表皮下或叶肋内，每块卵 7～8 粒，每只雌虫一生可产卵 50 多粒。

地理分布：广西、广东、福建、台湾、内蒙古、河北、河南、山东、山西、陕西、青海、新疆、湖北、湖南、四川、江西、安徽、江苏、浙江、黑龙江、吉林、辽宁，朝鲜、日本。

同翅目叶蝉科

白翅叶蝉
Thaia rubiginosa Kuoh

形态特征： 体长（连翅）约 3.4 毫米。大体橙黄色至淡黄褐色。头部、前胸背板、小盾片橙黄色。头横宽，前端弧圆，头冠前缘及额唇基部分色较深。前胸背板前缘圆突，后缘角状凹入，两后角圆，中央有 2 个相连的近似椭圆形大刻纹，刻纹内色较深。小盾片中央横刻痕直。翅白色半透明。胸部腹面和足淡黄色。腹部背面除边缘黄白色外，其余灰黑色，腹面大体黄白色。

生活习性： 为害水稻、小麦、甘蔗、玉米等作物和竹、重阳木等。在广西以各种虫期越冬，无真正的滞育现象，气温较低时会停止活动。被白翅叶蝉为害的水稻，被害处会呈现连续的白色斑点。

地理分布： 广西、广东、福建、台湾、湖北、湖南、四川、江西、安徽、江苏、浙江。

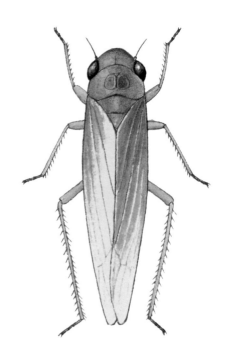

二点黑尾叶蝉

Nephotettix virescens（Distant）

形态特征：体长（连翅）约 4.8 毫米。大体黄绿色。头顶突出。前胸背板横宽，后部色略深。小盾片中央横刻痕黑色，两端稍向下弯。前翅蓝绿色，前缘淡黄绿色。足黄褐色。雄虫前翅端部 2/5 黑色，中部有一黑色斑点，胸部腹板的侧区有大黑斑，腹部背板黑褐色，腹板黄褐色，中央有黑斑；雌虫前翅端部淡黄褐色，中部无黑点，胸、腹部、腹面均为黄褐色。

生活习性：为害水稻、大麦、小麦、柑橘等作物。有的二点黑尾叶蝉在为害作物时会保持在同一位置达几周之久，常十多只群集于稻叶背面或茎秆下部，只要不受外界惊扰，便很少迁移跳走。而许多其他种叶蝉的成虫，在昼夜间则有一定迁移活动习性，如棉叶蝉成虫，日间喜栖在叶背，夜间爬至叶面，若虫则不同。二点黑尾叶蝉 1 年发生多代，与黑尾叶蝉一样会传播水稻普通矮缩病、黄萎病和黄矮病等。

地理分布：广西、广东、台湾，日本、菲律宾、印度。

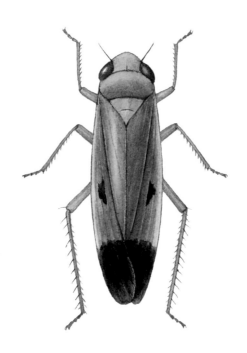

黑尾叶蝉
Nephotettix cincticeps（Uhler）

形态特征：体长（连翅）约5毫米。大体黄绿色。头前端突出，头冠近前缘常有一黑色横带。雄虫额唇基区为黑色；雌虫为淡黄褐色，在该区基部两侧有数条褐色横纹。前胸背板横形，后部色较深。前翅淡蓝绿色，前缘淡黄绿色。雄虫翅末1/3和胸、腹部腹面及腹部背面为黑色，雌虫翅末则为淡褐色，胸、腹部腹面淡黄褐色。足均黄褐色，而雄虫各足常有黑斑或黑色条纹。

生活习性：为害水稻、白菜、芥菜、萝卜、茭白、甘蔗、竹、茶树、苦楝等。在广西1年发生6代以上。以成虫、若虫和卵在再生稻和沟边杂草中越冬，3～4月转到水稻上为害。早稻后期、晚稻秧田期和分蘖期均可受害。成虫有强趋光性和趋嫩性，若虫有群集性。若虫和成虫集中在叶片上吸食稻株汁液，为害严重时可使植株枯萎，影响植株高度、分蘖数、穗粒数、千粒重等，造成减产。

地理分布：黑龙江、吉林、辽宁及华北、华东、华中、西南地区，朝鲜、日本。

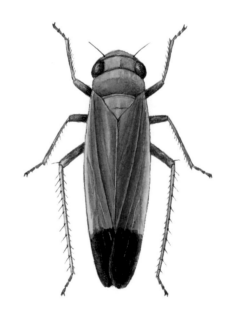

二条黑尾叶蝉

Nephotettix nigropictus （Stal）

形态特征：雄虫体长（连翅）约 5 毫米。大体黄绿色。头冠前缘及近前缘处有黑色横带，颜面黑色。前胸背板前缘黑色，中后部淡蓝绿色。前翅淡蓝绿色，爪片内缘与小盾片相接之边及沿两翅爪片接合缝的两侧缘为黑色，翅端部 1/3 和翅中部各有一个不规则的斑。胸部腹面和腹部均为黑色。足基节和腿节的大部分为黑色，其余大体黄褐色。雌虫颜面仅基部黑色，前翅无黑色斑点或条纹，翅端亦非黑色，仅呈淡紫色。

生活习性：为害水稻和其他禾本科植物。成虫与若虫活动习性存在着差异，若虫明显不如成虫活跃。据研究，在叶蝉中也有一些种类有寄主转移习性，即在不同世代寄生于不同植物上。二条黑尾叶蝉在水稻生长期间寄生于水稻，冬季迁往看麦娘、游草、稗草、结缕草、糠穗等植物上取食。

地理分布：台湾、广东、广西，日本、菲律宾、印度、斯里兰卡、马来西亚，非洲东部和南部。

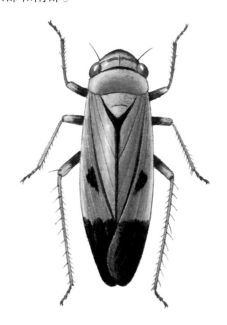

菱纹姬叶蝉
Eutettix disciguttus（Walker）

形态特征： 体长（连翅）约 4 毫米。大体淡黄褐色。头、前胸背板、小盾片浅黄绿色。头冠前端有 2 个褐色斑，后缘有 2 个褐色点，中后部呈不规则状褐色斑纹。颜面额唇基区两侧亦散生点状褐色横条纹。前胸背板和小盾片具褐色斑纹，前者呈网状。前翅浅褐色带乳白色，翅脉褐色，脉间散布许多褐色斑点。在对合的两翅中央，有一大块深褐色菱状斑，该斑中央沿接缝有 2～3 个白斑。足腿节有褐色斑纹。腹部背面黑褐色。

生活习性： 为害桑树、柑橘、蔷薇、茶树、木瓜及其他灌木。1 年发生 4 代，以卵越冬。成虫常栖息于植物先端部分。在桑树上，雌虫产卵于接近新梢先端的皮层内，每处产卵 1 粒，1 只雌虫一生可产卵 150 多粒。孵出的若虫寄生于嫩芽及嫩叶上，桑叶被害后失去绿色，萎缩硬化，造成损失。

地理分布： 广西、广东、安徽、浙江、四川、台湾，日本、朝鲜、菲律宾、马来西亚、印度、印度尼西亚。

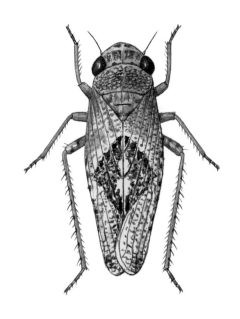

甘蔗叶蝉

Exitianus indicus（Distant）

形态特征：体长（连翅）约 4.2 毫米。大体浅黄褐色。头冠前缘两侧各有一黑色小斑，中部两复眼间有一黑褐色横带，中线黑色。额唇基区两侧排列褐色弧形横纹。前胸背板中后部暗灰褐色，在前部有一弓形刻痕，沿着刻痕散生黑褐色斑点。小盾片两基角附近各有一褐色斑，横刻痕褐色，近于平直。前翅淡黄褐色透明。腹部腹面黄色，背面除边缘黄色外，均为黑褐色。

生活习性：为害甘蔗。叶蝉的若虫和成虫均有排泄蜜露的特性，并且由于若虫期吸入的植物汁液较多，排出的蜜露量也较大。一般若虫和成虫的蜜露排泄量，明显与取食量及食物含汁量有关。

地理分布：广西、广东、福建，印度。

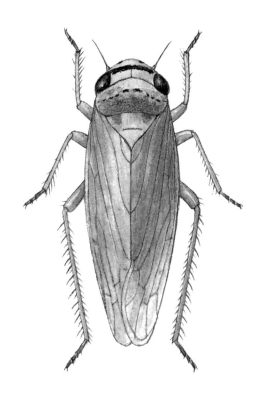

杧果扁喙叶蝉
Idioscopus incertus（Baker）

形态特征： 体长（边翅）约 5 毫米。大体淡赭色。头明显比胸宽，暗土黄色，有褐色晕斑。头冠短，前后缘呈平行的弧形，喙甚长，端节膨大扁平。前胸背板淡赭绿色，有暗褐色斑。小盾片甚大，暗土黄色，两基角附近分别有一三角形黑斑，基部中间尚有一暗色纵斑，端角乳白色，横刻痕呈八字形，其上方有 2 个黑褐色小横斑。前翅淡赭绿色透明，翅脉深褐色，前缘中央靠端部和翅端有黑褐色斑，翅基部由若干乳白色斑连成一横带，爪片端部的横脉段亦乳白色。

生活习性： 杧果的主要害虫，以若虫、成虫在杧果嫩梢、幼叶及花穗上刺吸汁液为害。1 年可发生 2 ～ 7 代，田间世代重叠。以成虫在杧果树冠、树皮裂缝中越冬。成虫喜产卵于嫩梢叶背主脉及花穗上，每只雌虫平均可产卵 279 粒，卵期 3 ～ 5 天，若虫期 6 ～ 9 天。初孵若虫具群集性，常在植株背光面长时间取食，受惊后迅速横行或弹跳。成虫寿命 10 ～ 116 天，最长可达 11 个月。

地理分布： 广西、广东、云南、福建。

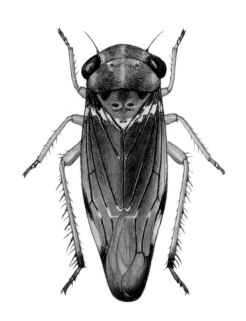

粉白粒脉蜡蝉

Nisia atrovenosa（Lethierry）

形态特征： 体长（连翅）约4毫米。大体褐灰色，被白粉。头暗褐色，宽大，两侧缘脊呈瓦叶状突起，从头顶基部伸至额的前端，脊的表面黑褐色，具刻点，复眼黑色。触角短，黄褐色。前胸背板短，褐灰色，具中脊。中胸背板深褐色，中脊明显。前翅浅褐灰色，半透明；翅脉粗大，褐色至黑褐色；亚前缘脉和臀脉基半的两侧呈明显的小颗粒突起。腹部背面被粉，腹面及足黄褐色。

生活习性： 寄主有稻、棉花、甘蔗、茭白、玉米、高粱、小米、莎草、三棱草等。在长江流域1年发生6代，以卵在禾本科、莎草科植物上越冬。卵产在叶鞘外侧，呈椭圆形卵块，外被白色絮状蜡质。第1代成虫在5月中下旬出现，第2代在6月中旬，第3代在7月下旬至8月上旬，第4代在8月中下旬，第5代在9月上中旬，第6代在10月上中旬。

地理分布： 广西、广东、福建、陕西、江苏、浙江、湖南、江西、台湾、四川、贵州，朝鲜、日本、巴基斯坦、印度、新加坡、印度尼西亚、斯里兰卡、菲律宾。

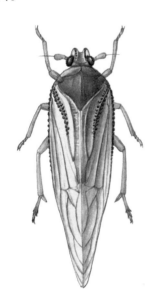

白蛾蜡蝉
Lawana imitata Melichar

形态特征：体长（连翅）约 22 毫米。淡绿色或紫白色，被白色蜡粉。静止时双翅呈脊状竖起。头顶锥形尖突，颊区具脊。前胸背板弧形突起，中胸背板具 3 条近于平行的纵脊。前翅近似三角形，顶角似直角，臀角呈锐角尖出。翅脉分支多，横脉细密，呈网状。径脉和臀脉粗大，中段橘黄色，翅中央近基部靠臀脉处有一白色斑点，径脉旁也常有小白点。足淡黄色，后足胫节外侧有 2 根刺。

生活习性：杂食性害虫，为害荔枝、龙眼等果木。1 年发生 2 代。成虫在寄主植物枝叶茂盛处越冬，天气转暖后取食、交尾、产卵。4 月第 1 代卵块孵化为若虫。初孵若虫先群集为害，群集时使树枝看上去像一条被棉絮包裹的棒，长大后分散。6 月第 1 代若虫羽化为成虫，8～9 月第 2 代若虫高峰期出现，9 月以后羽化为第 2 代成虫。成虫和若虫均有跳跃逃逸的习性，一遇惊扰即跳离原处。

地理分布：广西、广东、福建。

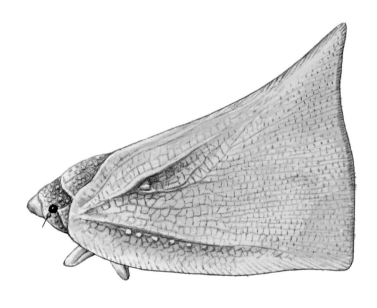

褐缘蛾蜡蝉

Salurnis marginella（Guerin-Meneville）

形态特征: 体长（连翅）约9毫米。大体黄色至黄绿色。头短，黄褐色，呈圆锥状突出。前胸背板和中胸背板各有4条纵带，中间2条为赤褐色，另2条为橘黄色，纵带间为青绿色，两侧为黄绿色。前翅黄绿色，顶角弧形，臀角呈锐角突出。翅缘褐色，后缘近末端有一马蹄形褐斑，后缘和外缘尚有褐色颗粒分布。翅脉较粗，网状，浅褐色。前、中足浅褐色，后足绿色。

生活习性: 杂食性害虫，为害柑橘、荔枝、龙眼、咖啡、茶树、油茶树、刺梨等。若虫和成虫都生活在植物上，刺吸植物的汁液，若虫期多数群聚在植物的嫩枝上，到成虫期开始分散。成虫和若虫都能分泌蜡质，若虫腹部末端的蜡质分泌物会形成絮状的团，放射状或卷曲状的蜡丝。有些种类也能分泌蜜露，污染植物的表面或地面。

地理分布: 广西、广东、福建、陕西、江苏、浙江、湖南、江西、台湾、四川、贵州，巴基斯坦、印度、新加坡、印度尼西亚。

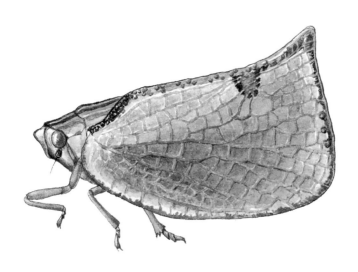

龙眼鸡

Fulgora candelaria（Linnaeus）

形态特征： 体长（从眼至翅端）约 40 毫米，头突约 18 毫米。头背面、前胸红色，中胸背板红褐色，散有白点。头腹面土黄色。头突如长鼻，向上弯曲，末端钝圆。前胸背板两侧各有 2 条脊，脊下有一明显黑色斜斑。前翅底色墨绿色，翅脉密网状，草绿色。翅基部有一横带，稍向外有 2 条几呈交叉的横带，翅端半部有大小斑点 12 ～ 14 个，均为橘黄色，横带及斑点边缘常围有白色蜡粉。后翅橙黄色，顶角呈黑色斑块。足大体红色，前、中足胫节以下黑色。

生活习性： 为害龙眼、荔枝、柑橘、杧果、桑树等。1 年发生 1 代，以成虫静伏在枝条下侧越冬。4 月开始活动，5 月交尾，经 7 ～ 14 天产卵，每只雌虫产卵 1 块，多产于距地面 2 米左右的树干处。5 月为产卵盛期，卵期 19 ～ 31 天。6 月若虫开始出现，9 月上中旬羽化为成虫。成虫和若虫常集群，受惊即跳跃分散。

地理分布： 广西、广东、海南、福建、湖南、四川、贵州，印度。

象蜡蝉

Dictyophara patruelis（Stal）

形态特征：体长（连翅）约 13 毫米。头长柱形，中间向前突，大体为绿色，头顶和额均具 2 条橘黄色纵纹。前胸背板和中胸盾片各具若干黄色和绿色相间的纵条纹。腹部背面有很多间断的暗色带纹及白色小点，腹面淡绿色，各节中央黑色。翅透明，翅脉褐色，翅痣深褐色。足褐绿色，后足胫节有 5 个侧刺。

生活习性：多食性，为害水稻、甘蔗、桑树、甘薯、苹果等。通常以卵越冬，少数种类以成虫越冬。若虫和成虫受到轻微惊扰时，虫体会迅速向一侧移动，避于植物的另一侧，以遮敌人的视线，若受惊较大，则跳跃趋避。成虫飞翔力较弱，一般不做长距离飞翔。成虫一般有趋光性，在防治上可以利用这一特性。

地理分布：广西、广东、海南、云南、台湾、福建、山东、陕西、江苏、浙江、江西、湖北、四川、黑龙江、吉林、辽宁，日本、马来西亚。

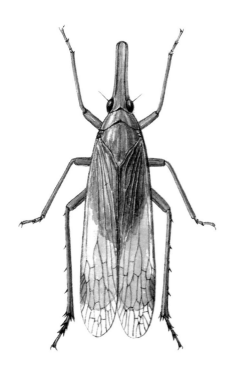

褐稻虱
Nilaparvata lugens（Stal）

形态特征： 长翅型雌虫体长（连翅）约 4.5 毫米，全体褐色至暗褐色。雄虫略小，黑褐色。均具油状光泽。头顶向前突，颜面有 3 条纵脊，中脊连续。前胸背板和中胸背板有 3～5 条浅色纵隆线。前翅透明，伸出腹末较长，带黄褐色，有黑褐色翅斑。后足胫节距上有小齿 30～36 个。雄虫生殖节后开口腹缘完整无突起，抱握器不分叉。雌虫第 1 载瓣片基部内缘为半圆形突起。

生活习性： 有远距离迁飞习性，食性单一，只在水稻和普通野生稻上取食和繁殖。1 年发生 7～10 代。每年初次发生的虫源，主要来自中南半岛热带终年发生地，随西南气流迁入。在广西也有少量成虫、若虫和卵在再生稻上越冬。严重为害时期早稻在 5～6 月，晚稻在 9～10 月。以成虫和若虫群集于稻株基部为害，造成稻株变黄枯死。成虫有趋光性。短翅型雌虫繁殖能力强，产卵期长，卵量大。此虫常年是水稻第一大害虫。

地理分布： 全国各地均有分布，国外分布于朝鲜半岛、中南半岛及日本、菲律宾。

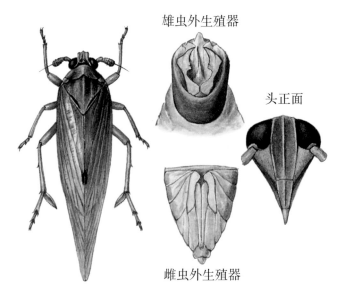

雄虫外生殖器

头正面

雌虫外生殖器

拟褐飞虱

Nilaparvata bakeri（Muir）

形态特征：大小与褐稻虱相似，但略显短宽些，体色一般较深暗，具强烈的油状光泽。额近中部凹陷，亦具 3 条纵脊，中脊间断不连续。前翅伸出腹部末端相对较短，翅近后缘的横脉和端脉色深暗。后足胫距具缘齿 28 ～ 30 个。雄虫生殖节后开口腹缘中部有一较大的三角形突起，突起的两侧边具齿，抱握器有 2 叉，一粗一细。雌虫第 1 载瓣片内缘端部有 2 个突起，基部一个较尖，另一个较圆。

生活习性：为害水稻、假稻、柳叶箬、双穗雀稗等。飞虱科的昆虫能以各种虫态越冬，但随种类而异，本种以休眠卵越冬。拟褐飞虱在水稻和普通野生稻上取食，成虫有趋光性。飞虱科昆虫常具有多型现象，即在同一种内由于前翅的长短不同而分为长翅型和短翅型。长翅型的前翅超过腹部末端甚多，并且能与后翅相联合进行飞翔，故名迁飞扩散型。短翅型的前翅不达腹部末端，后翅退化，不适于飞行，故名定居繁殖型。

地理分布：广西、广东、云南、贵州、四川、湖南、湖北、福建、台湾、江西、浙江、江苏、安徽、河南，日本、韩国、菲律宾、斯里兰卡。

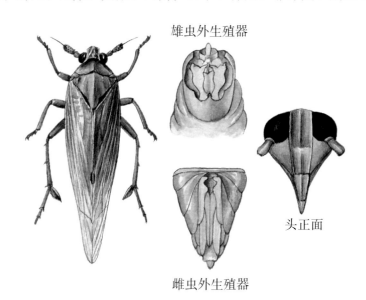

雄虫外生殖器

雌虫外生殖器

头正面

伪褐飞虱

Nilaparvata muiri China

形态特征： 本种较褐稻虱和拟褐飞虱小，体形较短宽，体色为灰黄褐色至灰黑褐色，无油状光泽。颜面纵脊较粗，中脊不间断，显著突起。后足胫距约具齿 18～20 个。雄虫生殖节后开口在腹缘中部有一小三角形突起，两侧在侧、腹缘之间的突起较长，抱握器分 2 叉。雌虫第 1 载瓣片内缘基端有一小亚三角形突起。

生活习性： 为害假稻、双穗雀稗、柳叶箬、爬根草等。一般稻田较少，以休眠卵越冬。本种与褐稻虱、拟褐飞虱三者是褐飞虱属的主要种类。飞虱除直接取食为害寄主外（因产卵的机械作用，使植株产生伤口，导致小球菌核病和红腐病等入侵为害），还能作为媒介昆虫传播多种农作物病毒而间接为害。

地理分布： 广西、广东、云南、贵州、四川、湖南、湖北、福建、台湾、江西、浙江、江苏、安徽、河南，日本、韩国。

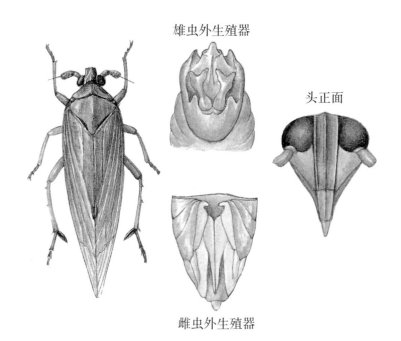

雄虫外生殖器

头正面

雌虫外生殖器

白背飞虱

Sogatella furcifera （Horvath）

形态特征： 雄虫长翅型体长（连翅）约 4 毫米，雌虫体长约 4.5 毫米。头顶、前胸背板、中胸背板中央黄白色，头顶前端至颜面两侧纵沟以及额、唇基、颊均为黑褐色。前胸背板两侧于复眼后方有一暗褐色新月形斑，中胸背板侧区为一近似方形的黑褐色大斑。前翅灰黄色半透明，翅斑黑褐色。腹部腹面黑褐色。抱握器瓶状，端部分为两个小叉。雌虫颜面、头顶及中胸背板的色斑较浅，腹部腹面黄白色。

生活习性： 为害水稻和普通野生稻。该虫是迁飞性害虫，常与褐稻虱混合发生，为害方式相似，严重时会造成稻株枯萎，形成"落窝"。在广西每年发生 7 ～ 10 代。1 月平均气温 13 度以上，有再生稻存活便可以越冬，但翌年早春主要虫源会随西南气流从中南半岛迁入。常与稻褐飞虱交替混合发生，以水稻前期数量多，早稻在 5 月、晚稻在 9 月各出现 1 次为害高峰。成虫有趋光、趋嫩绿习性，水稻分蘖期对其生育繁殖最有利。

地理分布： 我国各省广泛分布，国外分布于朝鲜、日本、菲律宾、印度尼西亚、马来西亚、印度、斯里兰卡及大洋洲。

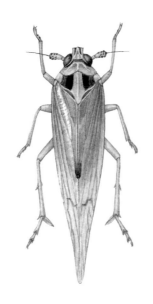

莎草长突飞虱

Stenocranus harimensis Matsumura

形态特征： 体长（连翅）约5.6毫米。头前端两侧、额、唇基和颊黑色。头顶中、侧脊间和前、中胸背板侧脊间姜黄色。前胸背板侧脊内侧及中胸背板侧脊外侧具黑色条纹，前、中胸侧区暗褐色。前翅基部和端部暗褐色，有时端部有浅色斑，翅中部为姜黄色宽带，雄虫具黑褐色翅斑。触角和足污黄褐色。胸、腹部腹面雌虫大体为污黄褐色，夹有黑褐色斑，雄虫大部分为黑褐色。

生活习性： 为害硕大沙草、猪鬃草、类芦。飞虱亚科中大多数种类的寄主属于被子植物门的单子叶植物纲，如禾本科、竹科，天南星科、鸭跖草科和蓼科。我国飞虱亚科的绝大多数种类的寄主为禾本科植物。此虫在广西每年发生代数未见报道。

地理分布： 广西、广东、云南、福建、湖南、江西、安徽，日本。

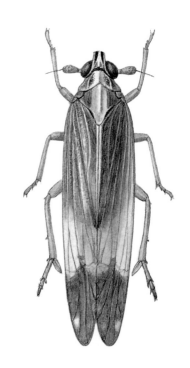

长绿飞虱

Saccharosydne procerus（Matsumura）

形态特征：长翅型体长（连翅）约 5.5 毫米。全体淡绿色。体狭长，长为宽的 4.6 倍。头顶甚长，显著突出于复眼之前。额长，侧缘直，向端缘渐加宽。前胸背板短于头长，侧脊伸达后缘。前翅远远伸出腹部末端。足细长，后足基跗节明显长于另两节长度之和。距薄，后缘具齿。

生活习性：常取食茭白，有时为害水稻。飞虱对食料植物有明显的选择性，以取食禾本科杂草为例，春季嗜食看麦娘，夏季嗜食稗草，秋季则嗜食千金子等。从总体情况来看，飞虱的食性范围一般较窄，很多种类仅取食少数几种植物或取食在分类系统上较近缘的植物种类。

地理分布：广西、广东、贵州、福建、江西、湖南、浙江、江苏、安徽、山东、陕西、辽宁、吉林，日本。

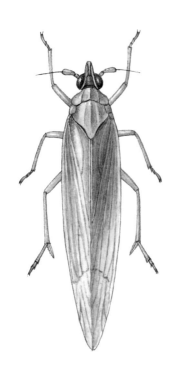

黑肩绿盲蝽

Cyrtorrhinus livilipennis Reuter

形态特征：体长约 2.7 毫米，宽约 0.9 毫米。体淡绿色，头、胸杂有黑斑。头前端、头顶一大点、复眼、触角各节除末端、前胸背板前缘小斑、后叶两侧域近方形斑、小盾片基部、末端小斑与中线均为黑色。触角各节端一小段淡黄色，前翅膜片浅灰色，各足胫节端末与跗节灰黑色。头短阔，宽大于长，触角第 1 节粗，第 2 节为第 1 节的 2.5 倍，略长于第 3 节。前翅前缘平直，膜片盖过腹末。足细长，后腿不伸达腹末。

生活习性：成虫和若虫均取食飞虱卵。以成虫在田边杂草丛间越冬，4 月下旬始见，6 月上旬渐增，至 10 月上旬达最高峰。1 个世代历期 13～22 天。成虫羽化后 2～3 天交尾产卵，每只雌虫一生产卵 50～80 粒，卵多单产于叶鞘或叶中脉组织内，卵盖外露。成虫有较强的趋光性。

地理分布：广西、广东、江苏、浙江、安徽、福建、江西、湖北、湖南、四川、贵州、云南、台湾，日本、越南。

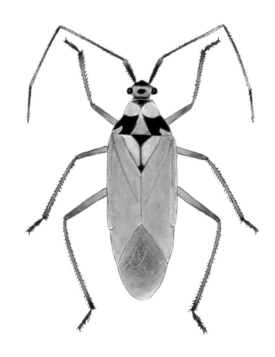

广锥猎蝽

Triatoma rubrofasciata De Geer

形态特征：体长约 23 毫米，宽约 10 毫米。棕褐色，具黄褐色斑纹。触角第 3 节和第 4 节，前胸背板前缘、前角和侧缘，革片基部的一条纵纹及端部各斑，腹部侧缘、侧接缘各节的前后缘均为赭黄色。触角第 2 节最长，第 3、第 4 节细，第 3 节又略长于第 4 节。喙直，共 3 节，第 2 节最长。小盾片中间具皱纹，顶角尖削。前翅不达到腹末。腹部宽达 10 毫米，向两侧扩展，故侧接缘外露很宽。

生活习性：本种俗名"吸血鬼"，能吸人血，我国南方地区终年可见。若虫羽化后 2～4 周开始产卵，卵产于室内墙角处尘土中或动物的巢穴内。各龄若虫需经一次血食后方能蜕皮。若虫与成虫为夜出性，白天多藏于缝隙、墙角、衣柜、被褥等暗处，晚间活动，寻找寄主吸血。每次吸血需数分钟至半小时，饱食后往往排泄少量粪沾于寄主伤口处。

地理分布：广西、福建、广东、海南，南美洲。属东洋区和新热带区共有种。

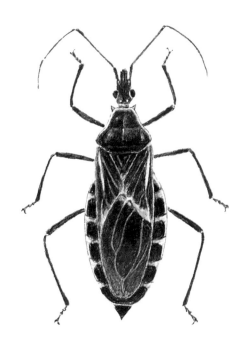

日月盗猎蝽
Pirates arcuatus（Stal）

形态特征： 体长 10～11 毫米，宽 2.8～3.3 毫米，前胸侧角宽约 3 毫米。头黑色，前胸背板、小盾片及革片基半部红黄色，革片端小半与膜片黑色。膜片基半部有一新月形横斑，端部有一大圆斑，均为黄色，合起来似一半月与一太阳，故名日月盗猎蝽。

生活习性： 此虫多活动于稻丛基部，在花生、黄豆田中亦常发现，猎食多种鳞翅目幼虫，是常见的农作物害虫捕食性天敌。

地理分布： 广西、广东、福建、江苏、浙江、江西、湖北、湖南、台湾、四川、云南，日本、越南、缅甸、印度尼西亚、印度、巴基斯坦、斯里兰卡、菲律宾。属东洋区。

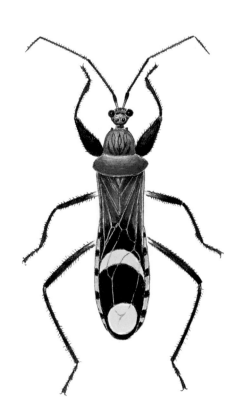

四斑红蝽

Physopelta quadriguttata Bergroth

形态特征：体长 12 ～ 15.5 毫米，宽约 4.5 毫米。体背浅棕红色，腹面棕色，密被短毛。眼、头顶、前胸背板前叶及前翅膜片棕褐色。触角（除第 4 节基半部）、革片中央一圆斑与近顶角一小圆斑、腹部腹面第 3 至第 5 节侧方的三个新月形斑黑色。触角基半部黄色。前胸背板前缘和侧缘、革片外缘及侧接缘橘红色。前翅膜片浅棕色，半透明。前胸背板后叶、小盾片及爪片具粗刻点，革片中部刻点较细，外缘则光滑。足暗棕色。前足腿节加粗，腹面具稀疏短刺。

生活习性：为害油茶树、野桐、杂木。趋光性强。此种不会对植物造成太大危害。有时会成群出现。1 年发生 1 代，以老龄若虫越冬。3 月天气转暖后，越冬若虫便会离开它们在地面上的越冬地，补充营养，长成成虫，4 ～ 5 月交尾产卵。

地理分布：广西、广东、海南、云南、四川、西藏，印度。

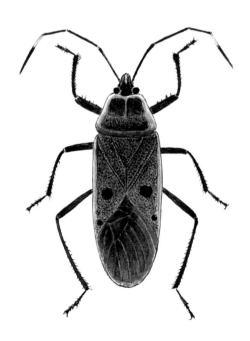

小斑红蝽

Physopelta cincticollis Stal

形态特征：体长 11.5～14.5 毫米，宽 3.5～4.5 毫米。大体椭圆形，棕褐色，密被半直立细毛。眼、触角第 1 节至第 3 节及第 4 节端半部、革片中央一圆斑及顶角一扁圆形小斑、前翅膜片黑色。头顶、前胸背板大部、小盾片、爪片、革片内侧、前翅膜片内角及足暗棕色。触角第 4 节基半部浅黄色。前胸背板前缘和侧缘、革片前缘及侧接缘棕红色。胸侧板及腹部腹面暗棕色。体背密布刻点，前胸背板前叶稍隆起，光滑无刻点。前足腿节稍粗大，下侧具一列稀疏针刺。

生活习性：为害油茶、野桐、杂木。成虫喜荫蔽，白天常躲在叶背和石块下，阴天偶见外出觅食。趋光性强，3～5 时为扑灯盛时。从 4 月上旬至 11 月中旬，黑光灯可诱到成虫。6 月上旬至下旬灯下虫量出现第 1 次高峰，10 月下旬至 11 月上旬出现第 2 次高峰。高峰期成虫有相当一部分体表较软，当系羽化不久。

地理分布：广西、广东、江苏、浙江、福建、江西、湖南、四川、贵州，日本。属东洋区。

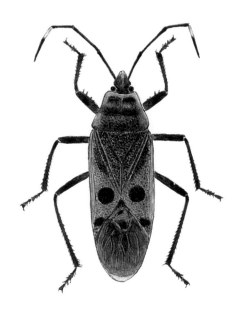

突背斑红蝽

Physopelta gutta（Burmeister）

形态特征：体长 14 ～ 18 毫米，宽约 5 毫米。体形长，棕黄色，被平伏短毛。头顶、前胸背板中部及前翅膜片暗棕褐色。触角、眼、小盾片、革片中央两大斑及其顶角亚三角形斑棕黑色。触角第 1 节、第 4 节基部黄褐色。腹部腹面棕红或黄褐色，侧方节缝处有 3 个新月形黑斑。前胸背板前叶隆起，后叶中央、小盾片爪片及革片内侧有棕黑刻点。

生活习性：突背斑红蝽又名裂腹星蝽，此虫习性不详。红蝽是一类中型至大型种类的半翅目昆虫，多生活在寄主植物上或常在地面疾行，产卵于泥土缝隙或腐败的落叶层中。绝大多数种类为植食性，尤喜为害锦葵科植物和一些重要经济作物。

地理分布：广西、广东、江苏、浙江、福建、江西、湖南、四川、贵州，日本。属东洋区。

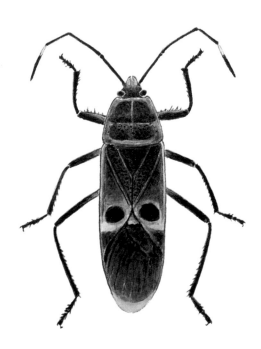

曲缘红蝽
Pyrrhocoris sinuaticollis Reuter

形态特征：体长约 7.5 毫米，宽约 3.5 毫米，前胸背板宽约 2.5 毫米。革片前缘外拱，故体形前窄后宽，暗褐色。头背、腹面、触角、前胸背板胝部、腹部腹面及足均为棕黑色至黑色，头中叶有一黄褐色纵带。前胸背板前缘、侧缘及其腹面，革片前缘、侧接缘通常红色或黄褐色。体背密布刻点，前胸背板前缘向中央稍凹入，前翅膜片翅脉呈网状。

生活习性：此虫常聚集为害一种锦葵科野菜冬葵，还常见其吸食禾本科杂草幼嫩根部的汁液。由于此虫许多活动都在地下，因此习性不明，在广西年发生代数也不详。

地理分布：广西、广东、湖北、贵州、北京、江苏、浙江，俄罗斯。

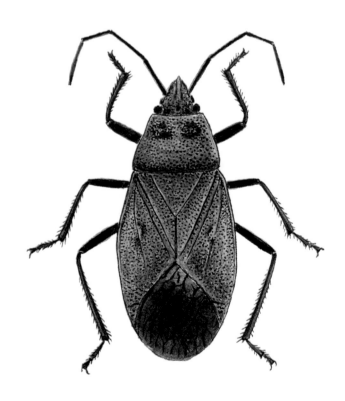

离斑棉红蝽

Dysdercus cingulatus（Fabricius）

形态特征： 体长 12 ～ 17.5 毫米，宽 3 ～ 4.5 毫米。橘黄色至橘红色。触角除基节外、小盾片、前翅革片中间一大点、膜片以及各足除腿节基半部外均为黑色。前胸背板前缘一横斑白色。体腹面橘红色，各胸侧板后缘及腹板各节后缘均为乳白色。

生活习性： 离斑棉红蝽又名棉红星蝽、棉红蝽，主要为害棉花，还为害木棉、木槿等。为害棉花时，成虫、若虫多在棉叶及未裂的棉铃上刺吸汁液，被害棉叶出现褐色斑点，被害棉铃不能吐絮，严重影响棉花的产量和品质。在广西此虫大多以成虫在野生植物或树木间越冬，其他省区有以卵或若虫越冬的。在棉田中，前期发生少，棉株开铃时发生多。成虫喜在棉株上爬行活动。每只雌虫产卵 30 粒至 100 多粒，多产在棉田土表缝隙间。初孵若虫群集于土缝内，进入 2 龄才爬出土面，群集在植株上，3 龄起逐渐分散，并昼夜活动。

地理分布： 广西、广东、福建、四川、贵州、云南、台湾、缅甸、越南、印度、巴基斯坦、马来西亚、斯里兰卡、菲律宾。属东洋区。

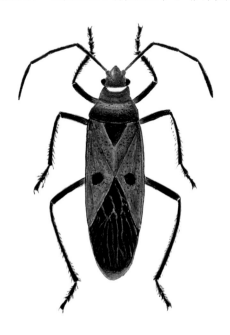

半翅目长蝽科

一点长足长蝽
Dieuches uniguttatus Thunberg

形态特征： 体长约 12.5 毫米，宽约 2.8 毫米。头、胸、小盾片、爪片大部、革片后部宽横带与端缘边、各足腿节端半部均为黑色。触角黑色至黑褐色，第 4 节基部有一黄色宽环。前胸背板侧缘在中线后收窄，前叶长圆，高隆如亚球状，后叶正中有一淡红色小纵斑。小盾片末端、各足转节与腿节基部黄色。前翅革片淡黄白色，在各纵脉旁杂有少量黑褐色小斑，在横带后有一大三角形黄白斑，革片除前缘外，均杂生有浅色刻点。膜片淡黑褐色，向端渐淡，盖过腹末。前足腿节较粗大，腹面有几个粗刺。各足跗节第 1 节远长于后两节。

生活习性： 此种有归入迅足长蝽属 *Metochus* 的，因而学名改为 *Metochus uniguttatus*（Thunberg），这里从 Distant 氏，仍用本名。多栖息于农作物、牧草、蔬菜及低矮的植物上，亦有在苔藓下、球果中、石下或土表的枯枝落叶间，有些种类有群集性。多数为植食性，少数为捕食性，以各种螨类和小型昆虫为食。

地理分布： 广西、广东。

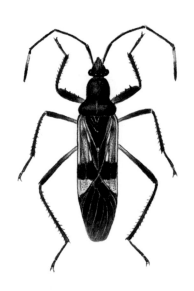

箭痕腺长蝽

Spilostethus hospes（Fabricius）

形态特征： 体长 9.5 ～ 11.8 毫米，宽约 2.7 毫米。体大红色，头中叶、眼、触角、前胸背板前缘与 2 条有折角的纵带、小盾片除尖端外、爪片后半、革片中两大圆点、膜片、各足均黑色。体腹面红色，胸腹都有黑色横带纹。

生活习性： 箭痕腺长蝽又名龙葵长蝽，为害桉、油茶、黄荆、板栗、扁桃、辣椒、茄子、瓜类、玉米、饭豆等。1 年约发生 2 代，越冬成虫 4 月中旬开始活动，5 月交尾，从 5 月至 9 月，田间可见各种虫态。成虫在阴天和晴天 10 时前及 16 时后常爬到叶面、嫩枝头或果实上吸食，强光照时栖于叶背及地表。卵成堆产于土缝间、石块下或寄主根际附近的土表，每处多达 200 余粒。若虫多在 16 ～ 21 时孵出，低龄若虫极活泼，常群集在一起，3 龄后分散。在海南尖峰岭林区终年均能采到成虫。

地理分布： 广西、江西、台湾、广东、海南、云南，缅甸、印度、越南、菲律宾、马来西亚，大洋洲各岛屿。属东洋区、澳洲区共有种。

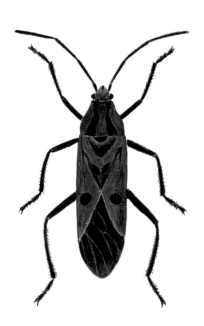

瘤缘蝽

Acanthocoris scaber（Linnaeus）

形态特征：体长 10.5 ～ 13.5 毫米，宽 4 ～ 5.1 毫米。污灰褐色。前胸背板具显著的瘤突，侧角尖锐。腹部侧接缘各节基部褐黄色，膜片基部浓黑色，中部以后淡黑色，盖过腹末。各足胫节近基端有一浅黄色环斑。后足腿节膨大，下缘具小齿或短刺，顶端背面有一刺状突起。喙伸达中足基节。

生活习性：主要为害辣椒、马铃薯、番茄、茄子、蚕豆和甘薯等。成虫、若虫常群集于嫩梢、叶柄、花梗上吸取汁液，使受害部位变色、有斑点，严重时影响结实，甚至整枝枯死。1 年至少繁殖 2 代。以成虫越冬。翌年 5 月上旬开始产卵，5 月中旬始孵，5 月上中旬出现大量成虫，8 月中旬又可发现大量成虫。成虫经多次交尾，将卵产在寄主叶背，排列成行，较疏散。成虫喜食糖液，产卵前取食量会更大。卵期平均 15.3 天，1 龄平均 4.7 天，2 龄平均 29.3 天。

地理分布：广西、广东、北京、江苏、浙江、安徽、福建、江西、山东、湖北、湖南、四川、贵州、云南、西藏，印度。

红背安缘蝽

Anoplocnemis phasiana Fabricius

形态特征： 体长 22 ～ 27 毫米，宽约 8 毫米。棕褐色。触角第 4 节棕黄色，前胸背板中央具一条浅色纵纹，腹部背面红色。本种雌雄差别最显著的是后足，雌虫后足腿节只稍粗大，胫节常形；雄虫后足腿节极粗大且弯曲，背缘具一列小齿组成的脊线，腹面基部具一短锥突，近端部扩展成一大三角形齿，胫节较弯曲，腹面轻度扩展。

生活习性： 主要为害大豆、豇豆、豆角、绿豆、花生。成虫、若虫喜欢在嫩叶、嫩荚、果柄上刺吸汁液，造成嫩叶凋萎，荚果不实。以 1 年发生 2 代为主，少数发生 1 代。成虫在寄主附近的枯枝落叶下越冬。越冬成虫在 4 月中旬开始活动，4 月下旬开始交尾产卵。第 1 代若虫从 5 月中旬至 7 月底先后孵出，6 月中旬至 8 月底羽化，7 月上旬至 9 月上旬产卵。第 2 代若虫从 7 月中旬末至 9 月中旬孵出，8 月下旬至 10 月下旬先后羽化，11 月起陆续匿伏越冬。

地理分布： 北抵辽宁南部，南迄云南西双版纳及海南，西至四川西昌，东达沿海各省及台湾，日本、印度、越南、斯里兰卡、菲律宾、马来西亚。属东洋区。

雄虫后足

条蜂缘蝽
Riptortus linearis Fabricius

形态特征： 体长 13.5 ～ 15 毫米，宽约 3.5 毫米。体长形，中部收窄呈束腰状。浅棕褐色。头部略呈三角形前伸，后头呈颈状，复眼左右突出，远离胸前缘。触角第 4 节很长，雄虫的等于前 3 节之和，雌虫的略短。后腿粗长，下侧具一列齿刺。头及胸部两侧各有一条光滑的黄色带纹，此为本种区别于其他近似种的最重要特征。

生活习性： 主要为害大豆、豇豆等豆科植物，亦为害水稻、麦、高粱、玉米、红薯、棉花、甘蔗等作物。成虫和若虫均喜刺吸花果汁液，被害蕾、花凋落，果荚不实，茎叶变黄，严重时植株死亡。1 年发生 3 代。成虫在枯草丛中、树洞和屋檐下等处越冬。越冬成虫 3 月下旬开始活动，第 1 代若虫于 5 月上旬孵出，第 2 代若虫于 6 月中旬孵出，第 3 代若虫于 8 月上旬孵出。成虫于 10 月下旬至 11 月陆续蛰伏越冬。成虫和若虫白天极为活泼，若虫孵化后在卵壳上停息半天即可取食。成虫交尾多在上午进行。卵多散产于叶柄、叶背和嫩茎上。

地理分布： 广西、广东、海南、江苏、浙江、安徽、福建、江西、湖北、湖南、四川、云南、台湾，缅甸、印度、泰国、斯里兰卡、马来西亚、菲律宾。属东洋区。

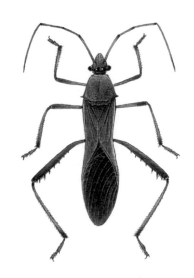

刺副黛缘蝽

Paradasynus spinosus Hsiao

形态特征：体长 16 ～ 20 毫米，宽 4.2 ～ 5.5 毫米。体红棕色，密布褐色刻点。中、后胸侧板中央，腹部各节两侧的圆斑点及前翅膜片均为黑色。前胸背板侧缘平直，侧角突出成长尖刺，并向前向上翘起。喙长超过第 2 腹节的后缘，第 1 节不达到头的基部。腹部基端中央具浅纵沟。

生活习性：主要为害竹、柏、柿、梨、樟、山槐、黄槐、湿地松、台湾相思、蔷薇科植物。缘蝽科种类全部是植食性的，成虫和若虫均喜刺吸各种植物的幼嫩部分，造成减产，为害水稻的缘蝽有 20 多种。

地理分布：广西、广东、海南。

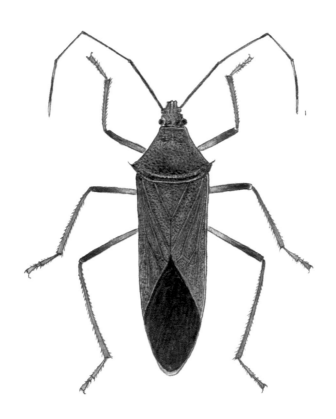

半翅目缘蝽科

刺俅缘蝽

Mygdomia spinifera Hsiao

形态特征：体长 30 ~ 41 毫米，宽约 9.5 毫米，前胸背板两侧角间宽约 13 毫米。体形大，朽木棕色。小盾片顶端及腹部侧接缘各节之间均为黄色。前中足腿节近端部下侧具一粗齿刺，后足腿节粗大，近基部弓曲，胫节腹背两面均扩展，腹面的扩成一尖角。前胸背板侧缘具一列小齿，侧角稍向上翘，角的后缘有几个小齿。雄虫腹部第 3 节两侧各有一长锥状刺，第 3、第 4 腹板接合处呈一个很高的突起；雌虫无此突起，仅第 3 节后缘中央呈弧形向后伸。

生活习性：缘蝽在水稻、小麦、大豆、马铃薯、甜菜、花生、芝麻、烟草、茶叶等多种作物上会造成一定经济损失。它们中的有些种类，还能传播病毒，使植物发生病害，导致大量落叶落果。

地理分布：广西。

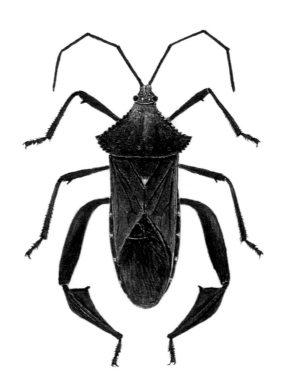

锐肩伎缘蝽
Mictis gallina Dallas

形态特征：体长 24 ～ 27 毫米，宽约 9.5 毫米。体形较大，枯木褐色。前翅膜片黑褐色，腹部背面黑色，第 3、第 4 腹板两侧黄棕色。前胸背板侧角尖锐稍向后弯，侧缘微外拱呈锯齿状。雌虫后足腿节细瘦，近末端下侧呈三角形齿突，胫节无齿；雄虫后腿粗大，胫节端 1/3 处具一大齿，并在第 3 腹板基缘两侧各具一齿突。

生活习性：可为害花生等作物。此虫在花生上主要为害嫩叶嫩枝，影响花生长势，从而影响产量。

地理分布：广西、广东、福建、四川、贵州、云南，缅甸。属东洋区。

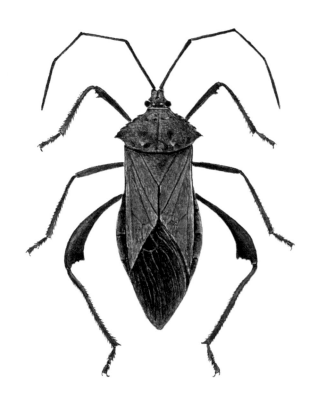

大稻缘蝽

Leptocorisa acuta Thunberg

形态特征：体长 16 ～ 18 毫米，宽 2.5 ～ 2.7 毫米。体细长，大体绿色。前胸背板后部、爪片与革片内侧、膜片大部为黄褐色，前胸与革片刻点浅褐色。触角共 4 节，第 1、第 4 节约等长，第 2、第 3 节较短，第 1 节浅黄褐色，第 2 至第 4 节基部草黄色、端半部黄褐色。在广西，稻缘蝽属扑灯的有 4 种，本种除体形稍大外，触角的颜色也是重要的识别特征。

生活习性：俗名长脚椿象，主要为害水稻，可寄生于旱稗、雀稗、甘蔗等。嗜食抽穗、开花的水稻，虫口密度随水稻抽穗开花时期而转移，大量发生时能造成白穗、秕谷。1 年可发生 4 ～ 5 代，卵期 8 天左右，若虫期 15 ～ 29 天，成虫一般可活 2 ～ 3 个月，越冬成虫可活 10 个月至 1 年。卵聚生成块，每块 5 ～ 14 粒，最多可达 27 粒，单行排列，间或为 2 行，亦有散生。每只雌虫产卵 17 ～ 43 块，共 200 ～ 300 粒。取食、交尾多在日间。成虫有趋光性及趋臭性。

地理分布：广西、广东、云南、西藏，印度、孟加拉国，马来半岛。属东洋区。

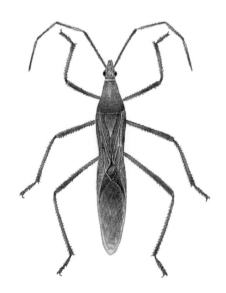

扁缘蝽

Daclera levana Distant

形态特征：体长 11 ~ 13.5 毫米，宽约 2 毫米。体长形，扁平，浅褐色。头三角形，稍长于前胸背板，后者前端稍窄，侧缘平直。体背密布深褐色刻点。腹面颜色较深，两侧各具一列黑色斑点，中间橘红色。中胸腹板具纵沟，喙达至中胸腹板后缘，中后足基节各自相距很远，后足腿节粗大，腹面具一列齿刺。

生活习性：此虫发生数量较少，主要为害林木果树类，刺吸叶子或嫩茎。仔细观察，可以看出一般为害初期植株会出现黄褐色的小点，后逐渐加重，直至影响树木生长。

地理分布：广西。

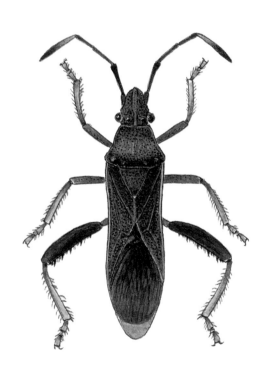

稻棘缘蝽

Cletus punctiger Dallas

形态特征：体长 9.5 ～ 11 毫米，宽约 3 毫米，前胸两侧角间宽约 4 毫米。体黄褐色至灰褐色。前翅革片后方近膜片边缘处有一淡黄色小点。触角第 3 节短于第 1 节。前胸背板侧角细长，向上翘起，并略向前倾，其后缘略向内弯曲。

生活习性：为害水稻、稗、麦及其他禾本科植物。喜聚集在稻穗、麦穗上刺吸汁液，造成秕谷。1 年发生 3 代，以成虫在杂草根部越冬，于翌年 3 月下旬至 4 月上旬开始外出，4 月下旬至 6 月中下旬产卵。1 代羽化期始于 6 月上旬，2 代始于 8 月初，3 代始于 9 月底，可延续至 12 月上旬，11 月中下旬至 12 月越冬。成虫寿命 18 ～ 25 天，越冬代长达 7 ～ 10 个月，羽化后 1 周始交尾，交尾后 4 ～ 5 天开始产卵，卵散产于寄主叶、穗上。若虫孵化后多散居。

地理分布：广西、广东、云南、福建、江西、湖北、湖南、上海、江苏、浙江、安徽、西藏，印度。属东洋区。

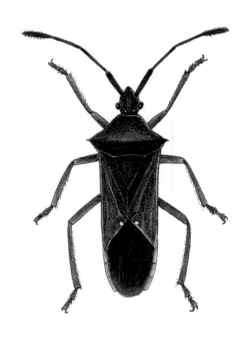

红缘黛蝽

Dalpada perelegens Breddin

形态特征： 体长 14.5 ～ 16 毫米，宽约 7.5 毫米。全体深绿色，密布黑色刻点。头侧缘及前胸背板侧缘为粉红色的狭边，头侧叶长于中叶，侧缘在眼前方，有时向外伸成横向的尖突。前胸背板前侧缘呈粗而平缓的锯齿状。腹部侧接缘黄色与金绿色相间。足红黄色，腿节密布小黑斑点。体腹面淡黄白色，侧缘具狭细不规则的金绿色斑。

生活习性： 对果树、蔬菜和林木等危害很大。侵食各种寄主植物时，并不会将茎叶等固体物质吞入腹内，寄主仍保持原来的体形，因此寄主受侵害后不易被觉察。因较为少见，故报道不多。

地理分布： 广西。

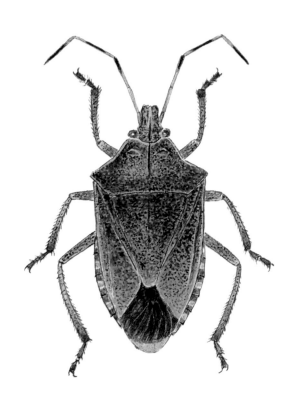

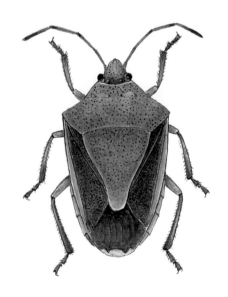

半翅目蝽科

珀蝽
Plautia fimbriata（Fabricius）

形态特征：体长 8.5 ～ 11 毫米，宽 5 ～ 6 毫米。头、前胸背板、小盾片、前翅革片前缘、腹部侧接缘绿色，革片暗红褐色，膜片黑褐色。触角淡黄绿色，第 3 节至第 5 节末端黑色。足黄绿色。全体密布黑色和深绿色细刻点。

生活习性：为害水稻、大豆、菜豆、玉米、芝麻、茶树、柑橘、梨、桃、柿、李、泡桐、马尾松、杉等。1 年发生 3 代。以成虫在枯草丛中、林木茂密处越冬，翌年 4 月上、中旬开始活动，4 月下旬产卵。第 1 代在 5 月上旬孵化，6 月中旬羽化，7 月上旬产卵。第 2 代在 7 月上旬末孵化，8 月上旬末羽化，8 月下旬产卵。第 3 代在 9 月初孵化，10 月上旬羽化，11 月下旬后如尚未羽化，则被冻死，10 月下旬开始陆续蛰伏越冬。卵产于寄主叶背，成块，每块 14 粒，呈双行或不规则紧凑排列。成虫具有较强的趋光性。

地理分布：广西、广东、福建、贵州、云南、江西、北京、河北、江苏、浙江、安徽、山东、河南、湖北、四川、西藏，日本、印度、斯里兰卡、印度尼西亚。属东洋区、古北区共有种。

素蝽

Halyabbas unicolor Distant

形态特征：体长 14 ～ 16 毫米，宽 8 ～ 8.5 毫米。淡黄褐色，密布与体色相同的刻点，眼淡绿色。头侧缘与前胸背板前侧缘平直光滑，头顶稍尖突，中叶略长于侧叶。体下气门黑色，足散布有稀疏的黑色小斑点。

生活习性：在广西及云南西双版纳景洪县的竹林中，曾多次采得此虫，其栖息于竹株上，数量较多，无疑与竹有关。蝽科是一个大科，包括不少害虫种类。素蝽属蝽亚科，而蝽亚科是广布种，属东洋区的种较多，其中有许多大害虫。但尚未见有素蝽造成严重危害的报道，年发生代数不详。

地理分布：广西、广东、云南，越南、缅甸、泰国。属东洋区。

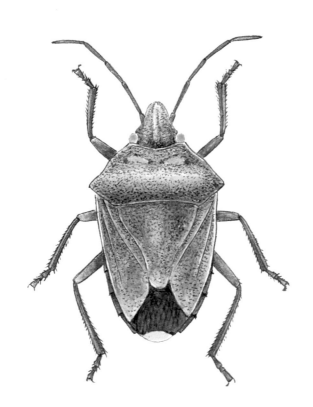

<table>
<tr><td>
</td></tr>
</table>

厉蝽

半翅目蝽科

Cantheconidea concinna（Walker）

形态特征： 体长约 15 毫米，宽约 7 毫米，前胸两侧角间宽约 8.5 毫米。体黄褐色，密布黑色刻点且密集组成各种花斑。触角黄色，第 4、第 5 节端半黑色。小盾片基角处有一椭圆形黄斑。前足腿节末端下侧有一大齿，胫节外侧强烈扩展成叶状，其宽度大于胫节其他部分。腹部侧接缘各节黄黑相间。前胸侧角向外平伸，末端钝圆，稍呈二叉状。

生活习性： 寄生于黄檀。是农林害虫天敌，捕食多种刺蛾、斑蛾、夜蛾、粉蝶、毒蛾、枯叶蛾等鳞翅目昆虫的幼虫和樟叶蜂的幼虫，亦捕食蚜虫。在广州地区 1 年发生 7 代，世代重叠，无冬眠现象。发生历期大致如下：第 1 代发生于 1 月中旬至 3 月中旬，第 2 代发生于 4 月中旬至 5 月中旬，第 3 代发生于 6 月上旬至 6 月下旬，第 4 代发生于 7 月中旬至 8 月上旬，第 5 代发生于 8 月下旬至 9 月上旬，第 6 代发生于 9 月下旬至 10 月中旬，第 7 代发生于 10 月下旬至 12 月上旬。1 龄若虫只取食植物汁液，2 龄以后捕食各类昆虫的幼虫，亦兼食少量植物汁液。

地理分布： 广西、广东、福建、台湾、四川、贵州、云南，越南。属东洋区。

叉角厉蝽

Cantheconidea furcellata（Wolff）

形态特征： 体长 12～13 毫米，宽 6～8 毫米，前胸两侧角间宽约 8.5 毫米。体黄褐色与黑褐色混杂相间，密布黑色刻点。自头顶经前胸至小盾片有一条带粉红色纵线。前胸前侧缘黄色，略呈锯齿形，两侧角平伸，尖端具长短二齿，略呈二叉形。小盾片两基角处各有一椭圆形黄斑，末端淡黄色光亮无刻点。前足腿节近末端下侧具一大刺，胫节背方扩阔成薄叶状，其阔度约与胫节本部相等。足胫中后节黑色，中段黄色。腹部侧接缘黄色与黑色相间。

生活习性： 叉角厉蝽又名扁胫蝽，成虫、若虫均能捕食多种鳞翅目昆虫的幼虫，在棉田常搜捕金刚钻。此外，成虫、若虫均能刺食油棕刺蛾的幼虫和蛹，是其主要天敌之一。在油棕刺蛾严重发生时本种虫口密度最大，此时完成 1 代约需 41 天。雌虫产卵于多种植物的叶子或小枝上，堆生，排成多行，每堆卵数约 50 粒。成虫、若虫将喙的端节插入寄主幼虫体内，每次刺食时间需 30～33 分钟，1 只成虫每天能刺食 5～6 只寄主老熟幼虫。

地理分布： 广西、广东、海南、四川，菲律宾、缅甸、印度、马来西亚、斯里兰卡、印度尼西亚。属东洋区。

半翅目蝽科

蓝蝽
Zicrona caerula（Linnaeus）

形态特征： 体长 6～9 毫米，宽 4～5 毫米。体纯蓝色，有时为蓝黑色或紫蓝色，有光泽。体有浅刻点，触角第 3 节至第 5 节端半黑色，翅膜片黑褐色。

生活习性： 蓝蝽又名纯蓝蝽，捕食菜青虫、眉纹夜蛾、黏虫、斜纹夜蛾、稻纵卷叶螟的幼虫，亦为害水稻及其他植物，因此本种在农业上既有益处，也有害处。1 年发生 3～4 代，以成虫在田边、沟边杂草和土隙等处越冬。翌年 3 月下旬至 4 月上旬外出活动，5 月上旬开始产卵，田间各虫态均有，世代重叠。在早、晚稻抽穗灌浆期虫数较多。

地理分布： 除西藏、青海不详外，全国各省区均有，国外分布于日本、缅甸、印度、马来西亚、印度尼西亚，欧洲、北美洲。为古北区、新北区、东洋区共有种。

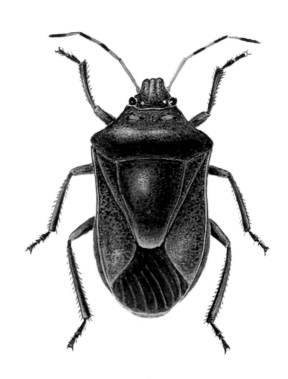

侧刺蝽

Andrallus spinidens（Fabricius）

半翅目蝽科

形态特征：体长约14毫米，宽约6.4毫米，前胸两侧角间宽约8.7毫米。体黄褐色。头顶有两条黑色纵纹，且经过单眼。前胸背板中部一光滑的横带连接两侧角，无刻点。侧角平伸，端部黑色，尖端下尚附一尖齿。小盾片末端淡黄白色。前翅革片前缘为一宽阔的白边。足淡黄褐色，跗节黑褐色。

生活习性：此虫捕食黏虫、斜纹夜蛾、稻螟蛉、眉纹夜蛾等的幼虫。成虫、若虫将喙端节插入寄主幼虫体内吸食，致寄主死亡。捕食性的半翅目昆虫不少，它们多数有益，是害虫的自然天敌，侧刺蝽是其中之一，因此在生物防治上比较有利用价值。

地理分布：广西、广东、湖北、湖南、江西，印度、不丹、印度尼西亚、澳大利亚、墨西哥，斐济群岛。属东洋区、澳洲区和新热带区的共有种。

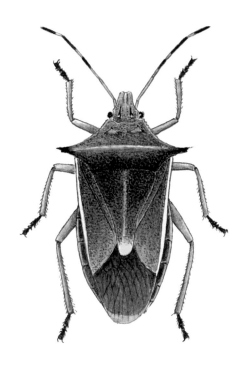

半翅目蝽科

稻褐蝽
Niphe elongata（Dallas）

形态特征： 体长 12～13.5 毫米，宽约 5.5 毫米。体呈盾形，淡黄褐色，密布褐色刻点。小盾片基缘有平排的 4 个小黑点。前翅前缘淡黄白色，静止时显出体两侧的白边。革片的后部尚有一小白点，膜片深褐色。足淡黄褐色。

生活习性： 主要为害水稻，亦取食玉米、高粱、芒稗、丝茅、马唐等禾本科植物。成虫、若虫小群结集于谷粒上吸食汁液，在水稻抽穗扬花时为害，造成谷粒空壳；在灌浆乳熟期为害，则造成秕谷。严重时，能使小面积稻田颗粒无收。1 年发生 2 代，广西柳州发生 3 代。以成虫在落叶下、禾蔸间及田边禾本科杂草近根处越冬，翌年 3 月起开始活动，6 月上旬迁入稻田。卵多产在稻叶背面基处，常 14 粒左右呈直线排列。

地理分布： 广西、广东、海南、江苏、浙江、福建、江西、湖北、湖南、四川、贵州、云南，印度、越南、缅甸、菲律宾。属东洋区。

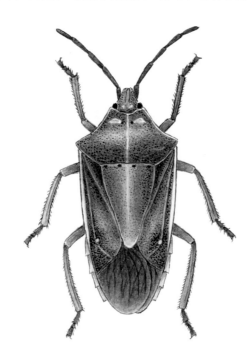

稻赤曼蝽

Menida histrio（Fabricius）

形态特征： 体长 6.5～8 毫米，宽 3.5～4 毫米。体椭圆形，赤红色，浅色个体为黄褐色。布有黑色刻点。前胸背板胝区周围黑色，小盾片中部及近末端两侧有淡黑色斑，形状大小有变化，革片全部红黄色或端半部呈黑色，膜片黑色。足红色。

生活习性： 稻赤曼蝽又名小赤蝽，为害水稻、小麦及玉米，也为害甘蔗、亚麻、桑树、柑橘、油桐及稗等。喜食稻穗汁液，致被害谷粒成秕谷。捕食鳞翅目昆虫的幼虫。南方 1 年发生 2～3 代，个别地方可发生 5～6 代。3 月底越冬成虫开始活动，至早稻收割前可发生 3 代，晚稻栽插后继续为害晚稻，可繁殖 2～3 代。以成虫在杂草丛中、菜园和果园杂草落叶内越冬。卵产于稻叶或穗上，每块卵多为 12 粒，呈双排纵列。

地理分布： 广西、广东、福建、江西、四川、贵州、云南、西藏、台湾，越南、缅甸、印度、印度尼西亚。属东洋区。

斑须蝽
Dolycoris baccarum（Linnaeus）

形态特征： 体长 8 ～ 12.5 毫米，宽 4.5 ～ 6 毫米。体紫褐色，被细茸毛及黑色刻点。触角黑色，第 2 至第 5 节基部淡黄色。小盾片末端淡黄色，呈一明显斑点。侧接缘黄黑相间，足及腹下淡黄色。

生活习性： 斑须蝽又名细毛蝽，寄主极杂，为害范围广，包括小麦、水稻、棉花、豆类等主栽作物及柑橘、梨、桃、苹果、石榴等果树。成虫和若虫喜刺吸嫩叶、嫩茎及果、穗汁液，造成落蕾、落花。茎叶被害后出现黄褐色小点及黄斑，严重时叶片卷曲，嫩茎凋萎，影响作物生长发育，造成减产减收。北方 1 年发生 1 代，南方 1 年发生 3 ～ 4 代。以成虫在田间杂草、植物根际、树皮及屋檐下越冬。卵多产在植物上部叶片正面或花、蕾、果实的苞片上，多行纵列，每块 12 粒或 24 粒。初孵若虫群集在卵壳上，后在附近取食，2 龄后扩散为害。

地理分布： 北起黑龙江，南至海南岛，西抵新疆、西藏，东至沿海各省均有发生，蒙古、俄罗斯、日本、印度、阿拉伯。属古北区的广布种。

形态特征： 体长 6～7 毫米，宽 3.5～4 毫米。体淡黄褐色至灰褐色，密布黑色刻点。头黑褐色，中间有淡色纵纹，中片略微高于侧片。触角基部前 2 节淡黄褐色，后 3 节渐深，呈棕褐色。体形宽短，两侧较平行。小盾片阔大，两基角有一近圆形的黄白斑点。腹面中区黑色，每侧尚有一隐约可见的深色纵纹；或此纹不显，黑色区向外减弱扩至气门附近。

生活习性： 广二星蝽又名黑腹蝽，主要为害水稻、小麦、高粱、玉米、小米、甘薯、棉花、大豆、芝麻、花生等。成虫和若虫多在嫩茎、穗部及较老的叶片上刺吸汁液。寄主被害处呈黄褐色小点，严重时嫩茎枯萎、叶片变黄、穗部形成瘪粒、空粒或落花。年发生代数自北向南递增，江西 1 年发生 4 代，广东 1 年发生 7 代。以成虫在杂草丛中和枯枝落叶下越冬。越冬成虫于 4 月上旬开始活动，末代成虫于 11 月中下旬开始蛰伏越冬。成虫和若虫性喜荫蔽，多在叶背、嫩茎和穗部刺吸汁液，有较强的假死性，遇惊立刻落地。卵产于寄主叶背，多为 12 粒排成 1～2 纵列，或不规则排列。

地理分布： 广西、广东、福建、贵州、云南、江西、北京、河北、山西、浙江、河南、湖北、湖南、陕西，日本、越南、菲律宾、缅甸、印度、马来西亚。属东洋区。

角胸蝽
Tetroda histeroides（Fabricius）

形态特征： 体长 14 ～ 18 毫米，宽 6.5 ～ 8 毫米。大体棕褐色，头侧叶前伸很长，两叶内缘近乎平行，不呈 V 字形，前胸前角亦向前伸出，与头侧叶有如前伸的 4 把尖刀，故又名四剑蝽。小盾片近侧缘有一黄色纵纹。膜片上的翅脉黑色。

生活习性： 角胸蝽又名四剑蝽、黄纹角肩蝽，为害水稻，是我国南方稻区的主要害虫之一，局部田段常暴发成灾，造成减产乃至颗粒无收。若虫与成虫刺吸稻苗心叶的汁液，造成稻株萎黄枯死，抽穗灌浆期则群集于穗部，造成白穗。还为害小麦、雀稗及其他禾本科植物。山地及半山区发生较多。1 年发生 2 代，多以第 2 代成虫在稻田附近的山边、坡地荫蔽处越冬。越冬成虫于 3 月下旬开始活动，有群栖性。初孵若虫群栖，2 龄起分散。若虫与成虫白天多静伏于稻丛下部，早晚至叶面活动。雌雄都可交尾多次，每只雌虫产卵 150 ～ 280 粒。卵产于稻叶上。

地理分布： 广西、广东、江苏、浙江、福建、江西、河南、湖北、湖南、四川、贵州、云南、台湾，缅甸、印度、印度尼西亚。属东洋区。

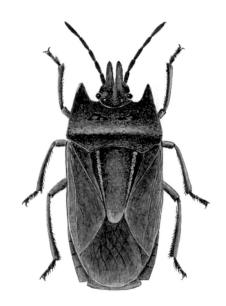

景东普蝽

Priassus exemptus（Walker）

形态特征：体长 16 ～ 17.5 毫米，宽 9 ～ 10 毫米。体淡黄褐色，密布褐色刻点。前胸背板侧角稍前伸，超过背板中线之前方，但不甚尖出。体下亦淡黄褐色。

生活习性：为害各种树木。有趋光性，可以进行灯诱。我国国土面积辽阔，各地自然条件不同，因此存在许多地方性虫类，并且在这些地方性虫类中，会发现不少的新种。广西地处南方，气候暖和，雨量充沛，草木繁茂，所以虫类较多。此虫在本科中即为南方种，分布范围较窄。

地理分布：广西、云南，缅甸、印度、印度尼西亚。

半翅目蝽科

稻绿蝽

Nezara viridula（Linnaeus）

形态特征： 体长 12～16 毫米，宽 6.5～8.5 毫米。通体绿色。触角第 1 至第 3 节绿色，第 3 至第 5 节末端黑色，第 4、第 5 节基部黄色。小盾片基缘有 3 个白色小点。腹部腹面黄绿色或淡绿色，密布绿色斑点。

生活习性： 在广西南部 1 年发生 4 代，北部发生 3 代。以成虫在田地、菜地和灌木丛中越冬。3～4 月气温回暖时，成虫活动于菜地、冬绿肥田吸食花穗汁液，并交尾繁殖。当早稻抽穗时，即转入稻田为害，到 9～10 月又聚于晚稻田为害。晚稻收割后，分散于越冬场所。小龄若虫常群集为害，成虫有弱趋光性。

地理分布： 北起吉林，西至甘肃、青海，南迄广东、广西，东达沿海各省及台湾，朝鲜、日本、南亚、东南亚、欧洲、非洲西南部、北美洲南部、南美洲中部，属世界性广布种类。

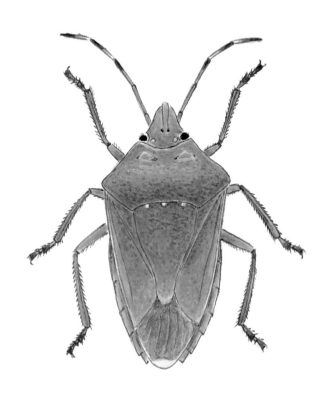

无刺瓜蝽

Megymenum inerme（Herrich-Schaeffer）

形态特征：体长 11.5 ～ 16 毫米，宽 5.5 ～ 7.7 毫米。黑褐色，稍带铜色光泽，膜片土黄褐色，基部颜色最浅为淡黄色。头边缘卷起，前胸背板凹凸不平，前角平尖，前侧缘弧形内凹，紧接后侧缘呈一钝角突起。小盾片表面亦粗糙不平。触角第 2、第 3 节较扁，侧接缘每节有大小齿突各 1 个。足腿节下方有尖刺。

生活习性：以成虫在枯草、屋角及各种缝隙处越冬，4 月开始活动，5 月交尾产卵。成虫和若虫喜荫蔽，常在较浓密的瓜蔓分叉处或花枝上停留取食为害。

地理分布：广西、广东、海南、贵州、云南、北京，越南、柬埔寨、泰国、印度。

茶翅蝽

Halyomorpha picus（Fabricius）

形态特征：体长 12 ～ 16 毫米，宽 6.5 ～ 9 毫米。体淡黄褐色，遍布黑色刻点，且身体各部均有金绿闪光的点斑，体色变异颇多。触角黄褐色，第 3 节末端、第 4 节中段、第 5 节端部大半黑色。小盾片基缘有 4 个隐约的小黄斑。侧接缘黑褐色，节间黄色。腹面淡黄白色。各足腿节淡红色，末端黑褐色。胫节两端黑褐色，中段黄色。

生活习性：为害大豆、菜豆、油菜、甜菜、梨、苹果、柑橘、桃、葡萄、李、梅、海棠、樱桃、柿、山楂、无花果和石榴等，是果园中常见的害虫。还为害桑树、丁香、油桐、梧桐和榆树等。果实受害后，外形凹凸不平。以 7 月发生较多，成虫在人类住宅内外隐蔽越冬，故离住宅近的果园受害更重。

地理分布：广西、广东、吉林、辽宁、内蒙古、河北、山东、河南、陕西、安徽、江苏、上海、浙江、湖南、江西、湖北、四川、贵州、台湾，日本、越南、印度尼西亚、缅甸、印度。

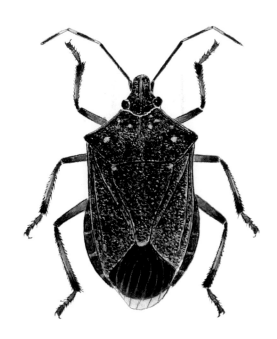

玛蝽

Mattiphus splendidus Distant

形态特征：体长 21 ～ 26 毫米，宽 10 ～ 13 毫米。宽卵圆形，体光滑有光泽。头部黄褐色或金紫绿色，边缘黑褐色。前胸背板、小盾片、翅革片侧缘区及端缘附近、侧接缘各节后半部均为金绿色，有金属光泽。小盾片横皱较显著。翅革片大部分棕褐色，小盾片末端及侧接缘各节前半部黄褐色，翅膜片棕褐色。体下方淡黄褐色，具强烈的淡绿色金属光泽。触角棕褐色，第 3 节中部大段与第 4 节端半部黑色。足黄褐色。若虫期的形态构造基本上与成虫相似，体小且体壁较柔软，各部分结构简单，生殖器官不完善。

生活习性：寄主植物有桃、泡桐、野桐、白背泡桐、麻栎、青冈栎、黄皮。

地理分布：广西、广东、福建、湖南、江西、四川、贵州、云南，老挝。

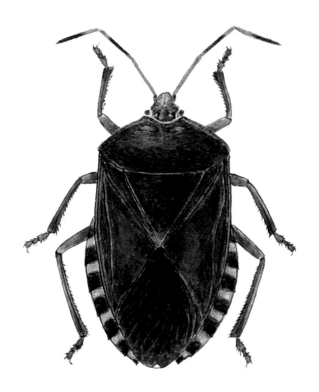

半翅目蝽科

麻皮蝽

Erthesina fullo（Fabricius）

形态特征：体长 21 ～ 24.5 毫米，宽约 11.5 毫米。大体黑色，遍布浅黄褐色花点与刻点，由头端至小盾片基部有一黄褐色细中纵线。头侧缘、前胸背板前侧缘、腹部各节侧接缘中部、触角末节基部、各足胫节中段黄色。前足胫节背部呈叶状扩展，宽度略超过胫节本身。

生活习性：为害油茶、苘麻、烟草、甘蔗、甜菜，还为害柑橘、桃、沙果、海棠、梅、苹果、葡萄、杏、李、枣、柿、山楂、龙眼、石榴、樱桃、梧桐、泡桐、油桐、槐、合欢、刺槐、乌桕、臭椿、楞柳和桑树等。此虫散发恶臭，用手捕它，留在手中的恶臭久而不消，所以人们常称它为放屁虫，亦有称之为臭屁虫、狗屁虫等。

地理分布：广西、广东、贵州、云南、湖南、江西、河北、山西、山东、河南、陕西、安徽、江苏、浙江、辽宁，日本、马来西亚、印度尼西亚、缅甸、印度、斯里兰卡。

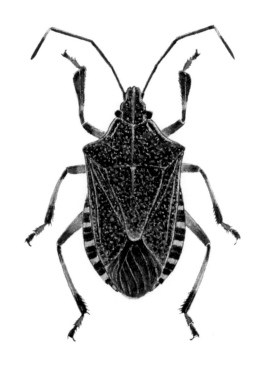

璧蝽

Piezodorus rubrofasciatus（Fabricius）

形态特征：体长 9.5～11 毫米，宽 5～5.5 毫米。体长椭圆形，淡黄绿色（干标本多呈淡黄褐色），密布淡色至黑色刻点，触角淡红褐色，复眼与单眼均带红色。前胸背板两侧角间有一乳白色至粉红色的横带。翅革片内角有一小黑点。小盾片基半部色较浅，常呈浅黄色，密布浅色刻点。前足胫节中部内侧有一小刺。

生活习性：璧蝽又名小黄蝽、赤条青龟虫，主要为害大豆、水稻、小麦、玉米、高粱、四季豆、扁豆、豇豆、白菜、黄粟等，还为害水稻、小麦及棉。成虫和若虫在叶片、嫩藤蔓及嫩荚上刺吸汁液，被害部位出现小白斑，严重时植株萎蔫、荚果半实以至干瘪。1 年发生 3 代，少数迟发的 2 代，以成虫在寄主附近的枯枝落叶下及枯草丛中越冬。越冬成虫于 3 月下旬至 4 月初开始在作物上活动，4 月下旬至 6 月中旬产卵，后逐渐转移到绿豆、大豆上，5 月下旬至 6 月中旬陆续死亡。

地理分布：广西、广东、山东、江苏、浙江、江西、四川、福建，日本、菲律宾、越南、印度尼西亚、缅甸、印度、斯里兰卡、澳大利亚及斐济群岛。

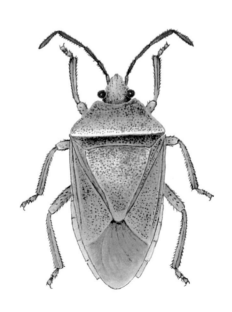

角盾蝽

Cantao ocellatus（Thunberg）

形态特征：体长 19～26 毫米，宽 11～13.5 毫米。棕褐色或黄褐色，无光泽。头顶有暗绿色斑，此斑向前伸达中叶中部。前胸背板与小盾片均有 8 个黑点，前胸的小而圆，小盾片的较大，形状多样，各黑斑的周缘都有淡色环，其数目个体间也有差异。前胸侧角尖突，有的个体角尖更突出为一尖刺。触角与足均为蓝黑色，各腿节基半部为土红色。体下方及腹部大半黄褐色，有黑斑。

生活习性：为害油桐、血桐、泡桐、白背泡桐、油茶、云南松、桦、狗尾树等。江西 1 年大概发生 1 代，7 月中旬能采到中、大若虫，7 月下旬至 8 月下旬羽化。在云南勐腊能于 9 月中旬采到 5 龄若虫及成虫。

地理分布：广西、广东、海南、江西、台湾、云南，日本、越南、马来西亚、缅甸、斯里兰卡、印度、印度尼西亚、菲律宾。

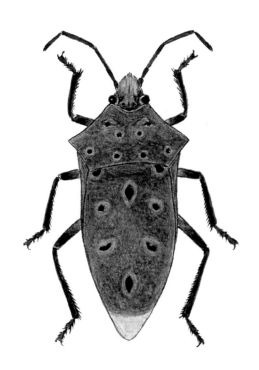

红娘华

Laccotrephes kohlii（Ferrari）

形态特征：体长 34 ～ 36 毫米，宽 9 ～ 11 毫米，尾针长 36 ～ 39 毫米。灰黑色稍带土褐色。体扁平，口针很短。前足特别粗大，基节桶形，腿节基内侧有一巨齿，跗节 1 节，末端尖锐，构成捕捉足。腹末有一对长尾，合成管状，用以伸出水面吸收空气。

生活习性：红娘华又名阔大红娘华，俗名水下猫。生活在沼池中，捕食其他水生昆虫，如蚊类幼虫。国内已知的蝎蝽科有 20 种左右，多生活在浅水的底层或水草间，捕食水生昆虫、螺类等。卵产在池底或植物组织中，一端有细丝。

地理分布：广西、广东、海南、江西、福建、台湾、云南，日本、越南、泰国、马来西亚、印度、印度尼西亚。

田鳖

Lethocerus indicus Lepeletier et Serville

形态特征： 体长 70 ～ 80 毫米，宽 26 ～ 30 毫米。灰黄色至棕褐色。头小，复眼巨大，并列体前如"小"字。前胸背板前叶纵列 3 个棕褐斑，小盾片近似正三角形，中间具一深色方形斑。前翅爪片宽阔，革片前缘稍外拱。膜片基半部革质，端半部才是膜质。前足腿节粗大，胫节稍内弯，跗节 1 节，构成捕捉足，后足胫节跗节均宽扁，适于游泳。

生活习性： 田鳖又名桂花蝉，是半翅目中体形最大的种类。此虫生活在较深的水中，捕食水生昆虫及小鱼，对养殖业危害较大。常用伏击的办法捕捉猎物，并用前肢压住猎物吸其体液。还能捕食水生半翅目昆虫的若虫，豆娘稚虫、蜻蜓稚虫等水生昆虫和水中其他节肢动物如丰年虫等。它本身也是鱼类的食料。

地理分布： 广西、广东、海南、江西、福建、台湾、云南、湖北、湖南，缅甸、马来西亚、印度、印度尼西亚。

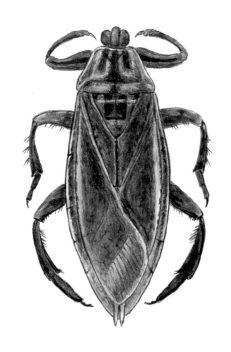

负子虫

Sphaerodema rusticus Fabricius

形态特征：体长约 16 毫米，宽约 9.3 毫米。土黄色。体扁薄，略呈菱形。头尖突，略呈三角形，基缘向后弯，两复眼斜生。前胸背板向后扩阔，后缘平直，中部显一斜方块，颜色较深，正中有一纵线。小盾片近三角形。前翅前缘外拱，基半部叶片状，光滑，色较淡。体腹面同色，前足为捕捉足，腿节粗大，跗节 1 节爪状。后足较长，胫节、跗节具长毛，利于游泳。

生活习性：捕食性昆虫，是鱼类的食料。除捕食水生半翅目昆虫的若虫、豆娘稚虫、蜻蜓稚虫外，还捕食水中其他节肢动物，有时捕食软体动物，也会捕食少量孵化不久的鱼苗。1 年发生 2 代，以成虫在池塘、河流、湖泊等水域的底层泥中越冬。翌年 3 月上旬爬出活动，7 月下旬为 1 代成虫盛羽期，10 月下旬 2 代成虫羽化。成虫喜欢在水草丛中游划觅食。雌虫把卵产在雄虫的背上，并分泌一种胶质使卵附着。有较强的趋光性。

地理分布：广西、广东、河北、山西、辽宁、上海、江苏、浙江、安徽、福建、江西、湖北、湖南、四川，缅甸、孟加拉国、斯里兰卡、菲律宾及大洋洲。为东洋区、澳洲区共有种。

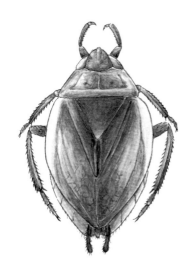

镜面虎甲
Cicindela specularis Chaudoir

形态特征： 体长 11 ～ 13 毫米。背面赤铜色至绿铜色，具光泽，腹面绿色。头、胸背具密皱褶，鞘翅上布满小刻点。腹面两侧、腿节被颇长的白毛。上唇黄白色，中央具三齿，中间一个长且大，两侧浅凹。头部两复眼向两侧突出，后头突。触角第 1 节大，第 5 节起被短毛。前胸背板皱条横陈，有一对卵圆形斑，周缘被有规则白毛。鞘翅上有几对黄色斑纹，雌虫在中部之前有 1 对黑斑。足瘦长。

生活习性： 能捕食多种昆虫。飞翔和行动迅速，趋光性强。在潮湿的沙质草地出现较多，天气阴冷时多钻入土中潜伏。卵产于土中。幼虫生活于土穴中，头和前胸发达，上颚强大，第 5 腹节背面有一个具有倒钩的瘤突，倒钩一对或数对，可固定虫体于穴壁，头紧靠穴口，遇到落于穴口的昆虫或小动物便迅速捕食。老熟幼虫在土内化蛹。

地理分布： 广西、广东、海南、云南、贵州、福建、江西、江苏、浙江、安徽、湖南、四川，缅甸、柬埔寨、斯里兰卡、菲律宾。

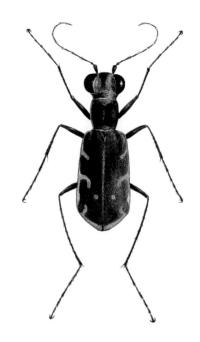

五斑狭胸步甲

Stenolophus quiuquepustulatus Wiedemann

形态特征：体长约6毫米。黑色，背面有虹状光泽。触角基部、口须、足、前胸背板侧缘、鞘翅上的5个斑均为黄褐色。触角第3节起暗褐色，被短毛。头、前胸背板光滑，仅前胸背板基部两侧的浅洼散布刻点。前胸背板前侧角圆，后角宽圆。鞘翅有陷沟，间室平滑，第9陷沟外侧赤褐色。鞘翅上5个斑点的分布为前2后3，后面中间1个横跨两鞘翅。腹面暗褐色。雄虫前足跗节基3节膨大，前、中足第4跗节均为双叶状。

生活习性：捕食小型昆虫。在平地较多，喜欢扑灯，因此灯下常见。步甲科昆虫多为土栖，成虫和幼虫白天隐藏，晚上活动，以捕食鳞翅目、双翅目昆虫的幼虫为主。幼虫为肉食甲型，生性活泼。

地理分布：广西、广东、海南、云南、贵州、福建、台湾，日本及东南亚各国。

黑尾长颈步甲
Colliuris chaudoiri Boheman

形态特征： 体长约 6.5 毫米。黑色，光亮。口须、触角基部两节均为淡褐色，足腿节色较淡。头部后方收窄，唇基横形。前胸背板长筒形，前部收窄，瓶状。鞘翅基部 1/3 处红褐色，近端部有一银白色小斑。前足基节窝后方封闭，中足基节窝外方被中、后胸腹板所围绕，胫节细长，前足内侧在端部之前有一深陷，深陷的基部有一距，第 5 跗节短于 1～4 跗节之和，第 4 跗节不呈双叶状。

生活习性： 捕食小型昆虫。其习性和在田间的作用与细颈步甲相同，能捕食稻飞虱、稻叶蝉、稻纵卷叶螟、三化螟初孵幼虫以及其他小型动物。

地理分布： 广西、广东、海南、云南、贵州、福建。

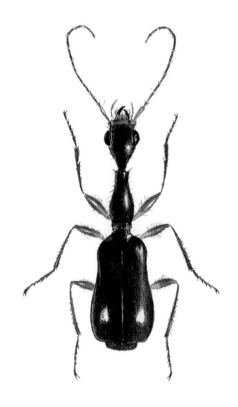

印度细颈步甲

Casnoidea indica（Thunberg）

鞘翅目步甲科

形态特征： 体长约 7 毫米。头黑色带蓝色金属光泽。口器红褐色至黄褐色，上唇宽大于长。触角红褐色。前胸背板红褐色，呈细长筒状，中部略膨大，前端收窄。鞘翅红褐色，基部肩胛处黑色，中后部有一宽阔的黑色横带，连及腹面相对应的腹片亦为黑色。鞘翅黑色部分闪绿色光泽，基部前后方各有一银白色的小斑点。鞘翅表面有成纵列的粗大刻点。

生活习性： 稻田害虫的主要天敌。能捕食稻飞虱、稻叶蝉、稻纵卷叶螟、二化螟、三化螟初孵幼虫及其他小型昆虫。由于其在田间数量较多，尤其在水稻生长中后期，因此对水稻后期能起到很好的保护作用。

地理分布： 广西、广东、海南、云南、贵州、福建，印度、缅甸、柬埔寨、斯里兰卡、马来西亚。

二点细颈步甲

Casnoidea ishii Habu

形态特征： 体长约7毫米。头、鞘翅基部、鞘翅中部之后至端部之前均为黑色，闪蓝色金属光泽，胫节、跗节、触角中部以后色暗，其余为黄褐色。头后方收窄。前胸背板细长，筒状，前后端收窄，前端较甚。翅有粗大成纵列的刻点，其中后部黑带连及腹面的相应部位亦为黑色。各鞘翅横黑带后部中央有一椭圆形白斑。足胫节细长，端部之前有一深陷，深陷基部有距。

生活习性： 捕食小型昆虫。是稻田害虫的主要天敌，能捕食稻飞虱、稻叶蝉、稻纵卷叶螟、三化螟初孵幼虫。其在田间数量虽不及印度细颈步甲多，但对水稻后期的生长也能起到一定的保护作用。

地理分布： 广西、广东、海南、云南、贵州、福建，日本。

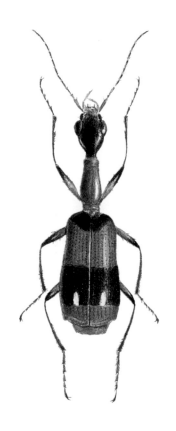

黄尾长颈步甲

Calliuris fuscipennis Chaudoir

形态特征： 体长约 7 毫米。黑色，闪蓝光。鞘翅端部有一黄褐色斑。唇基及口器红褐色。触角基部第 3 节及第 4 节红褐色，第 4 节端部起黑色。头部在两复眼间有若干粗大的刻点。前胸长筒形，基、端部收窄呈瓶状，上布粗刻点。鞘翅上有 9 行粗刻点，基部的深而粗，向端部逐渐变小变浅。足黄色，第 5 跗节短于前面 4 节之和。

生活习性： 捕食小型昆虫。其习性和在田间的作用与细颈步甲相同，能捕食稻飞虱、稻叶蝉、稻纵卷叶螟、三化螟初孵幼虫。

地理分布： 广西、广东、海南、云南、贵州、福建。

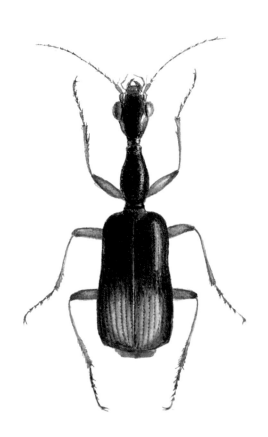

条逮步甲

Drypta lineola virgata Chaudoir

形态特征：体长约 9 毫米。黄红褐色。鞘翅周围黑褐色，闪蓝色光泽。全身被黄白毛。头密布刻点，上唇中央略向前突。触角第 1 节长度约占触角长度的 1/3，端部膨大、黑褐色。前胸背板后部收窄，形似花瓶，满布粗刻点。鞘翅沟深阔，沟中列粗大刻点。足黄褐色，腿节与胫节交接处为黑色，胫节及各足跗节色较深，第 4 跗节分叶长达第 5 跗节之半。

生活习性：捕食鳞翅目昆虫的幼虫、蝼蛄若虫及小型昆虫。在稻田捕食飞虱、叶蝉和稻螟幼虫等害虫，故甚是有益。多生活在土中、石下、朽木和苔藓以及水边湿地中。

地理分布：广西、广东、海南、台湾、云南、贵州、四川，日本。

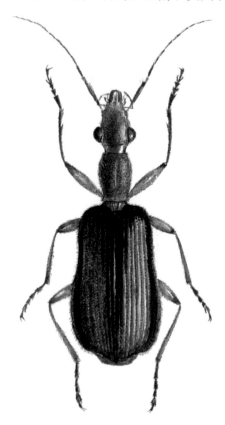

狭边青步甲

Chlaenius inops Chaudoir

形态特征： 体长约 11 毫米。黑色。背面有青绿色金属光泽，头胸背面光泽较强烈，腹部较弱。口器、口须、触角、前胸背板侧缘、鞘翅侧缘和后缘黄褐色。头光滑，侧方有褶皱。触角第 4 节基部起被毛。前胸背板具较粗刻点，后部两侧凹洼中纵沟不明显。鞘翅陷沟有小刻点。前胸背板及鞘翅密被短白毛。足黄色，胫节有粗短刺毛。

生活习性： 捕食性昆虫。其生活环境较多样，可在田间、草地见其踪迹。成虫、幼虫均能捕食螟蛾科、夜蛾科等鳞翅目昆虫的幼虫、蝼蛄卵及其他小型昆虫。成虫行动敏捷，爬行迅速。

地理分布： 广西、广东、贵州、四川、福建、甘肃、湖北、黑龙江、吉林、辽宁，日本、泰国、朝鲜。

鞘翅目步甲科

脊青步甲
Chlaenius costiger Chaudoir

形态特征：体长约 23 毫米。黑色。头、胸背面绿铜色发亮，鞘翅暗黑无光泽，触角、口须、上唇红褐色，足黄褐色。触角第 1 节膨大，第 3 节最长，第 4 节基部起被密短黄毛。头和前胸背板散布刻点和皱纹，前胸背板后部两侧有凹洼。鞘翅间室呈棱状突起，棱缘细滑，陷沟两侧被短毛。足较粗长，腿节及胫节连接处色较深，第 4 跗节不呈双叶状。雄虫前足跗节基 3 节极膨大。

生活习性：捕食鳞翅目昆虫的幼虫及小型昆虫。其生活环境较多样，常在田间出没，爬行迅速。其发生代数不详。近似种有 1 年发生 1 代的。成虫和幼虫白天隐藏，晚上活动，除捕食鳞翅目昆虫的幼虫外，还捕食蜗牛、蝼蛄等，是有益种类。

地理分布：广西、广东、贵州、四川、海南、江西、湖南、湖北、江苏，日本、越南、印度、缅甸、柬埔寨、老挝。

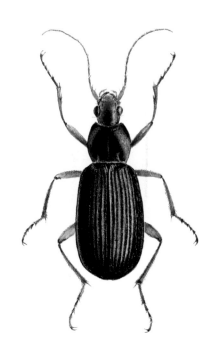

淡黄沼梭

Peltodytes intermedius Sharp

鞘翅目沼梭科

形态特征：体长约 3.5 毫米。暗黄色至黄褐色。前胸背板后方及前翅刻点、会合缘黑色。头小眼大，前背板后缘两侧各有一凹陷，内有粗大刻点，这些粗大刻点看起来似组成 1 个大黑斑。小盾片几乎不见。前翅各有 10 条大刻点列。后足基节大、板状，后缘具一锐齿。

生活习性：捕食性。成虫、幼虫均水生，栖于水田、沟渠、池塘中。在河流湖沼中或水草间穿梭自如，常夜晚飞出水面到灯下。幼虫体狭长，体节分明，捕食水中小虫。

地理分布：广西、广东、贵州。

形态特征： 体长约 14 毫米。灰黄褐色。头顶中央一斑纹、头后缘两斑纹、前胸背板两侧横纹、前翅端前 1/3 处波状纹、侧缘中央及前翅三纵列刻点均黑色，前翅及前胸背板后缘小刻点亦黑色。背面密布微细刻点间有小刻点。翅端会合部尖，雄虫前足跗节第 3 节扩大呈吸盘状。雌虫上侧部中央的黑色纹内侧纵凹。

生活习性： 多生活于水田、沟渠、池塘中，捕食水生小昆虫、蜗牛、蚯蚓、蝌蚪等小动物。龙虱产卵于水生植物的叶上或茎内，幼虫上腭发达但不咀嚼，而是通过细沟来吸食猎物的体液，并将其消化液注入猎物体内。幼虫老熟后在土中做蛹室化蛹其中。一般 1 年发生 1 代。

地理分布： 广西、广东、贵州、福建、湖南、台湾，广泛分布于世界各地。

大龙虱

Cybister japonicus Sharp

形态特征： 体长 35 ～ 40 毫米。体黑色具绿色光泽，雌虫光泽较少。头前部、上唇、触角、口须、前胸背板外缘、上翅外缘及足黄褐色至赤褐色。腹面暗褐色，前胸突起。中后足跗节暗褐色。前头两侧具小刻点，前唇前缘凹弧状。前胸背板前部光滑，侧缘具刻点且有点微皱。前翅 3 条刻点列明显，外面 1 条在黄黑交界处，交界处往往在黑色部分呈深绿色。雄虫前足前 3 节扩大。

生活习性： "龙虱"是一类昆虫的总称，此类昆虫个体大小不一，身体呈流线形，以肉食性为主，也兼具植食性。此虫生活于沟渠、池塘等水中，捕食小鱼、小虾、小虫、蝌蚪，也会攻击体积比它大几倍的鱼类、蛙类，猎物一旦被咬伤，附近的龙虱闻到血腥味就会蜂拥而来，共享珍馐。只要有食物，它们就能吃到撑，直到在水里浮都浮不起来，为了不被淹死，只好把吃下去的食物吐出一部分。它们在水能游，出水能飞，并有很强的趋光性。

地理分布： 广西、广东、贵州、福建、湖南、台湾、河南、黑龙江、吉林、辽宁、日本、俄罗斯，朝鲜半岛。

两条龙虱

Hydaticus bowringi Clark

形态特征： 体长 14 ～ 16 毫米。体黑色。前胸背板两侧及中央大部黄色，前后缘中部黑色，中央有一黑线将其连接起来。头前部黄色，后部黑色。前翅黑色，各翅均有 2 条黄色纵条，纵条前部直，端部向内圆。体腹面、口须、触角赤褐色，背面具光泽。前翅具颇密的小刻点，3 条刻点列从内向外逐渐变疏。

生活习性： 多生活于水田、沟渠、池塘中，捕食水生小昆虫、蜗牛、蚯蚓、蝌蚪等小动物。以幼虫或成虫越冬，成虫寿命较长，可活几年。

地理分布： 广西、广东、贵州、福建、湖南、湖北、台湾、河南、河北、山东、江苏、江西、浙江、安徽、黑龙江、吉林、辽宁，日本、俄罗斯，朝鲜半岛。

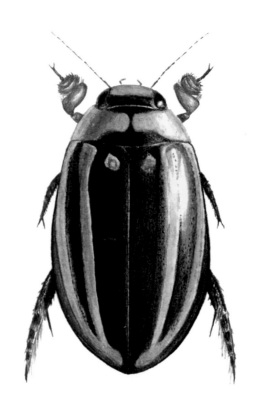

条半龙虱

Hydaticus lenzi Schonfeldt

形态特征：体长约 13 毫米。体黑色。头前部、前胸背板两侧、前翅的纵条均为黄色。前翅的两纵条在中央以前会合。腹面、足赤褐色，中、后足色较暗，后足尤甚。口须黄色，触角黄褐色。体背面具光泽，前翅刻点列内侧一条较其他的明显。

生活习性：多生活于水田、沟渠、池塘中，捕食水生小昆虫、蜗牛、蚯蚓、蝌蚪等小动物。成虫有趋光性，常飞到灯下。

地理分布：广西、广东、云南、浙江。

点条龙虱

Hydaticus grammicus Germar

形态特征： 体长 9 ～ 10 毫米。暗黄褐色。口须、触角黄色，足黄褐色，中、后足色较暗，前胸背板前部及端部横刻点黑色，小盾片黑褐色。前翅密布黑色刻点，3 条纵列明显，会合缘暗黑色，侧缘具黑色纵点列。雄虫前足跗节前 3 节扩成圆盘状，下面密生刷毛。

生活习性： 多生活于水田、沟渠、池塘中，捕食水生小昆虫、蜗牛、蚯蚓、蝌蚪等小动物。与花翅龙虱同属。

地理分布： 广西、广东、贵州、福建、湖南、湖北、台湾、河南、河北、山东、江苏、江西、浙江、安徽、黑龙江、吉林、辽宁，日本，欧洲、朝鲜半岛。

花翅龙虱

Hydaticus thermonectoides Sharp

鞘翅目龙虱科

形态特征：体长 8.5～10 毫米。黄褐色。小盾片黑色，头后缘及前胸背板后缘、前缘、中部斑纹黑色，前翅前缘、侧缘前半部、会合缘、3 条纵点列及大横纹亦黑色。翅上有相当密的黑色小刻点，并具微细网状印刻。口须、触角灰黄色，足灰黄褐色，中、后足色较深。前翅侧缘后半部淡黄色。

生活习性：多生活于水田、沟渠、池塘中，捕食水生小昆虫、蜗牛、蚯蚓、蝌蚪等小动物。与点条龙虱同属。估计 1 年发生 1 代。

地理分布：广西、广东。

鞘翅目龙虱科

三点列黄边龙虱
Cybister tripunctatus Olivier

形态特征：体长 24 ～ 28 毫米。黑色带绿色光泽。头、前胸外缘、前翅外缘、触角、口须、上唇黄褐色，体腹面暗赤褐色。腹部第 3 ～ 5 节两侧具淡黄色斑。足黄褐色，后足赤褐色，中足及后足跗节色暗。头微具小刻点，且有两凹陷。前胸背板前缘中央两侧有浅短横沟并具刻点。前翅有 3 条明显的刻点排成纵列。翅侧黄色部有 2 条暗色纵条，但不达翅前缘。

生活习性：多生活于水田、沟渠、池塘中，捕食水生小昆虫、蜗牛、蚯蚓、蝌蚪等小动物。

地理分布：广西、广东、台湾，日本。

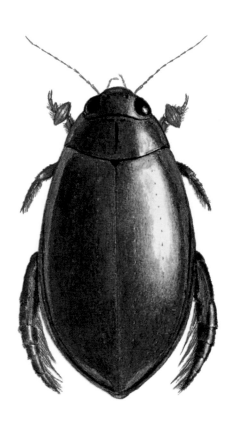

东方豉甲

Dineutus orientalis Modeer

形态特征：体长 8～10 毫米。黑色具铜绿色光泽。腹面、口须、足黄褐色，前胸背板及前翅侧缘平压部黄色。上唇略带紫色光泽，微呈凸弧状。前胸背板前缘两侧沿刻点具横条沟，前翅外方微呈 4 条纵沟，侧缘后方翅端呈刺状。雄虫前足跗节下面刷毛状。雌虫第 2 腹节中央圆形突出。中、后足扁平、短，略超出体侧。

生活习性：捕食小昆虫。成虫常夜间飞出扑灯，白天潜伏于水中或群集于水面旋游，主要以落入水中的各种昆虫为食。幼虫水生，肉食性，捕食各种水生小动物。幼虫体长而扁，胸足发达，腹部 1～8 节后各有一对细长的气管鳃，第 9 节则有 2 对，后边的一对起尾足的作用。卵成块或成行产在浸没于水中的叶上，经 1～2 周后孵化。幼虫老熟后离开水面去化蛹。1 年发生 1 代，以成虫越冬。

地理分布：广西、广东、贵州、福建、湖南、江苏、江西、浙江、安徽、黑龙江、吉林、辽宁，日本、俄罗斯，朝鲜半岛及东南亚。

五星棒角甲
Platyrhopalus paussoides Wasmann

形态特征：体长约7毫米。红褐色。触角2节，末节宽大呈铁饼状。鞘翅上有5个大黑斑，基部两翅会合处1个，双翅中部翅侧及端部各1个。头、触角末节遍布小刻点。头在后部收缩成颈。前胸背板前半部两侧外扩，后半部具横皱，亦布小刻点。肩突向前突出。小盾片较小。鞘翅闪光，有极短且稀疏的短毛。足扁平，胫节尤甚。腹面红赤色，被短毛。

生活习性：肉食性昆虫，捕食其他小昆虫。棒角甲多与蚁类共栖，或在石头下、树皮下等处活动。有趋光性，常飞到灯下。成虫受惊时能"放屁"御敌。胸部分泌的液体为蚁所嗜食，所以在蚁巢中很受欢迎，但其成虫与幼虫都是肉食性的，会捕食蚁类的幼虫。

地理分布：广西、广东、贵州、福建、湖南、湖北、台湾、河南、山东、北京、陕西，印度。

小牙甲

Regimbartia atlenuata Fabricius

形态特征：体长约 4.5 毫米。黑色。口须、触角黑褐色。头向下，体背闪金属光泽，密布小刻点，背面显著隆起。各翅有 10 条纵线，纵线前浅后深。足黑褐色，前足色较淡。体腹面密布细毛，前翅后部略带褐色。

生活习性：牙甲科是常见的水生甲虫，牙甲又称水龟虫。成虫吃水生小植物和小动物。牙甲科昆虫一生经卵、幼虫、蛹及成虫 4 个虫态期。数十粒卵产于一个壶状卵囊中，附着于水生植物。幼虫长棒状，上颚尖利，成熟后在水边的土壤中化蛹。牙甲科昆虫的食物之一——螺蛳，是人畜血吸虫的宿主，因此牙甲科昆虫具有一定的益处。

地理分布：广西。

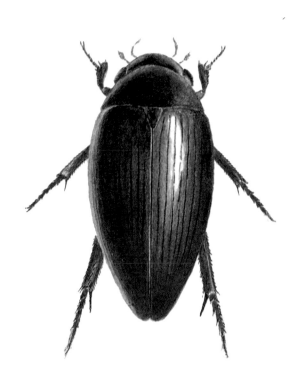

黄边牙甲
Helochares anchoralis Sharp

形态特征： 体长约 6 毫米。褐色。体腹面及腿节以下黑褐色。口须黄褐色，触角球杆部色暗。体背面密布刻点，略微隆起。前翅条列刻点细浅。小盾片长三角形。体腹面密布细毛，腿节端部亦有密毛。中胸腹板隆条存在。从背面观，因其前翅大大超过腹部，故前翅两侧色淡。

生活习性： 成虫和幼虫捕食水生动物。生活在淡水、沼泽、植物残体中，幼虫捕食小鱼、蝌蚪、螺蛳等，有的会为害稻苗、麦苗。能飞，常飞趋灯光。

地理分布： 广西、台湾，日本，东南亚。

形态特征： 体长约 24 毫米。黑色闪金属光泽。口须、触角赤褐色。复眼内缘、头的两侧有刻点群。前翅各有 4 条纵列刻点，内缘 2 条较明显，外缘 2 条不很明显。体腹面密生短毛，腹部每节外侧均有一黄褐色斑纹，中胸腹板中隆背向后延伸达第 3 腹节中部之后。

生活习性： 成虫和幼虫捕食水生动物。生活在水塘、沼池、水沟中，幼虫捕食小鱼、蝌蚪，有的还能为害稻苗。牙甲除水生外，也有陆生的，见于多腐殖质的湿土或粪土内。成虫趋光性很强。

地理分布： 广西、福建、湖南、江苏、四川。

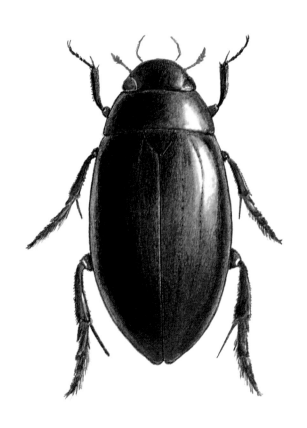

大牙甲
Hydrophilus acuminatus Motschulsky

形态特征：体长 32 ～ 35 毫米。黑色。触角、口须黄褐色。头在复眼内沿有一刻点群。前头有一对倒钩状刻点列。前胸背板两侧前半部有八字状的刻点。前翅各有 4 条纵列刻点，每条刻点列两侧均伴有微细刻点列。体腹面光滑，中央纵隆，胸板刺状突超过第 1 腹节。

生活习性：成虫和幼虫均生活在水塘、沼池、水沟和水田中，捕食水生动物。幼虫捕食昆虫的幼虫和蛹、蠕虫、蜗牛、小鱼、蝌蚪、螺蛳等，有的还为害稻苗。春夏季出现较多。幼虫捕食的猎物中，包括一些有益的生物，因此对养鱼户来说其算害虫。

地理分布：广西、广东、贵州、福建、湖南、江苏、江西、浙江、安徽、山西、辽宁、黑龙江，日本、朝鲜、缅甸、印度尼西亚。

形态特征: 体长 10 ~ 12 毫米。黑色。触角柄部、口须、足、胸部腹板的纵隆、各腹节两侧一斑纹均赤色。背面密布细微刻点。前翅各有 4 条刻点列,翅外缘后半部略呈赤褐色。腹部腹面密生短毛,中胸腹板中央具板状纵隆,其后端延伸达第 2 腹节后部。

生活习性: 成虫和幼虫生活在水塘、沼池、水沟中,春夏季出现较多。趋光性强,灯下极多。成虫和幼虫捕食水生动物。幼虫捕食鳞翅目昆虫幼虫及其他水中小动物,包括各种螺蛳,起一定的有益作用。

地理分布: 广西、台湾,日本、朝鲜,东南亚。

黑角葬甲
Necrodes nigricornis Harold

形态特征：体长 13 ～ 20 毫米。黑色。球状部末节赤色。头密布小刻点，近复眼处凹陷，复眼向两侧突出。上唇前缘弧状内凹，密生黄色短毛。前胸背板密布小刻点，四周边缘刻点较大，中央具纵浅沟，后方两侧具斜沟。小盾片三角形，前部具毛和刻点，后部平滑无毛。鞘翅有 3 条纵隆条，第 3 条中央以后隆起。雄虫翅圆，雌虫两翅会合部突出。雄虫后腿节大，前腿近端部下面具一齿。

生活习性：黑角葬甲多以动物尸体为食，也有捕食蜗牛、蝇蛆、蛾类幼虫或为害植物的。由于其特殊的生物学习性，不仅经常作为法医昆虫学中鉴定尸体死亡时间的重要依据，个别种类还可以作为害虫天敌用于生物防治。

地理分布：广西。

青翅蚁形隐翅虫

Paederus fuscipes Curtis

形态特征： 体长 6 ～ 7 毫米。头部、腹端部黑色，前胸、腹部第 1 ～ 4 节黄褐色，翅鞘墨绿色，中、后胸黑褐色，全体多光泽。各足腿节端部、胫节、跗节色暗。头部稍呈圆形，散布大刻点，两复眼之间中央部分平滑，前方两侧稍凹陷。前胸散生长毛。鞘翅布大刻点被白毛。腹部两侧有微小刻点，生褐色长毛。尾端生一对尾状物。雄虫腹部第 7 节腹面有凹缺。

生活习性： 此虫是一种世界性分布的昆虫，可捕食多种鳞翅目、同翅目昆虫的幼虫和卵，还可捕食螨类，是一种天敌昆虫。但其又可分泌毒素引起皮肤炎，故又是一种卫生害虫。行动敏捷，常在稻株上爬行，尤其在水稻生长后期，对水稻有很好的保护作用。

地理分布： 广西、广东、贵州、福建、湖南、江苏、江西、浙江、安徽、黑龙江、吉林、辽宁，日本、俄罗斯，朝鲜半岛、东南亚，美洲、非洲。

黑足蚁形隐翅虫

Paederus tamulus Erichson

形态特征: 体长约 6.5 毫米。头、腹端 2 节、足黑色,前胸、腹部 1 ~ 4 节褐色,鞘翅均为蓝黑色。头部刻点粗大。触角丝状,黑褐色,基部 2 节略带红褐色。唇基黑色,口器黑褐色。前胸背板红褐色,后部稍收窄,具稀疏小刻点。鞘翅带金属光泽,刻点粗大。腹部两侧有镶边,尾端有一对尾须。前足 1 ~ 3 跗节扁平,各足第 4 跗节双叶状。虫体全身被毛。

生活习性: 此虫的生活习性与青翅蚁形隐翅虫相同,可捕食多种鳞翅目、同翅目昆虫的幼虫和卵,还可捕食螨类,是一种天敌昆虫。但其又可分泌毒素引起皮肤炎,故又是一种卫生害虫。行动敏捷,常在稻株上爬行,尤其在水稻生长后期,可很好地保护水稻。

地理分布: 广西。

黑尾萤
Luciola japonica Thunberg

形态特征：体长约 10 毫米。橙黄色。头、触角、胫节、跗节、鞘翅端均色暗。眼大，两腿间平。全身密布刻点与极短的毛，鞘翅刻点较粗。前胸背板具中沟，前侧角圆，后缘两侧具深凹，后侧角向后突出，肩突明显。鞘翅内侧两条纵肋分明，外侧两条微弱。腹面颜色同体背，腹部各节两侧有深色斑。

生活习性：萤火虫有陆栖和水栖两个大类，是一种环境指示性生物，对于水污染和光污染尤其敏感，因此有萤火虫出没的地方，大多有干净清洁的水体。成虫有日行性和夜行性，日落后开始活动，大多在晚上八九点停止活动。幼虫和成虫相仿，但可以整夜活动。水栖萤火虫的幼虫吃螺类、贝类和水中的小动物，陆栖幼虫则以蜗牛、蛤蝙为食，有些种类会捕食昆虫等小动物。幼虫取食 1 次可以维持几天甚至 1 个月不进食。水栖萤火虫幼虫则需要在水中完成捕猎过程，然后将猎物拖至岸边慢慢享用。多数种类成虫只喝水或吃花粉和花蜜。

地理分布：广西、台湾，日本。

羽角叩头虫

Pectocera fortunei Candeze

形态特征：体长 24 ～ 30 毫米。深褐色。全身被黄白色细毛，有时在翅上形成不十分分明的斑纹。头、胸背面具大小不同的刻点。头中部纵凹。前胸背板两侧小刻点较多，中央有纵沟，两侧各有一个颇宽的凹痕。前翅具浅条沟，翅面有疏刻点。两鞘翅的端部较尖，呈刺状。触角第 2 ～ 9 节各生一很长的分支，雄虫触角呈单边羽状，雌虫触角锯状。

生活习性：叩头虫多为害虫，幼虫叫金针虫，多在地下生活，为害植物的根。叩头虫有一奇特的动作，它的头部和身体靠一条铰链样的结构连接在一起，当你按住它的身体时，叩头虫的头部就会不停地抬起又放下如叩头一般，并发出"咔咔"的声响。

地理分布：广西、台湾，日本。

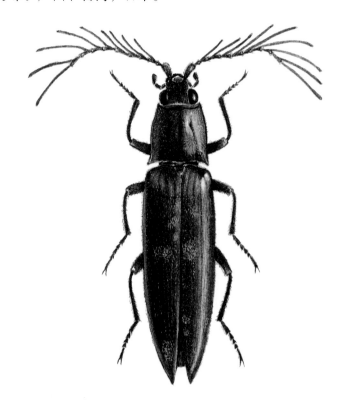

黄小叩头虫

Aeoloderma brachmana Candeze

形态特征：体长约 5 毫米。橙黄色。头、胸背中央、小盾片、前翅基部及中部中条、腹部腹面黑褐色，触角从第 4 节起色暗。头、胸有微细刻点。前胸背板中央黑纵条前后均向两侧扩出。全体被毛。前翅条沟细，条沟中具刻点。鞘缝色暗，前胸背板后角尖锐向后伸。

生活习性：叩头虫多为害虫，少数为益虫，幼虫叫金针虫，多在地下生活，为害植物的根。黄小叩头虫又叫枝斑贫脊叩甲，是我国南方的优势种。

地理分布：广西、台湾，日本。

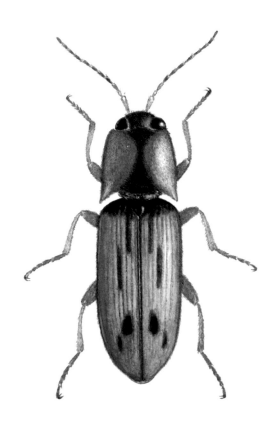

117

赤隐唇叩头虫

Farsus ainu Fleutiaux

形态特征：体长 5 ～ 9 毫米。赤褐色。全身密布刻点和短毛。鞘翅具刻皱。头短，急剧向下，从背面观看不见口器及复眼。复眼圆，黑褐色。触角除第 1 节外，第 3 节最长，约为第 2 节的 3 倍。前胸背板后角尖锐向后突伸，中部沿中线两侧各有一浅凹，后缘中部两侧向前弯入。小盾片几乎成方形。鞘翅端部较尖。腹部端节腹面有一毛区。

生活习性：多在森林中活动。成虫将卵产于浅层地表土中，幼虫孵化后，取食死亡倒伏的树木，整个幼虫期都生活于枯死的枝干中，以树木上寄生的菌丝为食。该种群对维持森林生态系统有一定作用。幼虫形态多样，有些种类的幼虫表皮硬化，似梭状，有些种类的幼虫似蛴螬状或梭状，但表面并无硬化。

地理分布：广西、台湾，日本。

花背长泥甲

Heterocerus fenestratus Thunberg

形态特征：体长 3 ～ 5 毫米。黄黑褐色。胫节大部分、腿节基部黑褐色。全身密被短毛，具细刻点。上颚长、大。触角短小，横扩成锯状。前胸背板中部黑色，侧缘褐色，后角外扩钝圆。小盾片为长三角形，黑色，比翅基下陷。前足胫节外缘具刺齿，一般可见 11 枚。各足腿节、胫节扁，前脚胫节尤甚，中、后足胫节外侧亦有刺，但比前足的小和少。第 1 腹节有两条斜的隆条。雄虫头的前缘具两齿。

生活习性：主要生活于池塘、水库、湖泊边的泥土中或溪流边的泥沙中，成虫具挖掘习性。成虫、幼虫均为植食性。本科有些种类有趋光性。本种在田边的泥中常见，具趋光性。

地理分布：广西、台湾，日本，欧洲。

印大蕈甲
Episcapha indica Crotch

形态特征： 体长约 14 毫米。黑色。前翅基、端各有一波状黄斑。全体密布小刻点，被极短毛。触角第 9 ～ 11 节膨大扁平，长度超过前 8 节之和的一半。前胸背板前缘、后缘中部向后弯，前侧角锐，后缘略上卷，后缘两侧具浅凹。小盾片心形，肩角不明显。腹面色同背，密布刻点并被毛。跗节第 5 节最长，几乎等于前 4 节之和。

生活习性： 此类昆虫体表光滑，色彩鲜明，具红色、黑色等花纹。也有许多种的鞘翅呈暗绿色或蓝色，头部、前胸背板和足呈红褐色。体形一般呈卵圆形或长形。多数分布在热带。有的钻入植物的茎或木材中，不食真菌。雌虫把卵产在大型真菌的子实体或腐烂的木料上，幼虫取食真菌的表面或在肉质部分蛀道。

地理分布： 广西，印度。

四斑大蕈甲

Episcapha quadrimacula Wiedemann

形态特征：体长约 10 毫米。黑色。全身密布刻点和短毛。鞘翅前后各有一橙黄色波状斑纹。头部两复眼间较平，后头微隆。触角端 3 节膨大扁平。前胸背板前缘内凹，后缘中部后突，侧缘略上卷，所被毛均向中部聚攒。鞘翅侧缘亦略上卷。腹面色与背同。跗节第 4 节最短，第 5 节最长。跗节垫毛刷状，黄赤色。

生活习性：此虫的生活习性与印大蕈甲相同。两种虫在分类上同属，因此有许多相同的地方，如喜欢把卵产在大型真菌的子实体或腐烂的木料上，幼虫取食真菌的表面或在肉质部分蛀道等。

地理分布：广西。

红胸拟叩头虫
Anadastus praeustus Crotch

形态特征：体长 7～9 毫米。赤褐色。触角、足、翅色较暗。有时整个翅色暗且闪蓝光。头、前胸背板布较密的刻点，前翅的刻点较粗大且有规则。腹面赤褐色，被短细而稀疏的毛，布不算很密的小刻点。触角球状部 4 节。足腿节中部略鼓。前胸背板两侧中部有一浅凹，后缘中部两侧各具一深凹。

生活习性：拟叩头虫科属扁甲总科球甲类，与大蕈甲在分类上相近，多分布在山林、丘陵林地。幼虫有蛀茎或不蛀的，成虫色彩较丰富。

地理分布：广西、云南，日本、越南、老挝。

稻红瓢虫

Micraspis discolor（Fabricius）

形态特征： 体长 3.7 ～ 5 毫米。红色或黄红色。半球形，体表光滑，不被细毛。前胸背板常具 2 ～ 3 对黑斑，但有变异。小盾片极小，黑色。鞘缝黑色，中部略宽。鞘翅侧缘有很细的黑线。腹面后胸腹板和第 1 ～ 4 腹节腹板黑色。足黄赤褐色，后足基节的大部分、腿节黑色，有的个体中、前足腿节及基节大部分为黑色。

生活习性： 瓢虫是完全变态昆虫，多数行两性生殖。冬眠出蛰之后即交尾、产卵。食蚜类瓢虫的幼虫行动敏捷，而食蚧类瓢虫的幼虫行动迟缓。幼虫成熟后，在荫蔽处化蛹，如叶下面、卷叶中、树缝里以及土块下。蛹为裸蛹。稻红瓢虫捕食桃蚜、麦蚜、橘蚜、稻飞虱、黑尾叶蝉、稻蓟马、稻纵卷叶螟和稻螟蛉幼虫，在水稻抽穗扬花期，会取食稻花的花叶，使小穗干瘪，从而造成损失。

地理分布： 广西、广东、陕西、西藏、云南、贵州、四川、湖北、湖南、江苏、浙江、上海、江西、福建、海南、香港、日本、印度、斯里兰卡、菲律宾、印度尼西亚、马来西亚、泰国、密克罗尼西亚。

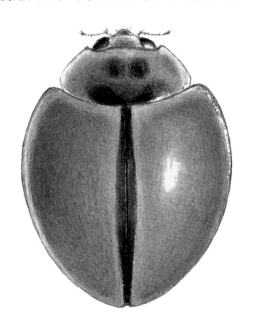

八斑和瓢虫

Harmonia octomaculata（Fabricius）

形态特征： 体长 5～6 毫米。橙色，具黑斑。虫体卵形，弧状拱起。口器、触角黄褐色，前胸背板中部黑色，小盾片黑色。鞘翅有 4 条不整齐的横黑带纹，第 1 条在鞘翅基部由 2 个斑毗连而成，第 2 条几乎伸达外缘，第 3 条粗宽，端部一条实为一黑斑而已。鞘缝黑色。腹面中部黑色，中、后胸后侧片黄白色。腹部边缘部分黄褐色至褐色。足腿节黑色，胫节、跗节黄褐色。背面布满细密刻点。

生活习性： 八斑和瓢虫与稻红瓢虫都属发生量较大的天敌昆虫。幼虫与成虫取食同一种食物，捕食的种类有一定程度的专一性，捕食各种飞虱、叶蝉、蚜虫等，常兼食其他节肢动物。幼虫活动能力强，行动敏捷。

地理分布： 广西、广东、西藏、云南、贵州、四川、湖北、湖南、江西、福建、海南、台湾、香港，日本、印度、菲律宾、印度尼西亚、澳大利亚、斯里兰卡、巴布亚新几内亚、密克罗尼西亚。

凹胸伪瓢虫

Ancylopus melanocephalus Olivier

形态特征： 体长约 6 毫米。橙色，头、足、翅上的斑纹黑色。背面布稍小刻点、光亮。头、触角密被绒毛。触角第 3 节最长。头中央浅凹，前胸背板前缘内凹，前侧角突出，中部之前两侧缘外扩，后侧角几乎呈直角，后半部有一凹字形结构，占据后半部的大部分，前半部具中纵沟。鞘翅基部连及鞘缝大部分黑色，中部侧面及端部之前各有一个大黑斑。

生活习性： 在甘蔗地易见。伪瓢虫科大部分种类为食菌性，通常生活在真菌、朽木树皮或枯枝落叶层中，取食真菌菌丝和孢子，具趋光性，受攻击时会从身体关节处分泌腥臭的白色乳状汁液。伪瓢虫在所有主要的生物地理区均有分布，有的是山区的大型美丽种，有的是仓储害虫。

地理分布： 广西、台湾，日本。

黑长蠹

Heterobostrychus hamatipennis Lesne

形态特征： 体长 8 ～ 16 毫米。黑色至黑褐色。触角、口器、跗节赤褐色。前胸背板具粗大瘤状颗粒，前半部两侧具向后曲的粗大瘤状颗粒数个。小盾片较小，舌状。鞘翅具粗大而紧密的刻点列，翅端倾斜部上方两侧有一瘤状突起。背面观看不见头部。头部密布瘤状小皱突。触角端部 3 节膨大，总长超过前面 7 节之和。

生活习性： 长蠹为幼虫蛀木的甲虫，生活在热带、亚热带地区，为害林木、竹、藤等多种树木，依靠木材、竹材、贮粮的运输传播。黑长蠹为害木棉、杧果、竹、皮革等。有报道称 1 年发生 2 代。越冬成虫于 3 月末开始活动。

地理分布： 广西、广东、海南、台湾，日本及东南亚各国。

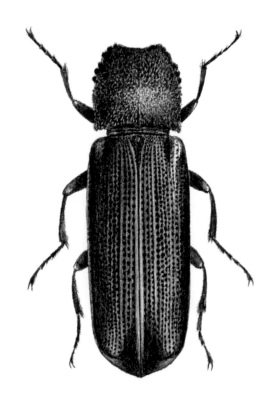

大黄斑芫菁

Mylabris phalerata Pallas

形态特征：体长 24～31 毫米。大体黑色，被黑毛。鞘翅上有 3 条横贯全翅的大黄斑条，翅基的 1 条被肩角黑线及鞘缝分割成 4 个黄斑，背面观仅见 2 个，有 2 个在前下方。触角末节基部明显窄于第 10 节。前胸背板前窄后宽，密布小刻点。

生活习性：芫菁为多变态昆虫，从幼虫到化蛹形态上有几种变化。如豆芫菁第 1 龄为三爪虫式的衣鱼型，触角、足和尾发达，行动活泼；第 2 龄为步行虫幼虫型；第 3 龄幼虫近似蛴螬型；第 4 龄为静止时期，称拟蛹；第 5 龄为蛴螬型。芫菁的幼虫一般寄生于蜂巢或蝗卵块中，在地下寻找蝗卵为食。成虫则为害豆科植物和杂草，遇惊时常从腿部分泌黄色的斑蝥素液，能侵蚀人的皮肤，使其形成水泡。大黄斑芫菁在南宁发生代数为 1 年 1 代，卵产在土中。

地理分布：广西、广东、海南、台湾、云南、贵州、四川、湖北、湖南、江西、福建，印度。

赤翅伪步行虫
Diaperis lewisi Bates

形态特征: 体长约6.5毫米。黑色有光泽。触角基部、口须、爪赤褐色、前翅基部、中央带纹及端部赤红色。头前方半圆形，眼大，密布小刻点。触角从第4节起向内扩大显著超过其长度。前胸背板密布小刻点。前翅具刻点列，间室平，亦有小刻点。跗节为5-5-4，端节长、大。鞘翅中部隆起。小盾片较小。前胸背板前缘中央两侧凹入，后缘中央后突。

生活习性: 伪步行虫种类很多，食性复杂，分布较广，从林田到仓库，从作物到储物，都有其影子。赤翅伪步行虫以菌为食。

地理分布: 广西、辽宁、湖北，日本、朝鲜、俄罗斯。

二纹土潜

Gonocephalum bilineatum Walker

鞘翅目伪步行虫科

形态特征： 体长约 10 毫米。黑色。头在复眼前面扩张，略呈扇状，中央前缘向内凹入，两复眼中间有一瘤状突起。前胸背板中部从前向后呈长方形隆起，两侧缘下凹，前侧角向前扩伸，与头扩张出的部位相接。翅沟明显。体具小刻点，被短刺毛。下颚须斧状，颇大。触角共 11 节，第 3 节最长，向端部逐节变宽变短。跗节为 5-5-4。

生活习性： 1 年发生 1 代，多以幼虫越冬。越冬幼虫于 3～4 月天气转暖后钻出地表，咬食作物种子、幼根和幼茎，造成缺苗。4 月中旬至 5 月中旬，老熟幼虫在土中筑室化蛹，蛹期约 15 天，羽化为成虫后再产卵、孵化下一代幼虫。沙土和砂壤土旱地上虫口较多。灯下常见。

地理分布： 广西、广东、海南、云南、贵州、四川、湖北、湖南。

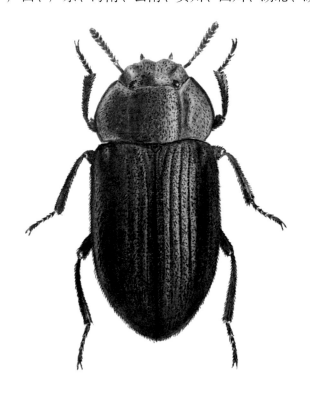

神农蜣螂
Catharsius molossus Linnaeus

形态特征： 体长 23 ～ 40 毫米。黑褐色。大型甲虫，背面圆隆。头大，密布横长鳞状刻纹，前部扇形，雄虫在头部中有一发达后弯角突，角突基部后侧有一对小突，雌虫仅略在中部突起。前胸背板密布细瘤突，雄虫前胸背板靠中前方有一高锐横脊，侧端向前延伸成强大齿突。雌虫前胸背板较简单，仅有一平缓横脊。鞘翅有 7 条细纵线。触角共 9 节，棒状部由 3 节组成。

生活习性： 俗名屎壳郎、推屎虫、粪球虫等。此虫在动物粪堆中或粪堆下挖土穴居，吸食动物尸体及粪尿。雌虫产卵后与雄虫共同将卵裹在粪土中推转成球状，觅地养育幼虫。

地理分布： 广西、广东、海南、云南、湖北、河北。

灰黄蜉金龟

Aphodius sublimbatus Motschulsky

形态特征: 体长 3.5 ～ 5 毫米。黄褐色。头、前胸背板两侧中央的小点、小盾片稍暗色，前翅会合间室暗色，两侧缘多具暗斑。头前部有 3 个瘤状突起，头前缘中央凹入。前胸背板基角微突、后角钝。小盾片基部两侧平行。翅条沟明显，第 1 条沟较深。足多毛，色较体色深。

生活习性: 蜉金龟科食性有粪食性和腐食性，多生息在动物粪堆中及粪堆下的土中，在动物尸体、垃圾堆及仓库尘土堆中也有一些种类生息。通常蜉金龟于人类无害而有益，成虫多在夜间活动，具趋光性。有的种类还有假死现象，受惊后即落地装死。成虫一般雄大雌小。灰黄蜉金龟为粪食性，因个小而容易被忽视。

地理分布: 广西、台湾、黑龙江、吉林、辽宁，日本、朝鲜。

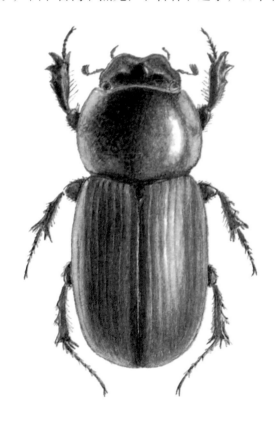

皱胸金龟

Trichiorhyssemus asperulus Waterhouse

形态特征：体长约 3 毫米。黑色具光泽。头前缘、口须、触角赤色。头具小颗粒。前胸背板前部具小颗粒，背面有 4 条横隆条在粗颗粒中横列，前 2 条完整，后 2 条在正中中断。前翅间齿明显，间室具纵长的颗粒列，内侧为小颗粒列。前胸背板侧、后缘列生强刺毛，后角不甚明显。

生活习性：除粪食性与腐食性外，还啮食植物根、块茎或幼苗。发生在出苗以前。多数种类为同寄主全周期，没有在木本与草本寄主间的转移，只在同类寄主植物间转移。幼虫乳白色，体常呈弯曲状，尾部有刺毛。老熟幼虫在地下作茧化蛹。蜉金龟群集时能迅速处理牛、马等动物粪便，清洁环境，偶尔也有个别种类兼害作物幼芽。

地理分布：广西，日本。

尖背粪金龟

Onthophagus tricornis Wiedemann

形态特征： 体长 14 ～ 18 毫米。黑色。头在前部中央齿状突起。眼前方具颇密的横皱。头中央有一瘤状突起，头顶呈板状，两侧各有两突齿，中部隆起。前胸背板密布粗大颗粒，前面横凹，中央顶上有一尖突。前翅密布小刻点，条室均细小。全身多毛，尤其头胸两侧。触角、口须黑褐色。触角端 3 节极大，扩成半球状，黄褐色。

生活习性： 粪金龟科是一个较小的类群，为中型至大型昆虫，呈椭圆形、卵圆形或半球形，体色多呈黑色、黑褐色或黄褐色，不少种类有蓝绿色等金属光泽或斑纹。性二态现象显著，雄虫头、前胸背板有发达角突及横脊状突。成虫、幼虫均以哺乳动物的粪便为食，亦偶有成虫为害栽培作物。成虫有趋光性。多于粪堆下垂直打洞，到一定深度后再打支洞，然后将粪运入支洞并产卵其中，幼虫生息其中直至羽化。

地理分布： 广西、台湾，日本及东南亚各国。

小褐粪金龟
Onthophagus lenzii Harold

形态特征: 体长 10 ~ 12 毫米。黑色或黑褐色。有时前翅基部或翅端之前有淡色小斑。头部刻点颇密,并具横皱。头中部从前面观横隆起两条凸弧状线,近乎平行,前面一条较弱。前胸背板具小刻点,两侧后方横凹,雄虫靠前方有一高锐横脊,脊的两侧均向前方突出。前翅条沟细,间室刻点弱小。

生活习性: 与尖背粪金龟同。成虫、幼虫均以哺乳动物的粪便为食。成虫于粪堆下垂直打洞,到一定深度后再打支洞,然后将粪运入支洞并产卵于其中,幼虫生息其中直至羽化。

地理分布: 广西、台湾,日本、印度。

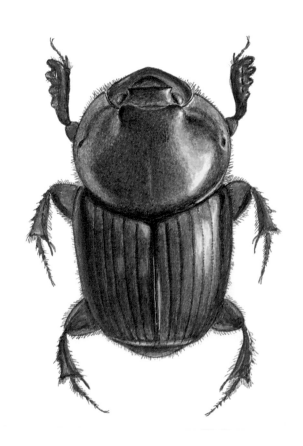

黑棕金龟

Apogonia cribricollis Burmeister

形态特征：体长约 9 毫米。黑色。口须、触角褐色。全身密布刻点，前胸背板刻点较细密。唇基弧形，后头至唇基急剧下垂，近似角形，唇基向前方倾斜，前缘上卷。触角共 10 节，棒状部 3 节。前胸背板前、后缘略向后弯，侧缘稍外扩。小盾片近三角形。鞘翅肋条明显，缝肋尤其清楚。前足节外缘具 2 齿，内缘一距。各爪中部生一齿。侧面观，虫体中部隆起。

生活习性：成虫白天潜伏，晚间活动，有假死性。成虫为害梨、木薯、柑橘、梅、芭蕉、油桐、蓖麻、甘蔗等植物的叶，幼虫为害植物的根部。1 年发生 1 代。成虫于 4 月出现，5 月盛发，7 月中旬以后少见。

地理分布：广西、广东、云南、江西、福建、台湾、湖北、湖南、浙江、越南。

卵圆齿爪鳃金龟
Holotrichia ovata Chang

形态特征： 体长约 18 毫米。褐色。头及前胸背板偏红黑色，翅偏黄色。头较小，布粗大刻点。前胸背板及翅布较细刻点。唇基弧形，略向上卷。触角共 10 节，棒状部 3 节。前胸背板侧缘中央呈钝角外突，突前侧缘具缺刻。鞘翅 4 条纵肋，内侧 2 条较明显，外侧 2 条微弱。缝肋较宽且隆起。肩突明显。小盾片近半圆形。前足胫节外侧具 3 齿，内侧一距。后足胫节细长。各个爪中央垂直生一齿。

生活习性： 幼虫在地下为害作物的根。1 年发生 1 代，以成虫越冬。老熟幼虫于 10 ～ 12 月化蛹，蛹期 24 ～ 31 天。成虫于 3 月的黄昏始出土活动，在龙眼等果树上取食并交尾，4 ～ 5 月产卵，卵期 11 ～ 16 天。6 ～ 7 月幼虫啮食蔗根，影响甘蔗生长。此虫也会对草地造成大面积危害。

地理分布： 广西、广东、湖南。

华脊鳃金龟

Holotrichia sinensis Hope

形态特征：体长约 20 毫米。褐色，头部色较深，鞘翅色浅。前胸背板前缘内弯，侧缘后部扩成接近直角，后缘中部突出。头前端黑褐色，唇基前缘向上卷，中央内凹。触角共 10 节，棒状部 3 节。小盾片半圆形，周缘黑色。鞘翅较光滑，发亮，翅肋不明显。腹面色同背，中胸腹板密生淡黄色长毛。前足胫节外缘有 3 齿，内缘一距。各足的爪中部均垂直生一齿。头、胸、鞘翅及腹板表面均密布细刻点。

生活习性：成虫杂食性，为害枫、漆树、盐肤木、桉树、荔枝、化香等的叶子。幼虫在地下大约 15 厘米处为害植物的根。1 年发生 1 代。成虫于 5 月出现，6 月盛发，白天潜伏，晚间活动，有假死性和趋光性。

地理分布：广西、广东、云南、江西、福建、台湾、湖北、湖南、浙江、江苏。

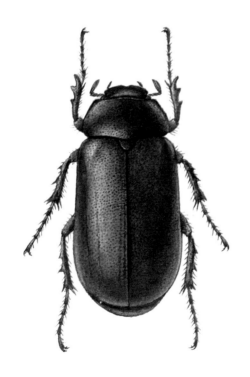

阔缘齿爪鳃金龟

Holotrichia cochinchia Nonfried

形态特征：体长约 20 毫米。深褐色。头、胸黑褐色，鞘翅棕褐色。头密布刻点，前部中央有一稍隆起的三角区，后部中央光滑无刻点。唇基前缘平直略向上卷。触角黄褐色，10 节，棒状部 3 节。前胸背板前缘内弯，侧缘中部扩成钝角，背板表面均匀密布细小刻点。小盾片近似半圆形。鞘翅肋条较粗而明显，翅面刻点不如前胸背板密。腹部黄褐色，较光滑。中胸腹板密生淡黄色长毛。前足胫节外缘有 3 齿，后一个极短小，内缘一距。各足的爪中央着生一长齿。

生活习性：成虫食性杂，有趋光性。幼虫在地下为害植物的根。许多习性与齿爪金龟属的其他种类相同。

地理分布：广西、广东、云南、四川，越南、柬埔寨。

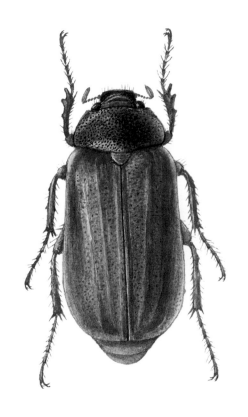

大头霉鳃金龟

Microtrichia cephalotes Burmeister

形态特征：体长约 16 毫米。棕黑色。头、前胸背板密布小刻点，鞘翅布粗刻点皱。唇基前缘内弯向上卷。触角 10 节，棒状部 3 节，褐色。前胸背板前、后缘稍向后弯，侧缘中部扩向外，但不成角。鞘翅内侧两肋条明显,缝肋宽略隆。前足胫节外缘有 3 齿,中间一齿略为可见,其余仅存痕迹,内侧一距,粗短。各个爪中部垂直生一齿。腹面色同背,被一层云雾状白粉。

生活习性：成虫为害菠萝、龙眼、荔枝、甘蔗等。在南宁 1 年发生 1 代，约在 10 月蛹羽化为成虫，成虫就此蛰伏于土中越冬。成虫于翌年 4 月出土活动，白天潜伏于蔗蔸附近的土内和其他植物的落叶中，晚上飞出活动，咬食叶片，喜吃嫩叶，有假死性和趋光性。

地理分布：广西。

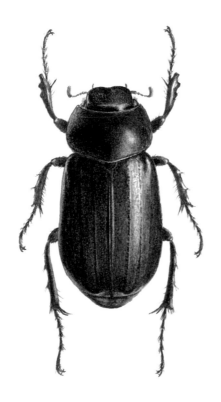

鞘翅目鳃角金龟科

粟等鳃金龟
Exolontha castanea Chang

形态特征： 体长 21～25 毫米。全体棕色。密被茸毛，头、前胸背板、小盾片及翅基中央杂布长短异色茸毛。唇基长且大，略近半圆形，前缘微弧形，侧缘弧形。触角鳃片部雌雄均为 7 节。下颚须末节长、大，末端圆尖。前胸背板侧缘密列钝锯齿形缺刻，缺刻中无毛。小盾片三角形，末端圆尖。鞘翅纵肋较矮弱。臀板近梯形，两侧上方有弱圆坑，下部中央凹瘪。腹下中央明显凹瘪。前胫外缘 3 齿，基齿弱。雄虫外生殖器阳基侧突较长，端部对称二分。

生活习性： 此虫是甘蔗的大害虫，常造成甘蔗大面积失收。1 年发生 1 代，以老熟幼虫越冬。冬天幼虫到土下 20～30 厘米处筑室，翌年 3 月底至 4 月中旬化蛹，4 月下旬至 5 月中旬羽化。下一代幼虫 7 月出现，9～11 月是为害盛期，严重时蔗头全被吃空，每平方千米幼虫可达上万头。

地理分布： 广西、海南，越南。

东方金龟子

Maladera orientalis Motschulsky

形态特征：体长 7～9 毫米。暗赤褐色至黑色。头前缘上卷，前半部刻点皱状，后半部刻点较浅且疏。头部及前胸背板前缘具刺毛。前胸背板及前翅具颇密刻点。触角 9 节，有的 10 节。前足胫节外缘有二齿，前面一个较大。后足胫节端的刺比第 1 跗节短。所有的爪均有齿。腹部光亮，臀板三角形。胸部、腹面色同背面，有刻点及棕褐色长毛。

生活习性：成虫食性杂，能取食几十个科的植物。1 年发生 1 代，以成虫在土中越冬。4 月间出土觅食，5～6 月为活动盛期，大雨后出土较多。成虫生性活跃，飞翔力强，傍晚时觅食交尾，有趋光性和假死性。成虫为害期约 80 天，幼虫为害期约 100 天。雌虫 1 次产卵 2～23 粒，一生可产几十粒，卵产于 10～20 厘米深的土层内。幼虫栖息于土中，密度大时，会对作物造成一定危害。

地理分布：广西，东北、华北、西北等地区，日本、朝鲜、俄罗斯。

玉米丽金龟

Anomala varicolor Gyllenhal

形态特征：体长约 13 毫米。赤黄色。头、前胸背板中部两侧、鞘缝、鞘翅外侧及端部的斑纹黑色。前胸背板和头的刻点较宽较细，鞘翅纵沟处刻点疏而大。唇基黑色上卷，复眼黑色。前足胫节外侧有 3 齿，近基方一齿仅留痕迹。小盾片近半圆形。前、中足爪均大且端部开叉。中胸腹板密生黄毛，与腹部均有刻点，略带黑褐色。

生活习性：丽金龟成虫食性杂，盛发于夏季，林区、平原和耕地都常见，有些种类为害豆科植物、果树，有强趋光性。幼虫栖息于土中，取食植物的根。玉米丽金龟在广西被发现其为害玉米。

地理分布：广西、广东、贵州、云南，越南、印度、斯里兰卡、孟加拉国。

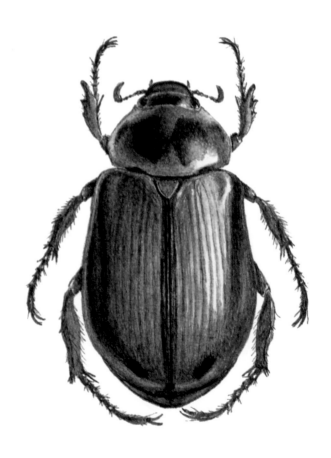

紫黑丽金龟

Anomala antiqua Gyllenhal

形态特征： 体长约 17 毫米。紫黑色。口须、触角黑褐色。背面具光泽，布满小刻点。鞘翅肋条隐约可见，间室中有大小两种刻点。唇基前缘上卷。前胸背板发达，前缘向前弯，后缘向后弯，侧缘向外弯，前角锐，后角钝。腹面颜色同背。中胸腹板被黄白长毛。前足胫节有 3 齿，后面一颗仅留痕迹。前、中足的爪一个分叉，一个不分叉，后足的爪不分叉。

生活习性： 本种是常见广布种，成虫食性杂，有强趋光性。幼虫取食植物的根。据称幼虫做好蛹室后很快化蛹，然后羽化。与同属其他种一样，幼虫化蛹是从背部裂开缝隙后不停翻滚，在外面形成一个睡袋状皮套。1 年发生 1 代，以幼虫越冬，3 月天气转暖后开始化蛹，4 月陆续羽化，5 月是成虫盛发期，6 月下旬以后较少见。成虫晚上活动，取食、交尾、产卵。

地理分布： 广西、广东、贵州、云南、四川、湖南、湖北、江西、河南、越南、老挝、柬埔寨。

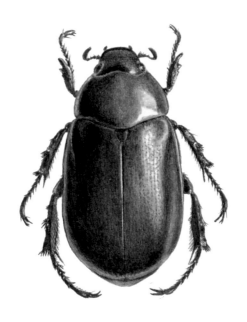

红脚绿丽金龟

Anomala cupripes Hope

形态特征：体长约 24 毫米。绿色。口须、触角褐色。头前缘紫铜色。足、胸和腹面红色，闪绿色金属光泽。头、胸、前翅均布满小刻点。前胸背板发达，前角锐，后角钝，后缘向后弯。鞘翅具不明显纵肋，内侧的较明显。唇基前缘略上卷。触角 9 节。前足胫节外缘具两齿，内侧有一棘刺，称内缘距。前、中足的爪一个分叉，一个不分叉，后足爪不分叉。

生活习性：成虫食性杂，常见广布种，是荔枝的大害虫。1 年发生 1 代，以老熟幼虫在土中越冬，3～4 月在土中深处做室化蛹，4～8 月为成虫发生期，6～7 月为盛发期。成虫在气温高、无风闷热的夜晚大量活动，有趋光性和假死性。卵散产于土中。幼虫有 3 龄，低龄幼虫吃腐殖质，高龄幼虫取食植物的根和地下茎。

地理分布：广西、广东、贵州、云南。

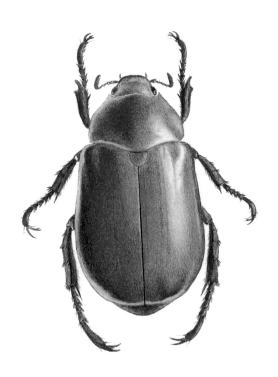

越喙丽金龟

Adoretus（*Primadoretus*）*tonkinensis* Ohaus

形态特征： 体长约 8 毫米。褐色。全身布满刻点和白毛。触角黄褐色。头黑色，前部色较淡。唇基略上卷。前胸背板短，长为宽的 1/3，前缘向后弯，后缘仅中央有些许向后弯，前角钝，后角钝圆。小盾片较小，略呈三角形。鞘翅肋条较为明显。腹面颜色及毛同背。前足胫节外缘有 3 齿，前、中足的爪一个分叉，一个不分叉，后足的爪不分叉，短者仅有长者的 2/3 长。

生活习性： 本种成虫取食蕉类、葡萄等的嫩叶，5 月中旬至 6 月中旬发生，成虫有趋光性。幼虫栖息于土中，会食害植物地下部分，但危害不显著。

地理分布： 广西、福建。

斑喙丽金龟

Adoretus tenuimaculatus Waterhouse

形态特征：体长 9 ～ 11 毫米。褐色。全体密生黄白色绒毛，具皱刻。头相对大，唇基半圆形，前缘上卷。触角 10 节，黄褐色。前胸背板短阔，前缘弧形内弯，侧缘弧形外扩，后缘中部略向后弯，前角钝，后角近直角。小盾片三角形。鞘翅有时有明显白斑，白斑由鳞片组成。腹面栗褐色，具鳞毛。前足胫节外缘有 3 齿，内缘有一距。前、中足的爪大者分叉，小者不分，后足的爪不分叉。

生活习性：本种通常 1 年发生 2 代，主要以成虫为害。第 1 代成虫期为 4 月上旬至 7 月中旬，第 2 代为 8 月上旬至 9 月下旬。杂食性，尤喜食葡萄与苹果叶。有弱趋光性，夜间取食为害甚烈。幼虫栖于土中，可食害植物地下部分，但危害性显著小于成虫。

地理分布：广西、广东、贵州、云南、四川、湖南、湖北、江西、江苏、安徽、河南，日本、朝鲜。

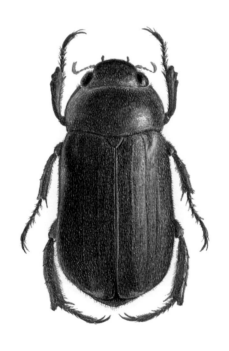

毛喙丽金龟
Adoretus hirsutus Ohaus

形态特征： 体长 7～12 毫米。黄褐色。体被灰白色细长针状毛，光泽弱。头顶黑褐色。唇基红褐色，呈半圆形，边缘上卷。复眼黑褐色，大而圆。触角 10 节，棒状部细长。前胸背板前后缘中央向外弯突，侧缘呈弧形外弯。小盾片三角形。鞘翅上有 3 条纵肋，具刻点。前足胫节外缘具 3 齿，中齿对面生一距，跗节第 5 节最长，末端爪一大一小，大者末端分叉。中、后足胫节有 2 列刺，中足大爪末端分叉，后足大爪长为小爪的 2 倍。腹面色泽与背面同，分节纹明显。

生活习性： 成虫期为 6 月下旬至 8 月中旬。能取食豆类和其他草木叶片。有趋光性。田间发生数量较少。幼虫栖息于土中，富腐殖质的菜园土中较多，食害植物地下部分，但危害不显著。

地理分布： 广西、福建、北京、江苏、河南、河北、山东。

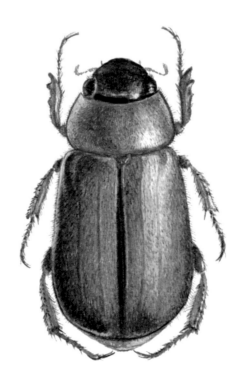

中华丽金龟
Mimela chinensis Kirby

形态特征：体长约 17 毫米。赤红色闪绿色金属光泽。前胸背板前缘弧形弯曲，前侧角锐角形，后侧角钝角形，后缘中央弧形向后延伸。小盾片钝三角形。鞘翅有纵肋，内侧 1 条粗且明显，外侧 3 条隐约可见。腿的颜色比体色略深。腹面铜色闪金属绿色，生白色毛。唇基前缘上卷。触角 9 节，雄虫棒状部长且大。前足胫节外缘具齿 2 枚，第 1 齿长且大，第 2 齿仅存痕迹。跗节第 5 节最长。

生活习性：成虫食性杂，有强趋光性，见于夏天。幼虫取食植物的根。

地理分布：广西、广东、福建、贵州、云南、四川、湖南、江西。

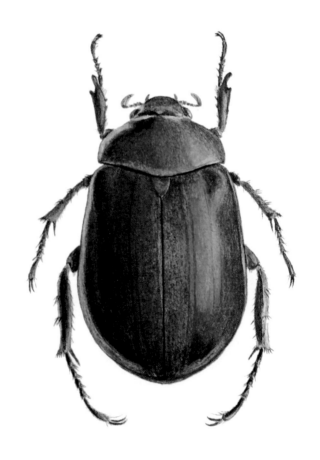

双叉犀金龟

Allomyrina dichotoma Linnaeus

形态特征：体长 30 ～ 53 毫米（雄虫角除外）。紫褐色。雄虫前胸背呈角状突起，雌虫则不然。前翅密生非常短的软毛。前胸腹板在前基节间扇状突起。后足第 1 跗节略呈三角形扩大，第 2 跗节亦如是。雄虫前足胫节比雌虫长。

生活习性：成虫取食榆树、桑树、无花果等植物的嫩枝及瓜类的花，幼虫多以朽木形成的腐殖质为食。双叉犀金龟的取食方式高度特化，先用铲状的上唇划破树皮，再用毛刷状的舌舔舐树汁，所以它常会吸引其他夜行性昆虫一起取食，如各类天牛、夜蛾。此虫以幼虫在湿润的腐殖质中越冬，主要在幼树根下、林区较厚的树叶下、村庄旁的杂草堆中或腐烂的作物秸秆堆中。

地理分布：广西、广东、福建、海南、辽宁、吉林、河北、山东、河南、安徽、江苏、浙江、湖北、湖南、江西、四川、云南、贵州、西藏、台湾、日本、老挝、马来西亚及朝鲜半岛。

橡肢木犀金龟
Xylotrupes gideon Linnaeus

形态特征：体长约35毫米。黑褐色至黑色。雄虫前胸背板呈角状突起，与头突等长。头的前部分呈扇状，头突角在"扇"中央向前突伸，尖端处分两叉，向后弯曲。足腿节、中胸腹板被颇长的黄褐色毛。前翅纵线不甚明显。足胫节刺粗壮，跗节、爪均粗大，第1跗节三角形，第2跗节近三角形。鞘翅在端部之前向后突起。腹部端节大而向下，背面观仅略能见到。

生活习性：成虫寿命约80天，食性杂，有趋光性，1年发生1代。以幼虫在有机质多的土壤中越冬。春天幼虫恢复活动，4月化蛹，5月羽化。初羽成虫在蛹室蛰伏一段时间后出土，白天潜伏，晚上取食、交尾和产卵。7月为幼虫盛孵期。初孵幼虫先分散活动，后随着虫体长大，渐移至树冠根区施有机肥的地方为害。活动时期恰逢多种果实成熟，果常受害。

地理分布：广西、云南、贵州、台湾等省。

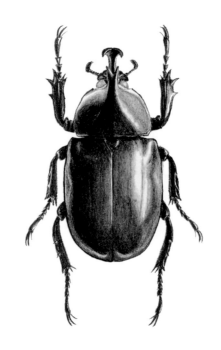

牙斑柚天牛
Gnatholea eburifera Thomson

形态特征：体长约 17 毫米。深褐色。头、胸、腿节色较深。全体被毛，触角所被毛较长。上颚外侧有 1 个三角形齿状角突斜伸向下外方。触角长且远超过身长，基部在复眼包围内侧有一丛黄白毛。头具中纵沟。前胸背板膨出，中部横列 4 个瘤状突，中间 2 个较高大。小盾片三角形，较小。鞘翅有深褐色粗大刻点，基部有 1 个、中部之后有 2 个白斑。腹面色、毛同体背。

生活习性：为害柚树，幼虫蛀食树干和蔸部，使树长势变弱，果实受影响。

地理分布：广西、广东、海南，印度、泰国、越南。

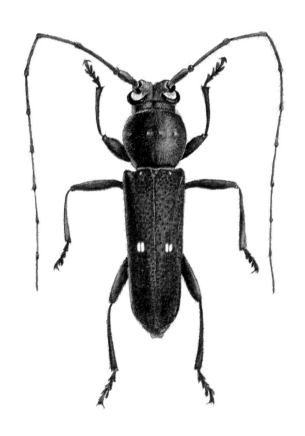

鞘翅目天牛科

蔗根天牛

Dorysthenes granulosus（Thomson）

形态特征： 体长 40 ～ 50 毫米。赤褐色。头部前端、触角基部 3 节色深，有时呈黑色。头在复眼前、两触角间隆起，头顶有中纵沟，上颚强大。触角锯状，第 3 节最长。前胸背板两侧缘各有 3 个略上翘的齿刺。鞘翅肩角明显，每翅内侧有 2 条明显的纵肋条，但不达翅后缘。各足腿节、胫节扁，起棱角，腹面有小齿，跗节宽扁。中胸腹板被黄褐色毛。

生活习性： 2 年发生 1 代，以幼虫在蔗蔸内或在蔗蔸附近的土中越冬。成虫有趋光性，交尾、产卵在夜间进行，卵产于土表上方 1 ～ 3 厘米处。幼虫孵化后，先取食蔗根和种茎，后钻入蔗茎，蛀成隧道并沿茎向上咬食。每年 3 ～ 5 月，老熟幼虫会转出蔗蔸，在附近的土中作茧化蛹，5 ～ 6 月是成虫盛发期。砂质土的新植蔗、多年宿根蔗受害较严重。

地理分布： 广西、广东、海南、云南，印度、泰国、越南、缅甸。

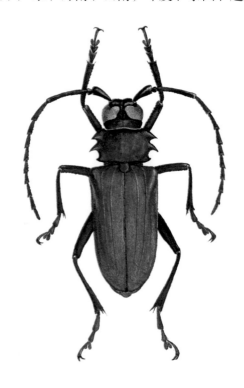

旋心异跗萤叶甲

Apophylia flavovirens（Fairmaire）

形态特征：体长约 5 毫米。前翅闪金绿色光泽，前胸背板灰黄色。头部触角前赤褐色，触角后黑色。前胸背板中部及两侧中央凹陷，侧缘中部之前向外扩。小盾片黑褐色，三角形。全体被短毛，鞘翅上密布细刻皱。腹面黑褐色，具细刻点，被短毛。触角从基节开始向端部色泽逐渐加深。足黄褐色，跗节色较深。

生活习性：成虫食性杂，可取食几种不同植物，如玉米、粟、紫苏等。7 月上中旬是为害盛期。幼虫从近地面的茎部或地下茎部钻入，植物幼苗受害严重者立即死亡，造成缺苗断垄，一般为害使心叶枯萎，影响发育、造成减产。7 月中下旬老熟幼虫入土 1～2 厘米深处作茧化蛹，蛹期 4～7 天，7 月下旬成虫陆续羽化，多集中于田间野蓟上为害。

地理分布：广西、广东、吉林、河北、山西、安徽、浙江、湖北、江西、湖南、福建、台湾、海南、四川、贵州，朝鲜、越南。

黑额光叶甲

Smaragdina nigrifrons（Hope）

形态特征： 体长约 6 毫米。头、足、鞘翅前后斑纹黑色，腹部腹面、中胸腹面两侧黑色。腹面被毛，腹背光滑。前胸背板及鞘翅大部黄色。触角基部、口器赤褐色。触节第 5 节起扩成锯状。头两眼间横凹，后头光滑。前胸背板具微小刻点但光滑，中部有波状深色带。鞘翅具刻点，末端光滑无刻点。足跗节垫毛刷状。

生活习性： 成虫食性杂，取食的植物有算盘子、白茅属、蒿属、栗属、柳、榛属、南紫薇等。

地理分布： 广西、广东、辽宁、河北、北京、山西、陕西、山东、河南、江苏、安徽、浙江、湖北、江西、湖南、福建、台湾、四川、贵州，朝鲜、日本。

黑条罗萤叶甲

Paraluperodes suturalis nigrobilineatus（Motschulsky）

形态特征： 体长约 3 毫米。淡黄褐色。前翅背部两侧具黑色纵条纹，条纹前部及中后部较宽大。头黑色。触角着生在两复眼之间，第 8～10 节黄白色，第 11 节色略深。额隆起，后头有一凹。前胸背板及鞘翅均有小刻点。前胸背板前部两侧缘向下弯，几乎到达腹面，前侧角呈球状体突出，后角钝圆。

生活习性： 成虫取食大豆。此虫是小型种类，故危害程度不高。

地理分布： 黑龙江、河北、陕西、山东、江苏、安徽、湖北、湖南、广西、福建、台湾、四川、云南，俄罗斯（西伯利亚）、朝鲜、日本。

鞘翅目叶甲科

隆额港甲

Anisodera guerinii Baly

形态特征：体长约 18 毫米。褐红色。触角、足、腹面黑褐色至黑色。全身布满粗刻点。触角被绒毛，从基部向端部由少至密，末节粗长，间有短毛。唇基向前中部横突。触角基突起在两复眼之间。头中线微凹。前胸背板刻点粗大且密，前侧角具一角突，中部之前两侧略缩入。小盾片舌状。鞘翅肋条内侧两条清楚，刻点有规则，鞘缝略隆。翅端急剧下收。第 3 跗节分叉，几乎与爪相接。各足胫节端部与跗节腹面被黄金色刷毛。

生活习性：叶甲科昆虫主要取食单子叶植物，幼虫潜食茎干、嫩芽。本种寄主植物为闭鞘姜。

地理分布：广西、云南，印度，爪哇岛、苏门答腊岛、马六甲、中印半岛。

甘薯龟甲

Taiwania circumdata（Herbst）

鞘翅目叶甲科

形态特征： 体长约 5 毫米。黄绿色，近圆形，背面拱起。敞边黄绿色。透明，无深色斑纹，呈网状结构。腹面、足淡黄色。前胸背板后缘中央有 2 个黑长点，中部有一光滑区。鞘翅盘区四周黑色，中央黄绿色，鞘缝黑色，中部有 1 个八字形黑斑，会合缝刻点较小，鞘翅上刻点大，呈纵列。触角基 5 节黄色，第 6 ～ 10 节黑褐色，第 11 节白色。标本体色淡黄褐色。

生活习性： 取食红薯或蕹菜。还能为害梨、桑树、柑橘、荔枝、龙眼、芭蕉等。1 年可发生 4 ～ 5 代，以最后一代成虫在田边等荫蔽处越冬。早春气温 14℃以上时，便恢复活动和觅食。成虫有假死性，早晚活动最盛，觅食、交尾或产卵。卵多为两粒并排产于叶背与叶脉交叉处，有护卵器使卵粘得很牢。每只雌虫一生能产卵 100 多粒。初孵幼虫啃食叶肉引起枯斑，成虫和幼虫都咬食叶片，可致叶片穿孔，严重时叶片烂成网状。老熟幼虫爬至叶背荫蔽处化蛹。

地理分布： 广西、广东、江苏、浙江、湖北、江西、湖南、福建、台湾、海南、四川、贵州、云南，日本、越南、菲律宾、孟加拉国、印度、斯里兰卡，中南半岛。

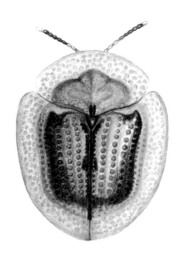

蓝叶甲

Altica cyanea（Weber）

形态特征：体长约 5.5 毫米。黑蓝色，闪蓝色光泽。前头略隆起，隆后横沟两侧沿沟有小刻点。前胸背板有稍小刻点，前侧角下倾，中部膨大，后缘前部有一横沟横贯整个背板。前翅刻点较粗大。小盾片三角形，具稍小刻点。鞘翅两侧不具细纵沟，肩突明显，肩突上几乎无刻点。腹面色同体背，被密毛。

生活习性：本属种类体色变化小，种间区别不大，属内许多种的食性范围狭小。专食性较强，因此寄主植物的不同也可作为鉴别种类的依据。蓝叶甲寄主为丁香蓼。

地理分布：广西、广东、陕西、安徽、湖北、浙江、湖南、福建、四川、云南、西藏，日本、缅甸、印度、马来西亚、印度尼西亚（苏门答腊）、中南半岛。

齿负泥虫

Lema（Lema）coromandeliana（Fabricius）

形态特征： 体长 5～7 毫米。头前部黑色，后端赤色，前胸背板赤色，鞘翅蓝色，足、触角黑色。腹面颜色变化较大，或红色或绿黑色。头顶在两眼间微突，中央有纵沟，具密刻点。前胸背板中部两侧收缩，有凹沟。鞘翅较平，基后有凹。翅基刻点粗大，向端部逐渐变小变浅。翅端部带赤褐色。各足腿节基半红赤色，端半黑色。雄虫中足胫节中部之前稍弯曲，中部之后常有一个齿突。

生活习性： 稻谷类的主要害虫。本科成虫及幼虫都在植物外部取食，因其幼虫有将排泄物堆积于体背的习性，故名负泥虫。本种寄主植物为裸花鸭跖草。

地理分布： 广西、广东、福建、海南、四川、云南，越南、印度、斯里兰卡。

鞘翅目叶甲科

紫蓝茎甲
Sagra femorata purpurea Lichtenstein

形态特征：体长约 18 毫米。紫蓝色。体表无毛，背面光泽如电镀。腹节腹面较光亮，雄虫第 1 腹节中部有较密的刻点及毛。头部刻点细密，额唇基前部每个刻点上生一根细额瘤，表面刻点极少。头顶微隆，前端角尖，后头发达并隆起。雄虫触角长于雌虫，超过体长之半。前胸背板长方形，背面拱起，基部中央具一浅洼。小盾片舌形，基部凹洼。鞘翅基缘具边。后腿节发达，端部腹面有两个齿。

生活习性：本属成虫和幼虫都取食植物茎干，成虫有时亦能食叶，生活于植株外部。寄主范围很广，均属于双子叶植物，尤以豆科植物较为常见。本种寄主植物有豇豆、长豇豆、刀豆、薯蓣、决明属、木蓝属、葛属、油麻藤属、菜豆属等。幼虫于植株茎内取食及生长，其蛀食部位膨大成虫瘿，一个膨大的茎块中有幼虫 1～20 个。幼虫老熟后作茧化蛹，成虫自块茎中羽化。

地理分布：浙江、江西、福建、广东、海南、广西、四川、云南，越南。

甘薯叶甲

Colasposoma auripenne（Motschulsky）

形态特征：体长约 6 毫米。绿色、紫铜色或红铜色。头部刻点较粗皱，额唇基后部中央瘤突明显，头顶不甚高凸。前胸背板刻点较细密，周缘具边。小盾片及鞘翅均具刻点，鞘翅外侧肩胛后方的短脊状褶皱粗而高隆，特别是雄虫，常向后超过翅鞘中部，肩胛下方有一个闪蓝色光泽的三角形斑。各足腿节膨大，跗节第三节开叉。

生活习性：成虫耐饥力强，飞翔力差，有假死性。1 年发生 1 代，以老熟幼虫在土室中越冬，少数在薯内越冬，也有以成虫在岩缝、石隙及枯枝落叶中越冬。越冬幼虫于 5～6 月化蛹，成虫羽化后在化蛹的土室内生活数天才出土。清晨露水未干时多在根际附近的土隙中活动，露水干后至上午 10 时和下午 4 时至下午 6 时活动最活跃。喜食苗顶端嫩叶、嫩茎、腋芽和嫩蔓表皮。卵为堆产，可产在田间的残物中。卵孵化后，幼虫潜入土中啃食寄主的根皮，或蛀入根或薯块内。

地理分布：广西、广东、海南、福建、浙江、江西、四川、云南。

鞘翅目象甲科

松灰象甲
Sipalus hypocrita Boheman

形态特征： 体长约 21 毫米。灰黑色。喙与前胸几乎等长。头、喙密布刻点。前胸背板长满大的瘤突，有的瘤突相连，瘤突之间形成深坑，中脊明显。小盾片较小，白黄色。鞘翅纵条明显，刻点大且成列，间有大小不一的瘤突。第 2、4、6 间室有黑色、黑褐色或黄褐色斑，斑纹排成纵列。翅端急剧向下收缩，翅端尖。复眼在腹面相接，腹面和腿密布小瘤突，突上长刺毛。

生活习性： 为害马尾松。在原木蛀食韧皮部和木质部表层，主要集中在树干基部一米范围内，有明显蛀孔和蛀屑。在马尾松林内呈团状为害，受害树在 1 个月或 2 个月内即可枯死，一株树有几条至十几条幼虫。1 年发生 1 代，以幼虫在木质部坑道内越冬。5 月上旬开始化蛹，蛹期 15～25 天。5 月下旬可见成虫，成虫羽化后需补充营养。6 月中旬为产卵盛期，卵期 12 天左右。在 6 月末始见初孵幼虫，7 月上旬为幼虫孵化高峰期。

地理分布： 广西、江苏、福建、江西、湖南，朝鲜、日本等。

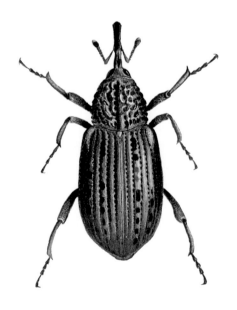

大豆高隆象

Ergania doriae yunnanus Heller

形态特征： 体长 6 ～ 8 毫米。黑色。背面隆起。被淡褐色或黄褐色至白色鳞片。喙长于前胸背板，弧形触角着生点之前被鳞片。具中隆线，散布成行细刻点。前胸宽大于长，前端隘缩，后缘两侧有前凹，背面散布光滑刻点，有三条纵白纹，中间一条有时中断。鞘翅具粗大有规律的纵条刻点列，中部有两条白色横带纹，鞘缝白色，肩突处接前胸背板纵纹延伸成两条纵斑纹。腿节近端处有一个钝齿突。

生活习性： 为害大豆的种子。1 年发生 1 代，以幼虫在土内越冬。大豆收获时，幼虫成熟。当农民把豆秆拉到打场后，经过一夜，幼虫从豆荚钻出，落满地下。由此可知此虫的生长发育与大豆的种植关系很大。

地理分布： 广西、陕西、四川、云南。

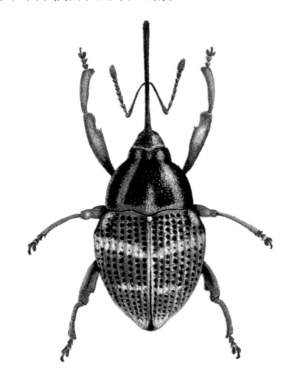

蓝绿象
Hypomeces squamosus Fabricius

形态特征：体长 12 ～ 15 毫米。黑色。被密且均一的金光闪闪的蓝绿色鳞片，鳞片间散布银灰色毛，鳞片表面附有黄色粉末。头、喙背面扁平，中间有一宽而深的纵沟，达头顶。前胸前窄后宽，中央有纵沟，沟面常附很多黄色粉末，沟两侧常有凹洼。小盾片三角形。鞘翅具纵刻点列，肩角钝圆，略斜，每一鞘翅端部缩成上下两个锐突。

生活习性：食性很杂，为害十几科几十种植物，如棉花、小麦、柑、柚、桃、番石榴、桑树、大叶桉、茶树等。1 年发生 1 代，以成虫及幼虫在土中越冬。越冬成虫于 4 月中旬开始出土活动，6 月下旬为羽化盛期。成虫活动力不强，有群集性，数量有时非常大，分布也非常广，为我国象虫的优势种。成虫的危害比幼虫更为严重。

地理分布：广西、广东、台湾、福建、河南、江苏、安徽、浙江、江西、湖南、四川、云南，越南、柬埔寨、泰国、缅甸、印度尼西亚、菲律宾、马来半岛、印度次大陆。

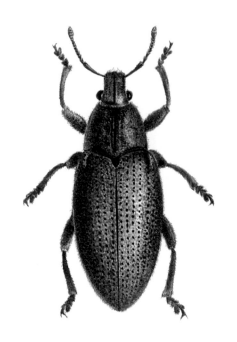

花边星齿蛉

Protohermes costalis（Walker）

脉翅目齿蛉科

形态特征： 体长约35毫米，前翅长约50毫米。头、胸黄褐色。头扁宽，触角锯状黑褐色。单眼3个，中单眼后缘具黑线，侧单眼内侧有月牙形黑斑。前胸长方形，两侧有中断的黑纵带。翅浅褐色，前翅隐约可见若干个黄斑，翅脉褐色，位于黄斑中的翅脉黄色，前缘横脉列间有明显的深褐色条纹。足大体黄褐色，胫节大部分及跗节黑褐色。腹部暗黄褐色。

生活习性： 属水生昆虫，幼虫体形比较大，常见于流速较急的溪边的石下。幼虫捕食小鱼、小虾，以及蜻蜓、蜉蝣、石蝇等的幼虫。

地理分布： 广西、广东、福建、河南、河北、北京、浙江、江西、湖南、四川、陕西。

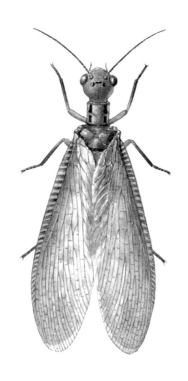

大草蛉

Chrysops septempunctata Wesmael

脉翅目草蛉科

形态特征: 体长约 14 毫米,前翅长约 20 毫米。大体黄绿色。头部有黑斑 2 ~ 7 个,常见的多为 4 个或 5 个,分布于额、唇基或颊。胸部背面有黄色中带。腹部被黄白色短毛。翅透明,翅脉大体黄绿色,前翅前缘横脉列及后缘基半的脉、两组阶脉除两端外各段均为黑色。后翅的前缘横脉、径横脉及阶脉亦黑色。前后翅脉上均有褐色细毛。

生活习性: 成虫与幼虫均为肉食性,捕食多种蚜虫、叶螨、叶蝉、鳞翅目、双翅目、膜翅目昆虫的卵及低龄幼虫。初孵幼虫要寻找一些适宜的材料,特别是碎片,其中包括卵壳、卵柄,背于身上,接着便开始捕食,寻找猎物。当其发现猎物后,一般采取突然攻击的方式。还可以在黑暗中捕食和进食。草蛉的成虫具趋光性,晚间可以灯诱。

地理分布: 广西、广东、海南、贵州、云南、福建、江西、湖北、湖南、江苏、浙江、安徽、山东、河南、四川、陕西、河北、山西、北京、内蒙古、辽宁、吉林、黑龙江、甘肃、宁夏、新疆、台湾,日本、朝鲜及欧洲。

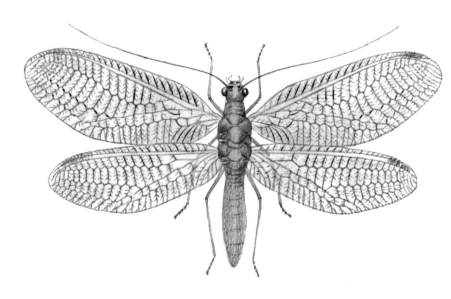

小菜蛾

Plutella xylostella（Linnaeus）

鳞翅目菜蛾科

形态特征： 体长约 6 毫米，翅展 12 ～ 15 毫米。雄蛾体翅灰褐色，雌蛾体翅灰白色。头、胸背灰色，翅基片棕褐色。翅狭长而尖，前翅灰褐色，密布暗褐色小点，后缘从翅基到后角有一条黄白色带，带的前缘呈三度曲折波纹状。静止时两翅覆盖在体背上像屋脊，黄白色带也互相连接合成三个斜方块，翅末向上翘，翅缘有长毛，像鸡冠。后翅银灰色，有长缘毛。

生活习性： 叶菜类蔬菜的大害虫。几乎无越冬现象，每年 3 ～ 5 月和 9 ～ 11 月为害较重。成虫白天隐藏，日落后取食、交尾、产卵，卵多产于寄主叶背近叶脉处。初龄幼虫取食叶肉，留下表皮，形成透明斑，3 至 4 龄后将菜叶食成缺刻和洞孔。受惊会迅速扭曲跳动着倒退，或吐丝下坠逃走。

地理分布： 广西、广东、海南、贵州、云南、福建、江西、湖北、湖南、江苏、浙江、安徽、山东、河南、四川、陕西、河北、山西、北京，世界各地。

167

扁刺蛾
Thosea sinensis Walker

鳞翅目刺蛾科

形态特征： 体长约 16.5 毫米，翅展 28 ～ 39 毫米。体灰褐色。前翅灰褐色至浅灰色，基半部和外缘部色较深并稍具黑色雾点，外线为一黑色斜线，从前缘近顶角向后斜伸至后缘。后翅灰色。幼虫绿色，体扁，为蛞蝓形，体背有一暗苍色背线。

生活习性： 食性极杂，取食苹果、梨、桃、李、枇杷、柑橘、柿、枣以及油桐、梧桐、喜树、乌桕、泡桐、枫杨、樟、桑树等树木。幼虫取食为害叶片，发生严重时，可将寄主叶片吃光，造成严重减产。在广西 1 年发生 2 代，偶有 3 代。以老熟幼虫在寄主树干周围的土中结茧越冬。越冬幼虫于 4 月中旬化蛹，5 月中旬羽化成虫。第 1 代发生期为 5 月中旬至 8 月底，第 2 代发生期为 7 月中旬至 9 月底。成虫羽化多集中在黄昏时分，羽化后即交尾产卵，卵多散产于叶面。幼虫期共 8 龄，老熟后即下树入土结茧。

地理分布： 广西、四川、云南、陕西，以及东北、华北、华东、中南等地区。

枣奕刺蛾

Iragoides conjuncta（Walker）

形态特征：体长约 13 毫米，翅展 24～30 毫米。头、领片浅褐色，身体和前翅灰褐色至红褐色。前翅基部 1/3 较暗，侧边较直；横脉纹为一黑点；外缘有一铜色光泽横带，中央紧缩，两端呈三角形斑，后斑向内扩散至中室下角呈齿形，铜带外衬灰白边。后翅灰褐色。

生活习性：枣奕刺蛾又名枣刺蛾，食性杂，幼虫为害枣、梨、桃、柿、核桃、苹果、杧果、樱桃等果树的叶片。1 年发生 1 代，以老熟幼虫在树干基部附近的土内结茧越冬。翌年 6 月上旬开始化蛹，6 月下旬田间可见卵，7 月上旬可见幼虫为害，8 月为害严重，8 月下旬幼虫老熟。成虫羽化多在下午至夜间，羽化后白天静伏于寄主叶片背面，黄昏后追逐交尾，雌虫交尾后次日即可产卵，卵呈鱼鳞状产于叶片背面。初孵幼虫爬行缓慢，短时聚集后便分散于叶背取食叶肉，残留的表皮呈纱网状，虫体稍大后即取食全叶，影响受害植物的树势和翌年结果。

地理分布：安徽、浙江、江苏、江西、湖北、贵州、四川、云南、广东、广西、福建、台湾、辽宁、河北、山东，日本、朝鲜、越南、泰国、印度。

黄柄脉锦斑蛾
Eterusia aedea magnifica Butler

形态特征: 体长约 20 毫米,翅展 68 ～ 71 毫米。头、胸黑褐色。翅基片内侧有一白点。腹背黄色,第 1 节、第 2 节墨绿色。翅淡黑色,近翅中一宽横带、中室端一近圆形大斑点、翅端一列斑均白色。后翅基半部有白色宽横带,沿翅顶至后缘顶有数个白点,排列不规则。

生活习性: 幼虫为害板栗、茶树及油茶树,因取食叶片留下叶柄而得名。幼虫对板栗的为害在 7 月上中旬较为严重,这段时期正是板栗果实发育的前期,果实体积迅速增长,而幼虫大量取食板栗树叶,严重影响果实的发育及后期干物质的积累,造成减产。1 年发生 2 代。以老熟幼虫于 11 月后在茶丛基部分杈处或枯叶下、土隙内越冬。

地理分布: 广西、广东、台湾、云南、江苏、南京、安徽、河南、陕西、四川,日本、越南、老挝、泰国、印度。

蝶形锦斑蛾

Cyclosia papilionaris Drury

形态特征： 体长约 15 毫米，翅展 41 ～ 57 毫米。雌雄异形。下图为雄蛾，体墨绿色至绿褐色，腹基部色浅淡。前翅紫褐色，中室外有一排横列白斑。后翅黑褐色，基部稍绿，翅顶有大小白斑 4 个。各翅室色稍浅，纵脉色深，乃翅底面翅室白色所反衬。

生活习性： 成虫喜在矮树林外空旷的地方飞翔，似蝶。成虫在广西于 4 月出现。幼虫为害茄科、芸香科植物。

地理分布： 广西、广东。

苦楝小卷蛾
Enarmonia koenigana Fabricius

形态特征：体长约4毫米，翅展约9毫米。头、胸砖红色，腹背黄褐色。前翅基部2/3橘红色，端部1/3黑褐色，中间夹银色条纹，翅面密布褐色点条状不规则斑纹，前缘有一列钩状纹，在基部2/3呈褐白相间斑点，端部1/3白点更显。后翅灰褐色。

生活习性：寄主为苦楝。幼虫取食变化大，除卷叶、黏叶梢外，也可以蛀食茎、根、果实和种子。成虫多从黄昏开始进行夜间活动，有趋光性。成虫交尾后不久即产卵，卵产成堆或单产，几天后孵化。以蛹期越冬者经常在幼虫栖居地形成一个茧，然后化蛹，以蛹越冬。以老熟幼虫越冬者先在地下碎叶、腐殖质中做一个茧，以幼虫在茧内越冬，待越冬后才化蛹。

地理分布：广西、江西、福建、台湾，日本、印度，大洋洲。

柑橘褐黄卷蛾

Archips eucroca Diakonoff

鳞翅目卷蛾科

形态特征： 体长约 9.2 毫米，翅展约 22 毫米。黄褐色。雄蛾比雌蛾颜色鲜艳。前翅中带褐色，由前缘中部通向后缘，端纹黑褐色，纹前方有黑褐色弧线纹，纹后下方和顶角间有楔状纹，略与前缘平行。后翅淡黄褐色，前缘无黑色鳞毛。雌蛾色较深，前翅斑纹较黑，后翅前缘顶角前有一束黑色鳞毛。

生活习性： 幼虫除为害柑橘外，还为害蓖麻、藿香蓟、一点红、飞扬草等。1 年发生 6 代，以幼虫越冬。成虫白天蛰伏，夜晚活动，有趋光性。成虫产卵于寄主叶片上，第 1 代幼虫为害幼芽，一般在 4 月下旬至 5 月发生较多，5 月后则为害嫩叶。幼虫有转移为害的习性。

地理分布： 广西、广东、海南、湖南。

褐边螟

Catagela adjurella Walker

形态特征：体长约 10.4 毫米，雄蛾翅展 16～19 毫米，雌蛾翅展 19～24 毫米。体褐色。雌蛾前翅金褐黄色，前缘有褐色边，翅中有 3 个黑褐色点，翅顶有一条棕褐色斜线平分翅前角，后翅缘毛较长，腹部黄白色，末端有一束浅褐色茸毛。雄蛾前翅灰黄色，前缘褐色边与黑褐色点更明显，腹部黄褐色、无茸毛。后翅白色。

生活习性：幼虫主要为害水稻及游草等。幼虫食量大，喜咬断稻茎，用之作袋，带袋外出，幼虫在袋内伸出头胸在水面游泳，爬到另株稻茎向内蛀食。5 龄幼虫蛀孔位置较低，接近水面。蛀孔直径与袋口直径相近时，即吐丝将袋口与蛀孔缀合，使袋与稻茎成一直角。成虫有趋光性。1 年发生 4 代，第 1 代在 5 月中下旬，第 2 代在 7 月上中旬，第 3 代在 8 月中旬，第 4 代在 9 月上中旬。第 4 代移至沟边游草内越冬。

地理分布：广西、广东、江苏、安徽、江西、湖北、湖南、云南、印度、斯里兰卡。

稻显纹纵卷叶螟

Susumia exigua（Butler）

鳞翅目螟蛾科

形态特征：体长约 6 毫米，翅展 14～15 毫米。黄褐色。前翅前缘与外缘为宽褐色带，翅中有 3 条黑褐色横线，均横穿全翅。后翅外缘亦为宽褐色带，并有 2 条横线，翅展开时，与前翅内 2 条横线相接。

生活习性：稻显纹纵卷叶螟又名显纹纵卷叶螟，幼虫为害水稻和旱稻。在广西 1 年发生 3 代，以幼虫越冬。幼虫冬季潜入稻秆内，翌年 4 月底开始化蛹，第 1 代成虫于 5 月羽化，第 2 代成虫于 7 月出现，第 3 代成虫于 8～9 月出现。成虫产卵在稻叶的背面，每次产卵 1～10 粒。白天隐蔽不活动，夜间活动，趋光性很强。幼虫吐丝把稻叶从边缘两侧向中央卷起，随后隐藏在叶片中取食为害叶肉。

地理分布：广西、广东，日本。

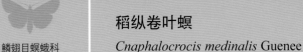
稻纵卷叶螟
Cnaphalocrocis medinalis Guenee

形态特征：体长约 7 毫米，翅展 18 ～ 20 毫米。灰黄色，有光泽。前翅外缘有灰黑色宽带，翅中有 3 条黑色横纹，中间的一条短而粗，仅在中室端横脉直伸至前缘。此横脉纹具有第二性征，即雄蛾在横脉纹上生有黑色瘤毛丛，雌蛾则没有，雌蛾前翅外缘宽带色亦较淡。后翅外缘亦具宽黑带，翅中也有 2 条横线，靠内一条短，仅呈一小黑点。

生活习性：每年春天虫源从东南亚稻区迁飞而来。成虫晚上活动，有趋绿性、趋密性和群集性。卵散产于叶面中部。幼虫孵化后先在心叶或叶片中下部取食，然后转到叶尖处吐丝纵卷稻叶成苞，藏身苞内，取食叶肉。每次蜕皮都另结新苞。一头幼虫可为害多张叶片。老熟后在稻丛下部结茧化蛹。以幼虫或蛹在杂草上越冬，但死亡率高。广西的稻纵卷叶螟是我国东南稻区的虫源地。

地理分布：广西、广东、江苏、安徽、江西、湖北、湖南、云南，日本、越南。

黄尾蛀禾螟

Tryporyza nivella Fabricius

形态特征：体长约 19 毫米，翅展 24～50 毫米。全身雪白有光泽。眼黑色，腹末有橙黄色毛丛，前后翅纯白色无斑纹。

生活习性：幼虫为害甘蔗，钻蛀蔗茎，招致霉烂、风折、倒伏。1 年发生 4～5 代，第 1 代成虫于 3 月发生，第 2 代于 5 月发生，第 3 代于 7～8 月发生，第 4 代于 9～10 月发生，第 5 代于 11 月至次年 1 月发生。成虫有趋光性，卵产于蔗叶内侧，呈块状，每只雌虫平均产卵 200～300 粒，幼虫孵化后吐丝下垂，随风飘动。每株蔗茎一般只有一只幼虫为害，幼虫取食先从心叶向下逐渐钻孔，最后爬到生长点，使受害植株发生枯心。幼虫老熟后从蛀孔另侧开孔道，在贴近蔗茎的一侧化蛹。

地理分布：广西、广东、福建、江苏、浙江、湖北、台湾，日本、印度、斯里兰卡、缅甸、印度尼西亚。

鳞翅目螟蛾科

三化螟

Tryporyza incertulas（Walker）

形态特征： 雌蛾体长约 13 毫米，翅展约 31 毫米；雄蛾体长约 12 毫米，翅展约 25 毫米。雌蛾全体黄白色，腹末有黄褐色毛丛，前翅中室端有 1 个黑点。雄蛾身体与前翅灰色，后翅白色，前中室端下角顶有 1 个黑点，从翅顶至后缘中部有 1 条灰黑色斜纹，不达后缘，翅外缘有 7 个小黑点，均在各翅室的末端。

生活习性： 食性专一，为害水稻。1 年发生 4～5 代。以幼虫在稻茎基部过冬。日均温度 15℃以上便发育化蛹，羽化为成虫。螟蛾晚上活动，趋光性强。卵产在禾叶上。水稻苗期、分蘖期和孕穗期最易受害。初孵幼虫蛀食心叶造成枯心苗，孕穗期蛀食造成白穗。

地理分布： 广西、广东、海南、福建、云南、江西、江苏、浙江、湖南、湖北、台湾，日本、越南、印度、斯里兰卡、缅甸、印度尼西亚。

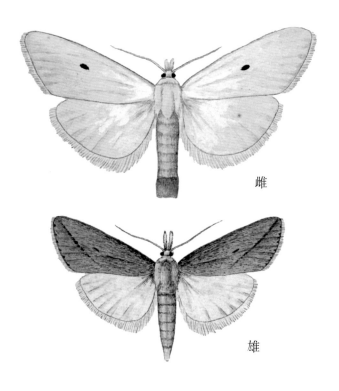

雌

雄

178

荸荠白禾螟

Scirpophaga praelata Scopoli

形态特征：体长约 14 毫米，雄蛾翅展 23 ～ 26 毫米，雌蛾翅展 40 ～ 42 毫米。全体纯白色，无任何斑纹。雌蛾腹末毛丛亦白色。

生活习性：幼虫为害荸荠和甘蔗。幼虫蛀食茎部，造成枯心或枯梢。成虫于 8 月上中旬出现。广西北部 9 月份成虫较多。

地理分布：广西、广东、海南、福建、北京、黑龙江、河北、江苏、浙江、安徽、江西，欧洲。

豆荚螟
Etiella zinckenella Treitschke

形态特征：体长约 10 毫米，翅展 21 ～ 22 毫米。灰褐色。前翅狭长，前缘自翅基至顶角有 1 条白色纵带，近翅基 1/3 处有 1 条隆起的金黄色横带，其外侧为 1 条黄褐色宽带。后翅黄白色，越近外缘色越深。雄蛾触角近基部内侧有一团深褐色鳞片，外侧被灰白色毛丛，雌蛾则无此鳞片和毛丛。

生活习性：幼虫主要为害豆科植物如大豆、扁豆、绿豆、豇豆，以及洋槐、刺槐、苦参等。成虫产卵于豆荚上，斜插在茸毛间，每荚 1 ～ 2 粒，或产卵于嫩叶、花柄、嫩芽上，孵化前变黑。幼虫咬破卵壳寻找豆荚蛀入荚内。幼虫蛀入豆荚前，先吐丝做丝质筒保护虫体，然后从豆荚两侧蛀孔钻入内部。幼虫老熟后吐丝结茧化蛹，蛹的末端附丝质以固定在茧上。成虫夜间活动，有趋光性，飞翔力强。广西 1 年发生 7 代。

地理分布：广西、广东、江西、湖北、湖南、北京、河北、山东、江苏、浙江、安徽、台湾，朝鲜、日本、泰国、印度尼西亚、印度、斯里兰卡、俄罗斯、美国，非洲、大洋洲。

形态特征：体长约 10 毫米，翅展 19 ～ 21 毫米。黄褐色。下唇须发达向上弯曲，复眼黑褐色。前后翅黄褐色稍带紫灰色，混生灰黑色鳞片。前翅前缘赭黄色，翅面有 3 条黑色向外弯的横线，在中室靠近内横线处有 1 个黑点。后翅内区有 2 条略呈弧形的横线。

生活习性：豆卷叶螟又名豆蚀叶野螟。幼虫为害豆科的大豆、豇豆、绿豆、红豆、鱼藤以及薄荷等。幼虫卷叶隐蔽取食叶片，常使叶片卷曲，影响植株生长。老熟后吐丝结茧化蛹。成虫在 8 ～ 9 月出现最多。成虫分散产卵于叶背，每只雌蛾平均产卵 330 粒。幼虫孵化后在叶背取食，不久则卷折叶片潜藏于叶内，老熟后在卷叶内化蛹。成虫于白天静伏隐蔽，夜间飞出，有趋光性。1 年发生 4 ～ 5 代，以老熟幼虫在枯卷叶中及土下 3 ～ 7 厘米处越冬。第 1 代成虫于 4 月中旬到 5 月出现。5 月中下旬幼虫盛发，为害早大豆。成虫在 10 ～ 11 月仍可见。

地理分布：广西、广东、台湾、北京、内蒙古、河北、江苏、浙江、江西、福建、湖北、四川，日本、越南、泰国、印度尼西亚、印度、斯里兰卡。

鳞翅目螟蛾科

二化螟

Chilo suppressalis（Walker）

形态特征： 体长约 12 毫米，翅展 25 ～ 28 毫米。雌蛾淡灰黄色，下唇须向前伸，被丛毛；前翅近长方形，淡黄褐色，各纵脉呈淡黄色，沿外缘有 7 个小黑点，各在翅室的末端。雄蛾略小，色较深，前翅布满不规则的褐色小点，翅中央有 3 个斜着排列的紫黑色斑，外缘也有 7 个小黑点。

生活习性： 此虫食性杂，取食禾本科、十字花科植物，为害水稻、陆稻、茭白、野茭白、玉米、粟、甘蔗、高粱、稗、芦苇、游草、甘蓝、白菜、芜菁、萝卜、油菜、大豆、葱、姜、莲蓬、慈姑等。在广西 1 年发生 3 代。多以幼虫在稻茎基部越冬。成虫有趋光性。卵产在稻叶或叶鞘上。幼虫孵化后先群集在叶鞘上为害，造成枯鞘，再转株蛀害，使植株成枯心苗和虫伤株。老熟幼虫在叶鞘或稻茎内化蛹。

地理分布： 广西、广东、福建、台湾、云南、贵州、四川、江西、湖南、湖北、安徽、江苏、浙江、黑龙江、辽宁、河北、山东、河南、陕西、马来西亚、印度尼西亚、菲律宾、印度、日本、朝鲜、埃及。

台湾稻螟
Chilotraea auricilia（Dudgeon）

形态特征： 体长约 13 毫米，翅展 18 ～ 23 毫米。体、翅黄褐色。雄蛾前翅中室有黑褐色斑块，上有几个光亮斑点，周围散布银色鳞粉，外缘有 7 个成列的小黑点，后翅白色。雌蛾前翅底色较淡，斑点较小且不很明显。

生活习性： 幼虫为害水稻、甘蔗、玉米、高粱等。成虫在夜间羽化交尾，趋光性弱，成虫寿命 3 ～ 4 天。卵多产在水稻叶面，卵粒排列成 2 ～ 3 纵列。幼虫孵化后到距土面或水面 2.5 厘米附近咬孔侵入叶梢向内部取食，被害植株密布蛀孔，茎内部如刀割一般。幼虫初孵时群居，长大后分散，幼虫有 4 ～ 5 龄，老熟时在茎内化蛹。1 年发生 4 ～ 5 代。

地理分布： 福建、台湾、广东、广西，缅甸、泰国、印度尼西亚、印度、尼泊尔、菲律宾、斯里兰卡。

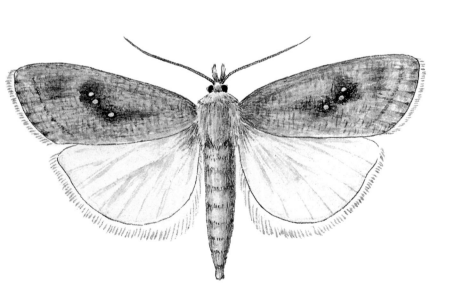

菜螟

Oebia undalis Fabricus

鳞翅目螟蛾科

形态特征：体长约 7 毫米，翅展 15 ～ 20 毫米。体、翅灰黄色。前翅灰色更重，内横线、外横线和外缘线白色，波浪形，肾形纹灰黑色，周围灰白色，翅外缘有一列小黑点。后翅灰白色，外缘稍带褐色。

生活习性：幼虫为害十字花科蔬菜。1 年发生 9 代，喜高温干燥环境，以 8 ～ 9 月发生最严重。成虫昼伏夜出，稍有趋光性，卵散产在嫩叶上。初孵幼虫潜食叶肉，2 龄后钻出叶面爬向心叶，吐丝缀合心叶并在内取食，使心叶枯死。4 ～ 5 龄虫可由心叶或叶柄蛀入茎髓或根部，使受害菜株枯死或感染软腐病。幼虫可转株为害。

地理分布：广西、广东、云南、台湾、山东、河南、陕西、江苏、浙江、湖南、江西、湖北、四川、北京、河北、内蒙古，日本、缅甸、马来西亚、印度、印度尼西亚、斯里兰卡、澳大利亚，欧洲、非洲。

稻切叶螟

Psara licarsisalis（Walker）

形态特征：体长约10毫米，翅展22～24毫米。灰褐色。头、胸色较深。下唇须前伸，下侧白色，上部暗褐色。前翅有3条黑褐色曲折横线，最外1条即外横线呈细锯齿状，中室内有一黑点。后翅色较浅，也有3条不是很清晰的曲折横线，近翅基的1条最短，像一小黑点，其余2条断断续续。

生活习性：幼虫为害水稻、甘蔗以及禾本科杂草。本种在早稻、晚稻秧苗期为害比较严重。禾苗密嫩，幼虫的密度大，幼虫会咬断叶片，影响禾苗生长，为害严重时整蔸稻叶全被吃光，或者把整个禾蔸卷成虫茧。成虫有趋光性，夜间取食花蜜。雌蛾产卵在禾苗基部，卵块排列成鱼鳞状，8～17粒排成一块。卵期4～5天，幼虫孵化后常常吐丝下垂，爬行觅食，首先取食水稻心叶表皮的叶肉，经过两三天以吐丝缀合稻叶卷成虫苞，取食整片叶片，幼虫老熟以后在叶苞内吐丝结茧化蛹。

地理分布：江苏、上海、浙江、福建、湖南、江西、台湾、广东、广西、云南，越南、日本、印度尼西亚、印度、斯里兰卡、马来西亚、澳大利亚。

豆荚野螟

Maruca testulalis Geyer

形态特征： 体长约 10 毫米，翅展 24 ～ 26 毫米。头部褐色，沿复眼内侧有白条纹，前端有白色横纹。前翅黄褐色，有 3 个白色透明斑，中室端的一个最大，横带状，中室内的一个像新月形，靠中室下缘一个最小，呈一圆点。后翅大半部白色，半透明，中部有一波状细横线，外小半部褐色，交界处弯折不整齐。

生活习性： 豆荚野螟又名豇豆荚螟。幼虫蛀害豆荚，成虫昼伏夜出，趋光性强。卵散产于嫩荚、花蕾或叶柄上。幼虫孵化后蛀花为害，造成花蕾脱落，一只幼虫可钻蛀 20 ～ 25 个花蕾。3 龄后多数幼虫转害嫩豆荚，4 ～ 5 龄幼虫在荚中取食豆粒，蛀孔外有虫粪。幼虫可多次转荚为害，此外还可蛀茎、蛀叶柄和卷叶。老熟幼虫在植株荫蔽处、土表浅土层结茧化蛹。1 年发生 9 代，平均气温 28℃时，完成 1 代需 16 ～ 20 天。

地理分布： 广西、广东、云南、福建、台湾、贵州、北京、河北、内蒙古、山西、山东、河南、陕西、江苏、浙江、湖北、湖南、四川，朝鲜、日本、印度、斯里兰卡。

形态特征：体长约 14 毫米，翅展 25 ～ 35 毫米。雌蛾淡黄色，腹部肥硕。前翅土黄色，中部有 2 块黄褐色斑，斑的两侧各有 1 条锯齿状黄褐色横纹，再外尚有一浅色纹与外缘平行。后翅淡黄白色，翅中有一淡褐色横纹与前翅外横纹相接。雄蛾体较瘦削、灰黄色，前翅色较深、横纹暗褐色。

生活习性：幼虫为害玉米、高粱、甘蔗、黄粟、棉花、洋麻等。广西北部 1 年发生 4 代，其余地区可发生 6 ～ 7 代，以幼虫在玉米、高粱等作物的茎秆内越冬。在广西西部早中晚熟玉米混栽地区，主要以第 1 代和第 2 代为害早熟玉米，第 3 代为害中熟玉米，第 4 代和第 5 代为害晚熟玉米。幼虫 3 龄以下多集中在心叶内取食，受害植株抽出的叶片呈花叶和排孔。抽穗时吐丝联结小穗、咬断小穗，抽穗后蛀入茎秆或穗苞为害。

地理分布：广西、广东、福建、台湾、湖南、江西、湖北、安徽、江苏、浙江、河北、山西、山东、河南、陕西、黑龙江、吉林、辽宁、内蒙古，欧洲、北美洲。

稻三点螟

Nymphula depunctalis（Guenee）

鳞翅目螟蛾科

形态特征：体长约 6 毫米，翅展约 14 毫米。全体粉白色。前后翅均有许多大小不一的淡红色花斑。前翅中室有 3 个小黑点，中间 1 个，室端横脉纹处上下角并排 2 个，翅外缘有一列小红点，共 7 个，即每翅室端部 1 个。后翅除翅面上有 5 ～ 6 个淡红斑点外，外缘在前角后也有一列小红点，共 5 个，不达后角。

生活习性：稻三点螟又名三点水螟蛾，幼虫为害水稻以及禾本科杂草。幼虫取食水稻时，把稻叶卷成圆筒袋状，然后潜居其中食害稻叶，或仅伸出头部以胸足附着于叶片剥食叶面，被剥叶片只剩下白色网状叶脉。成虫白天隐藏不活动，夜间活跃。卵粒成堆产于叶片背面及稻茎和杂草上。老熟后在水稻茎或其他物体上筑巢化蛹。1 年发生 2 代，第 1 代于 6 ～ 7 月出现，第 2 代于 10 ～ 12 月出现。

地理分布：黑龙江、江苏、浙江、福建、台湾、广东、广西，日本、朝鲜、越南、马来西亚、印度尼西亚、印度、斯里兰卡、澳大利亚。

形态特征：体长约 5 毫米，翅展 13～18.5 毫米。头、胸部白色，领片前半褐色，胸部有 2 条褐色横纹，胸、腹背面覆白褐色鳞片，腹后半各环白色。前翅白褐色，内区多灰褐色斑，中室上角有一圆形黑点，外区有 4 条黑褐色斜线，中间两条夹着 1 条红褐色斜带，带的两侧为一大一小的白色斜带。后翅白色，共有横斜纹 5 条，中间两条夹着一条颇宽的黄色带纹，翅外缘淡黄色。

生活习性：幼虫为害水稻、睡莲属及水生杂草。稻筒水螟幼虫生活在水中，将水稻或其他水生植物叶片咬成碎片，并吐丝连缀成筒，然后隐居其间，主要取食植物叶片。成虫夜间逐光。卵粒黄色、扁平、椭圆，长度 0.5 毫米左右。幼虫腹部末端有一对长毛，身体两侧伸出细长丝状的气管鳃用以摄取氧气。化蛹前先吐丝结茧，蛹于成虫羽化以前不露出茧外。

地理分布：广西、广东、四川、福建、台湾，朝鲜、日本、印度、斯里兰卡、越南、缅甸、澳大利亚。

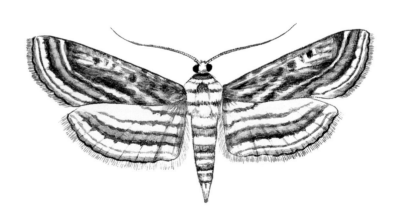

稻筒巢螟

Ancylolomia japonica Zeller

形态特征： 体长约 12 毫米，翅展约 30 毫米。头、胸黄褐色，腹部灰白色。前翅灰黄褐色，翅脉具闪光的铅灰色纵条，脉间有纵列黑点，亚外缘线暗褐色有细锯齿状斑纹，内侧有暗黄色线，外侧为灰白色带，共同构成一条花边，翅外缘不平整，微呈S形弯曲，大异于常见的螟蛾。后翅白色。

生活习性： 稻筒巢螟又名稻巢水螟，幼虫为害水稻。成虫静止时前翅放于身体两侧相互合抱成筒状，头部向下，尾部高高举起，如炮筒。幼虫潜居于水稻根株之间，啮食稻茎、撕碎叶片并吐丝造成筒状巢，在巢中居住。白天隐居不外出，夜间纷纷从巢内向外爬行，咬断水稻茎，拖到巢内取食，仅取食一部分，再爬出另找新茎拖进巢内。水稻丛被害后影响分蘖。成虫有趋光性，产卵多为 2～3 粒分散于稻叶上，卵期 1～9 天。幼虫老熟时在洞口吐丝连缀巢内碎屑做成椭圆形蛹室，化蛹其中。1 年发生 3 代。

地理分布： 广西、广东、福建、台湾、云南、江苏、浙江、江西、湖南、湖北、辽宁、河北、山东、陕西，朝鲜、日本、缅甸、泰国、印度、斯里兰卡、南非。

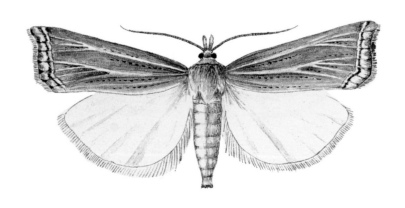

瓜绢野螟

Diaphania indica (Saunders)

形态特征：体长约 15 毫米，翅展约 28 毫米。头、胸、腹部后 3 节黑褐色，腹部前半淡黄白色。前后翅主色为白色，有丝绢闪光，前翅前缘至外缘后角为黑色宽边，后翅外缘也有宽黑边。

生活习性：瓜绢野螟又名瓜绢螟，1 年发生 4 ～ 5 代，4 ～ 10 月为害较重。以老熟幼虫或蛹在植株残体中越冬，翌年温度适宜时化蛹或羽化。卵产于叶背。初孵幼虫先取食叶片背面的嫩肉，长大后咬食叶片。到 3 龄以后能吐丝连缀叶片，左右卷起然后居住于其间，取食时伸出头和胸部，幼虫化蛹亦在卷叶内，幼虫共 5 龄。成虫白天隐藏，夜晚活动，有较强的趋光性。

地理分布：广西、广东、福建、台湾、贵州、云南、河南、江苏、浙江、湖北、江西、四川，朝鲜、日本、越南、泰国、印度尼西亚、印度、澳大利亚等。

二斑绢野螟

Diaphania bicolor (Swainson)

鳞翅目螟蛾科

形态特征： 体长约 13 毫米，翅展约 32 毫米。体黑褐色，领片、翅基片除基部、腹部前半两侧均白色。前翅黑褐色，有 2 个半透明白斑，小的一个在中室中部，略呈长圆形；大的一个在中室端外方，形稍圆且在朝翅顶的一方有凹缺；在两白斑后缘之间，有一小眼纹，中心黑色；翅后缘基半有锯齿状白边。后翅靠基部 2/3 为白色，外部 1/3 为黄褐色，其内缘及外缘均有深黑色边，中间尚有一黑褐色宽带。

生活习性： 成虫在云南西双版纳于 6 ～ 7 月出现，此虫属绢螟属。绢螟属是一个种类较多、危害性大、分布范围广的属。在我国无论南北都能见其踪迹，有不少为害经济作物，也有很多是寄主还没有查明的种类，通常习性是卷叶为害，只残留叶脉与叶柄，叶片受害后焦黄、枯萎、半透明且卷曲。

地理分布： 广西、广东、云南，越南、泰国、缅甸、印度尼西亚、印度、斯里兰卡、菲律宾、澳大利亚、刚果。

白蜡绢野螟

Diaphania nigropunctalis（Bremer）

形态特征：体长约 12 毫米，翅展 28 ～ 30 毫米。全体乳白色带闪光。头部白色，额棕黄色，头顶黄褐色，领片和翅基片基部棕褐色，胸、腹背面皆白色。前后翅白色半透明，有光泽。前翅前缘有黄褐色带，中室端上下角各有一黑点，有时或相连呈一新月状纹，翅外缘各脉端均有一小褐点，排成一列。后翅外缘也有一列小褐点。

生活习性：幼虫为害白蜡树、木樨、女贞、梧桐、丁香、橄榄，食害树叶及苗木叶片，2 ～ 3 年生的幼苗每当受害易枯死。1 年可发生 2 代，第 1 代成虫于 6 月出现，第 2 代成虫于 9 月出现。成虫有强烈的趋光性，夜间活动，产卵在叶面上，卵粒分散。幼虫孵化后吐丝把叶片缀起，然后居住在卷叶内隐蔽取食，老熟后在卷叶内吐丝结白色茧。

地理分布：广西、贵州、福建、台湾、云南、东北、陕西、江苏、浙江、四川，朝鲜、日本、越南、印度尼西亚、印度、斯里兰卡、菲律宾。

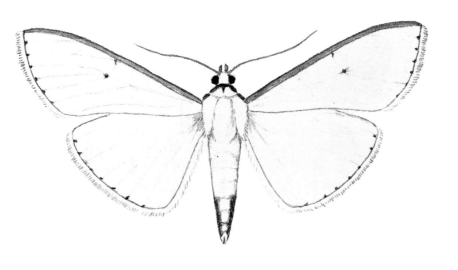

黄翅绢野螟

鳞翅目螟蛾科

Diaphania caesalis（Walker）

形态特征：体长约 10 毫米，翅展 24 ～ 28 毫米。体枯黄色，头顶、领片与胸前端均有棕褐色鳞片混生，腹部两侧亦有棕褐色斑。前翅斑纹较复杂，自翅基至外缘有许多深棕褐色横线纹，围成纺锤状或椭圆形，在中室中部 1 个、中室端 1 个、近翅顶 1 个，翅顶大圆斑后部为一粗大棒斑，内有 4 条横间纹，近后缘有一粗细不匀、中段向内弯折的横纹。后翅横纹也复杂，明显的是中线为一双线，自前缘直通至后角，翅顶有一粗 5 字形斑。

生活习性：幼虫为害常绿乔木波罗蜜树、面包果树。成虫在云南西双版纳于 9 月出现，幼虫有钻进树枝茎内蛀食的习性。在广西为害波罗蜜树，果实受害引起落果，品质变差。在印度南部是大害虫。

地理分布：广西、广东、福建、云南，越南、缅甸、印度尼西亚、菲律宾、印度、斯里兰卡、新加坡。

云纹烟翅野螟

Heterocnephes lymphatalis Swinhoe

鳞翅目螟蛾科

形态特征：体长约 13 毫米，翅展 28 ～ 30 毫米。体、翅暗棕褐色，头黄褐色，额两侧有白线。前翅前缘中部向下伸出黑缘金黄色云纹大斑，中央有一暗色中室端脉线，翅顶有一淡色亚前缘斑。后翅中后部有大块具黑缘的斑，其外缘有锯齿。

生活习性：烟翅野螟属大多见于东洋区，此属广西有一种即云纹烟翅野螟，发现其为害茉莉花，幼虫取食叶片。云南于 9 月上旬出现成虫。

地理分布：广西、广东、云南，印度、缅甸、越南、印度尼西亚。

195

棉大卷叶虫

Sylepta derogata Fabricius

形态特征：体长约 12 毫米，翅展 28 ～ 30 毫米。头、胸黄白色，胸背有 12 个排成 4 行的暗褐色斑点。腹部白色，各节前缘有黄褐色带。前后翅均为淡黄色，具颇复杂的黑褐色线纹。前翅中室有黑褐色环纹，室端有环状肾纹，其下紧连黑色条纹，外横线粗大、黑褐色，亚外缘线暗褐色、稍呈锯齿形。后翅中室有细长条纹，向外伸出一短纹，外横线黑褐色。

生活习性：棉大卷叶虫又名棉卷叶野螟，幼虫为害棉、木槿、芙蓉、扶桑、秋葵、蜀葵、锦葵、冬葵、梧桐。成虫有趋光性，白天停在叶背，夜间活动或交尾产卵，羽化一天后交尾，两天后产卵，每只雌虫产卵上百粒，卵粒散产于叶背。1 ～ 2 龄幼虫多聚集于叶背啃食叶片，使叶片穿孔，3 龄以后开始吐丝卷叶成圆筒喇叭状，并在卷叶内取食。幼虫共有 5 龄，老熟后在卷叶内吐丝化蛹，幼虫也能为害花蕾。长江流域 1 年发生 4 ～ 5代，以老熟幼虫在篱笆附近的茅草、树皮及树洞内越冬。

地理分布：广西、广东、贵州、福建、台湾、云南、安徽、江苏、浙江、江西、北京、河北、内蒙古、山西、山东、河南、陕西、湖北、湖南、四川、朝鲜、日本、越南、缅甸、泰国、新加坡、印度尼西亚、印度、菲律宾、非洲、南美洲。

麦牧野螟

Nomophila noctuella Schiffermuller et Denis

鳞翅目螟蛾科

形态特征：体长约 13 毫米，翅展 23 ～ 31 毫米。头、胸褐色。腹部灰褐色，各节后缘白色。前翅栗褐色，中室内及端部各有一暗褐色大斑纹，外横线与外缘线均为暗褐色锯齿状，外缘有一列小黑点。后翅灰褐色。

生活习性：幼虫为害苜蓿、紫花苜蓿、小麦、柳等。幼虫取食叶片时，往往吃得只剩叶脉。1 年发生 2 代。成虫静止时双翅折起，白天不能飞远。成虫产卵在叶片上，卵淡黄色，10 天左右孵化出幼虫。幼虫老熟后吐白色丝织茧化蛹，蛹期约两周。以幼虫在石块下吐丝结茧越冬。

地理分布：广西、广东、台湾、云南、北京、河北、内蒙古、山东、河南、陕西、江苏、四川、西藏，日本、印度、俄罗斯、罗马尼亚、保加利亚、南斯拉夫，西欧、北美洲。

桃蛀螟

Dichocrocis punctiferalis Guenee

形态特征：体长约 10 毫米，翅展 22 ～ 25 毫米。体鲜黄色，下唇须两侧黑色。胸前端有 1 个黑点，翅基片各有 2 个黑点，腹部第 3 至第 5 节各有 3 个黑点。前后翅草黄色，有较多分散的小黑点。

生活习性：幼虫为害桃、梨、李、向日葵、蓖麻、玉米、高粱、柿、石榴、枇杷、柑橘、无花果、樱桃、板栗、马尾松、棉、姜。幼虫是桃树大害，"十桃九蛀"就是形容该种幼虫为害桃果的严重性。幼虫食性很复杂，成虫有取食花蜜的习性。成虫夜晚羽化，清晨交尾。白天不活跃，傍晚产卵，产卵于取食的植物上，卵粒分散在果实表面。幼虫孵化后先取食桃叶，而后蛀食桃果，往往蛀入果实一两天后又爬出另寻新果。以幼虫在枯枝落叶间越冬。

地理分布：辽宁、河北、山西、山东、河南、陕西、江苏、浙江、湖南、江西、湖北、四川、福建、台湾、广东、广西、云南、西藏，朝鲜、日本、印度、斯里兰卡。

甘薯蠹野螟

Omphisa anastomosalis Guenee

鳞翅目螟蛾科

形态特征: 体长约 13 毫米,翅展 29 ~ 36 毫米。体、翅银灰色兼白色,具斑驳的黑斑。领片前半、翅基片、后胸丛毛、腹部第 4 及第 7 节均为黑色。前翅基半部几乎全为块状黑斑所占,外半部灰白色半透明,中室端有弯向上的三角形透明斑,近外缘有 2 条锈黄色波纹。后翅白色半透明,翅上有 4 条锈黄色横曲纹,近基部的一条较短、颜色较深,短纹前端有一深褐色 T 形斑。

生活习性: 甘薯蠹野螟又名甘薯茎螟,幼虫为害甘薯。成虫有趋光性。成虫在 4 月上旬出现,傍晚到清晨之间羽化,羽化后即交尾。卵分散在甘薯蔓上节间,卵产出以后经过 6 ~ 7 天孵化。幼虫孵化后立即钻蛀甘薯茎,向内部蛀食并排泄粪便溢出蛀孔外边,甘薯茎受害后畸形膨胀、肿大,造成折断、腐烂、减产。老熟幼虫先在甘薯茎上做好羽化孔,然后化蛹。幼虫越冬一般选择田间越年的甘薯蔓,但是也有在甘薯块内越冬的。

地理分布: 广西、广东、福建、台湾,缅甸、印度尼西亚、印度、菲律宾、斯里兰卡、澳大利亚,非洲、北美洲、南美洲。

黄野螟

Heortia vitessoides Moore

形态特征：体长约 13 毫米，翅展 36 ～ 40 毫米。头部淡黄色，胸部黄色有黑色横条纹，腹部橘黄色，基部各环节有黑线。前翅浅硫黄色，基部有 2 个黑点；内横线倾斜宽大，不连续；中线宽大，在翅前缘及后缘扩宽；翅外区域有蓝黑色宽条纹。后翅白色，外缘宽边蓝黑色。

生活习性：幼虫为害土沉香。幼虫在广州为害叶片很严重。成虫于 6 月份出现。成虫华丽。幼虫头部黑色，体绿色两侧有黑线，取食树叶。

地理分布：黄野螟属主要分布在热带地区，是东洋区主要物种。国内见于广西、广东、云南，国外见于印度、斯里兰卡。

形态特征：体长约 10 毫米，翅展 20 ～ 24 毫米。头、领片、翅基片黄色，胸、腹部褐色。前翅鲜黄色，前缘基部有一黑褐色横带；中室端有一半月形黑斑，与前缘黑斑相连；临近翅顶有两条平行的白色宽阔斜带，后端不达后缘，前端切近翅尖与前缘各有一角状黑斑。后翅黄白色，中室下角外侧有一鲜黄色短带，正对短带的外缘边有 2 个中心具光泽的黑斑，边缘有金属光泽小点，其外侧又有 4 个中心夹白点的黑斑排成一行，黑斑附近的缘毛棕褐色。

生活习性：六斑蓝水螟属水螟亚科，汉语名称"水螟"意为与水有关，因其幼虫水生或近水生的生活习性而给本亚科取名水螟。

地理分布：广西、广东、台湾、云南，马来西亚、印度、斯里兰卡、印度尼西亚，俾斯麦群岛、新赫布里底群岛。

华斑水螟

Aulacodes sinensis Hampson

鳞翅目螟蛾科

形态特征： 体长约 11.5 毫米，翅展 29 ~ 40 毫米。体、翅土黄褐色。前翅中室端外面有宽大长形微黄白斑，上方平切前缘，下端尖而微弯，越过中室下角；近外缘有一宽阔白带，几与外缘平行，后端弯曲与后缘切近。后翅顶有两条淡黄白带，一条近翅中，横贯全翅，另一条在后角前方，较宽短；外缘第 2 至第 5 翅室端各有一黑斑，第 3 至第 5 翅室的黑斑中心为白色，第 2 翅室的则缺如。

生活习性： 与六斑蓝水螟一样，仅知其与水关系密切，生活习性尚未见有正式报道。

地理分布： 广西、四川。

褐纹翅野螟

Diasemia accalis（Walker）

形态特征： 体长约 6.5 毫米，翅展 13 ～ 20 毫米。体翅主色灰褐色，前后翅都有黑色斑块与白色线纹。前翅中室有不大清晰的环纹，中室下缘至后缘有一个大黑斑；外线白色，在中室下角处分叉，达于后缘，两叉相夹处的黑色形成一个三角斑；外线至外缘为一大片灰褐色。后翅灰褐色，内半部色较浅，有 2 条黑褐色横带；翅中区有 2 条白线纹，靠内的一条较直，靠外的一条中部向内极度弓曲。

生活习性： 褐纹翅野螟属野螟亚科，此亚科陆生，种类多、害虫多，危害方式多样。已知此成虫于 4 ～ 9 月出现，夜间趋光。在四川巴塘于 6 月上旬、都江堰市于 8 月中旬出现。

地理分布： 广西、广东、云南、四川、山东、江苏、浙江、湖南、台湾，朝鲜、日本、缅甸、印度。

203

黑脉厚须螟

Propachys nigrivena Walker

形态特征： 体长约 15 毫米，翅展 38 ～ 44 毫米。全体鲜红色，下唇须、腹部及足黑色。前翅红色，翅脉黑色，各翅室有深红色条纹，与脉纹呈红黑相间的纵条。后翅红色，无条纹。

生活习性： 属螟蛾亚科。幼虫虫体细长无毛。有些种类生活于马厩、仓库的饲料与食品中，为害仓储食品；也有一些种类取食其他昆虫幼虫，属于肉食性，甚至能为害蚕卵、蚕茧、蚕蛹、动物标本等；还有一些种类的幼虫取食植物叶片。螟蛾亚科的成虫白天隐藏，黄昏活动，趋光性不强。

地理分布： 广西、广东、浙江、江西、四川、福建、台湾，印度。

形态特征：体长约 19 毫米，翅展 42 ～ 45 毫米。体翅硫黄色，腹背色略深，为杏黄色，腹末毛丛深棕色。前翅中室内有一黑点，中室外有新月形斑纹，外缘有深紫色斑，内横线与外横线由不甚明显的褐点构成。后翅有 2 条由淡褐色点构成的横线，靠外缘的一条更浅淡，不明显。

生活习性：幼虫为害小叶杨、竹。幼虫有卷叶吐丝、缀合叶片做成巢的习性。成虫在四川峨眉山于 6 ～ 8 月出现。有在浙江天目山为害竹叶并缀叶取食的记载。

地理分布：广西、广东、安徽、浙江、江西、湖北、四川、福建、台湾、云南，日本、印度。

李枯叶蛾

Gastropacha quercifolia Linnaeus

形态特征：体长约 38 毫米，雌蛾翅展 60～84 毫米，雄蛾翅展 40～68 毫米，为较大体形的蛾类。体翅赤褐色。各标本间体色并不一致，也有黄褐色或暗棕褐色。前翅有近等距的波状横线 3 条，中室横脉纹深褐色，翅外缘略呈锯齿状。后翅前缘区色较浅，带橙黄色、具地图状的格纹，是其重要特征。静止时，后翅肩角与前缘部分突出，形似枯叶。

生活习性：幼虫为害杨、柳、核桃、梨、桃、苹果、沙果、李、梅等。1 年发生 1 代，以幼虫紧贴树皮或枝条越冬，翌年 5 月开始活动，6～7 月作茧化蛹，7 月下旬至 8 月上旬羽化成虫。

地理分布：广西、北京、河北、山西、内蒙古、辽宁、吉林、黑龙江、安徽、山东、河南、湖北、云南、甘肃、宁夏、青海、新疆，俄罗斯、朝鲜、日本。

马尾松毛虫

Dendrolimus punctatus Walker

形态特征：体长约 29 毫米，翅展 63 ～ 70 毫米。雄虫略小于雌虫。体色有棕、褐、灰褐、鼠灰、枯叶等色，以棕褐色居多。前翅中室端具细小白点；亚外缘斑点深褐色或黑褐色，呈不规则的长圆形；内侧一般呈明显的淡色斑纹，外线齿状，有时中外横线间或外线与亚外缘斑列间呈一宽带。后翅色稍浅。

生活习性：马尾松毛虫简称松毛虫，幼虫为害马尾松、湿地松、火炬松、云南松、南亚松等。在广西南部 1 年发生 3 ～ 4 代。中、幼龄幼虫多在树冠顶端的松针丛中或大树树干的树皮裂缝内越冬，一般幼树松针丛中的幼虫数量远比老树松针丛中的多。在广西南部因冬季气温高，马尾松毛虫无明显的越冬现象，有时越冬幼虫还会出来少量取食。越冬幼虫于 2 月上旬至 3 月下旬开始活动取食，4 月中下旬结茧化蛹，5 月上旬羽化。成虫羽化、交尾、产卵都在夜间进行。

地理分布：广西、广东、海南、云南、贵州、江苏、浙江、安徽、福建、江西、河南、湖北、湖南、四川、陕西、台湾，越南。

乌桕大蚕蛾
Attacus atlas（Linnaeus）

形态特征：体长约42毫米，翅展180～210毫米，为蛾类中最大型的种类。体翅均深红色。前翅顶角显著突出，粉黄色。前后翅内外线白色，内线内侧、外线外侧均伴有红黑色，上面杂生粉红色与白色鲜毛；中室端均有一大三角形白色透明斑，在前翅，此斑的上方尚有一长形小白斑。前翅外缘为栗褐色，上有黑色波状端线；后翅外缘亦栗褐色，其内侧有黄斑，每斑中间有2个赤褐色点。

生活习性：幼虫为害乌桕、樟、柳、大叶合欢、小檗、甘薯、狗尾草、苹果、冬青、桦木、泡桐、海桐、小叶榕、木荷、黄梁木、油茶、余甘子、桂皮、枫、石榴、千斤榆、重阳木、茶树、栓皮栎等。成虫色泽鲜艳，曾被称为凤凰蛾。1年发生2代，成虫在4～5月及7～8月间出现，以蛹在附着于寄主上的茧中越冬，成虫产卵于主干、枝条或叶片上，排列规则。

地理分布：湖南、福建、江西、广东、海南、贵州、广西、云南、台湾、印度、缅甸、印度尼西亚。

樟蚕

Eriogyna pyretorum（Westwood）

鳞翅目大蚕蛾科

形态特征：体长约 28 毫米，翅展约 103 毫米。体翅灰褐色，头胸褐色，触角淡黄褐色，领片粉白色，腹背各节灰褐色与白色相间。前后翅中室端各有一圆形眼状纹，纹内有淡黄色与土黄色环纹，中心为月形透明斑。前翅基部暗褐色，内线棕黑色，外线棕色双锯齿形，顶角外侧有 2 条紫红色纹，其外缘淡灰黄色，内侧为白色宽边。后翅与前翅基本相同，但颜色较淡。

生活习性：幼虫为害樟、枫香、枫杨、番石榴、野蔷薇、沙枣、沙梨、板栗、榆、枇杷、小叶米椎、油茶、泡桐。1 年发生 1 代。以蛹在枝干及树皮缝隙等处的茧内越冬。成虫于 3 月上旬开始羽化，羽化后不久即可交尾。成虫有强趋光性。卵产于枝干上，由几十粒至百余粒组成卵块，卵粒呈单层整齐排列，上被黑色绒毛，不易被人发现。2 ～ 4 月间幼虫相继活动，1 ～ 3 龄幼虫群集取食，4 龄以后分散危害。5 ～ 6 月间幼虫老熟陆续结茧化蛹，至 7 月下旬化蛹完毕。

地理分布：黑龙江、吉林、辽宁、河北、山东、内蒙古、河南、陕西、甘肃、湖北、湖南、浙江、安徽、福建、江苏、江西、四川、广东、海南、广西、贵州，越南、俄罗斯、印度。

黄尾大蚕蛾

Actias heterogyna Mell

鳞翅目大蚕蛾科

形态特征：体长约 26 毫米，翅展 80 ～ 100 毫米。全体黄色，眼、颈板、翅基片基部深褐色。前翅前缘为深褐色宽边，渐向顶角收窄；中室端有一眼状纹，上方与前缘带突出的尖角相接；内线黄褐色，曲成三折；外线呈一等弧的曲线，横贯前后缘。后翅具长尾，中室端亦有一眼状纹，纹外有一锯齿曲线；切近外缘为一深褐色边，在长尾基部加宽，尾长26 毫米。

生活习性：幼虫为害樟、栎、枫杨、枫香、杨、柳、木槿、苹果、樱桃、乌桕。成虫昼伏夜出，有趋光性，飞行力强。1 年发生 2 代。越冬成虫于 5 月中旬羽化、交尾、产卵。第 1 代幼虫于 5 月下旬至 6 月发生，第 2 代幼虫于 8 ～ 9 月发生。初孵幼虫群集取食，2、3 龄后分散，取食时先把 1 片叶吃完再为害邻叶，残留叶柄，幼虫行动迟缓，食量大。幼虫老熟后于枝上贴叶吐丝，结茧化蛹。第 2 代幼虫老熟后下树，附在树干或其他植物上吐丝结茧，化蛹越冬。

地理分布：广西、广东、海南、西藏。

蓖麻蚕
Philosamia cynthia ricina Donovan

形态特征：体长约 24 毫米，翅展 95 ～ 110 毫米。体浅棕褐色，腹部各节间有较长白色茸毛。前翅黄褐色，被稍弯曲的外线分隔成两半，外区色较浅淡，带灰黄色；翅上各线纹呈黑白二色，故很明显；内线在中室间回折达到翅基后缘；中室上方有一弧线，两端与内外线相接；顶角圆形外突，微向后弯，红褐色，有细小闪电纹，其下方有一黑色眼状纹。后翅颜色与前翅同，亦被弯曲的外线分隔成两半，基半部黄褐色，外半部灰黄色，内线弧形在前缘与外线相接近，中室也有一弧形线，一端与外线相接。

生活习性：幼虫为害蓖麻、木薯、臭椿、乌桕、马桑、鹤木等多种植物。作为引进的家蚕，我国以木薯或蓖麻对其进行喂养，以获得高产丝量，丝质也好。有记载别国用枣树、珊瑚树、火通木、毒空木、素馨等叶饲养。代用饲料尚有飞轻、野蓟、莴苣、塔菜、胡萝卜、蒲公英等。此虫在我国因用木薯叶喂养，故亦称木薯蚕。1 年发生 6 ～ 7 代。

地理分布：全国各地，印度、意大利、菲律宾、埃及、英国、日本、朝鲜。

洋麻钩蛾

Cyclidia substigmaria（Hubner）

鳞翅目钩翅蛾科

形态特征： 体长约 16 毫米，翅展 54 ～ 76 毫米。头黑色，胸腹部白色。翅白色，有浅灰色斑纹。从前翅顶角至后缘中部呈一斜线，外侧色浅，内侧色深，斜线外侧有时有两层波状纹；在顶角内侧与前缘处有深色三角形斑，斑内有白色纹；中室端有白色肾形斑一个。后翅基部与中室外各有一道不整齐的淡灰色横带纹，中室端有时有一灰褐色圆斑，近外缘有一条宽锯齿状曲纹。

生活习性： 幼虫为害洋麻、八角枫。成虫出现时间为 3 ～ 10 月。生活在中低海拔地区，具趋光性。

地理分布： 广西、云南、海南、安徽、四川、湖北、台湾，日本、越南。

樟翠尺蛾

Thalassodes quadraria Guenee

形态特征： 体长约 13 毫米，翅展约 30 毫米。全体翠绿色，布满白色细碎纹。头橙黄色。触角基部白色，其余黄褐色。眼青绿色。前翅前缘具土黄色细边，翅面有白色细横线 2 条，比较直。后翅外区也有一细白线，前段较直，后段弯折呈波纹状达到后缘。

生活习性： 幼虫为害龙眼、荔枝、杧果、樟树等。在广西终年为害，6 月前虫口密度不大，7 月至翌年 1 月上中旬虫口密度较大，8 ～ 10 月为害较烈。卵期 3 ～ 4 天，幼虫期 12 ～ 17 天，蛹期 8 ～ 13 天。11 月下旬至翌年 1 月卵期 5 天左右，幼虫期 15 ～ 39 天，成虫寿命 6 ～ 10 天。多在清晨羽化，夜间交尾产卵，卵散产在已萌动的芽尖、小叶尖端。老熟幼虫在树上吐丝，把几张小叶片卷缀成虫苞，在苞中化蛹。

地理分布： 广西、广东、云南、福建、台湾，日本、印度、泰国。

213

萝藦艳青尺蛾
Agathia carissima Butler

形态特征：体长约 16 毫米，翅展约 46 毫米。头顶触角褐黄色，触角基部白色，颈片与胸部粉绿色，腹部灰褐色，前后翅粉绿色。前翅基部、前缘连至外缘、翅中一横带、翅端包围绿色圆斑的斜带，均为焦枯色。后翅外半 1/3 为焦枯色，亦包围着一块绿色长形斑，焦枯色于斑前形成一颇宽的横带，外缘中有两个乳头状突出，带黑色。

生活习性：幼虫取食萝藦科的萝藦和隔山消等中草药。

地理分布：黑龙江、吉林、辽宁、内蒙古、北京、山西、河南、陕西、甘肃、浙江、湖北、湖南、四川、云南，俄罗斯、日本、印度及朝鲜半岛。

小尺蛾

Scopula sp.

形态特征: 体长约8毫米,翅展约22毫米。头、胸土褐色,腹部灰褐色。翅淡灰黄色,满布灰褐色碎斑点,横线纹为灰褐色。前翅基线较模糊;内线外弯,不达前后缘;中线呈一宽带,边缘不整齐,在前缘一端较宽,中有一小黑点;外线稍呈波浪形;亚缘线内弯与外线中部相接。后翅内线与外线完整,均向外弯,中线不明显,切近内线内方有一小黑点,外缘中部微向外拱。

生活习性: 幼虫取食青草。每年的5~9月在野外可看见本种。

地理分布: 广西。

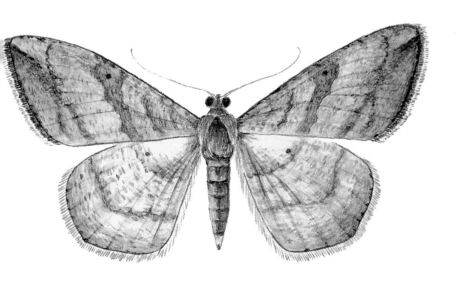

四星尺蛾

Ophthalmodes irrorataria Bremer et Grey

形态特征： 体长约 20 毫米，翅展约 50 毫米。体翅淡绿色。腹部灰色，每节背上有小黑点。翅面上满布污灰斑点，大致组成多条不是很完整的锯齿状纹，最明显的特征是前后翅中室各有一个白色星状斑。翅反面满布污点，外缘黑带不间断。

生活习性： 幼虫取食苹果、梨、枣、柑橘、海棠、鼠李等多种植物。幼虫食叶成缺刻或孔洞。

地理分布： 广西、湖北、湖南、四川、福建、云南、河南、陕西、甘肃、浙江及东北地区，日本、朝鲜、俄罗斯等。

柑橘尺蛾

Buzura suppressaria benescripta Prout

鳞翅目尺蛾科

形态特征：体长约 24 毫米，翅展约 55 毫米。雌蛾触角丝状，雄蛾触角双栉形。复眼绿色，头、胸土黄色，腹部黄褐色，各节后缘有白环。翅灰白色，密布灰黑色小点，内线黑色，较靠近翅基，外线亦黑色，离前缘不远即强烈外弯如嘴状突出，至近后角又二度外弯，后翅外缘中部外拱稍呈角状。

生活习性：幼虫为害油桐、柑橘、油茶、茶树、相思、毛叶桉、羊蹄甲、乌桕、扁柏、侧柏、松、杉、柿、杨梅、板栗、枣、山核桃和枇杷等，是我国油桐的主要害虫。幼虫食叶，严重时可将全树叶片吃光，影响油桐树生长。在广西 1 年发生 3 代，以蛹在树冠下的土中越冬。3 月下旬成虫出现，成虫夜间活动，飞翔力强，有趋光性。羽化后 1 ～ 2 天即交尾产卵。卵多产在树干的裂缝里或叶背上。雌蛾一生能产卵数百至千余粒。幼虫共 6 龄，初龄幼虫可吐丝悬垂，随风扩散传播。老熟幼虫在土表下 1 ～ 3 厘米处做室化蛹。

地理分布：广西、广东、江西、湖南、湖北、四川、贵州、江苏、安徽、浙江、印度、缅甸。

丝木棉金星尺蛾

Calospilos suspecta Warren

形态特征：体长约 15 毫米，翅展约 45 毫米。体黄色，翅白色，眼暗绿色，头顶、颈板、翅基片均有黑点，中胸背面黑褐色，腹背各节均有平排三黑点。前后翅都布有浅灰色大小不等的斑点，前翅外缘有一列，中间连一大斑；外线由一列斑点组成，上端分二岔，下端有一大斑，呈红褐色；中线不成行，上端为一大斑，中有一圆形斑；翅基混有一黄褐色花斑。后翅花斑大致可分作三列，即中线一列，上端一大斑，后带二三小斑；外线一列，上端尚分岔，下端有三大点连成一大斑；亚缘线有几个不成列的小斑，外缘各翅室均有一近半月形斑，连成一列缘斑。

生活习性：幼虫为害马尾松、杨柳、柏、水杉、丝棉木、黄连木、马桑、山毛榉、黄杨、板栗、卫矛。1 年发生 4 代，3 月上中旬越冬成虫羽化，产卵于叶背、枝干，卵呈块状。第 1 代幼虫见于 4 月中下旬，第 2 代幼虫见于 6 月上中旬，第 3 代幼虫见于 7 月中下旬，第 4 代幼虫见于 9 月中下旬。幼虫可吐丝下垂，转移为害。幼虫老熟后，沿树干下爬或吐丝下垂落地，入土化蛹越冬。

地理分布：广西、广东、湖南、台湾及东北、西北、华北、华中、华东地区。

琴纹尺蛾

Abraxaphantes perampla Swinhoe

形态特征：体长约 25 毫米，翅展 68 ～ 74 毫米。体粉白色，下颚须及额橙黄色，领片有二黑点，翅基片有一黑点。翅白色，有浅褐色纹，前翅前缘上有许多碎片纹，展翅时前翅中带与后翅内带连成一条，与后翅中带亦大致成一条，形如手琴，此外有许多浅褐色圆点。

生活习性：幼虫寄主未见有报道，关于此虫的信息几乎都来自成虫，其生活习性有待进一步研究。

地理分布：广西。

眼纹尺蛾
Problepsis albidior Prout

形态特征：体长约 11 毫米，翅展约 29 毫米。体翅粉白色，眼黑色，头棕褐色。前翅中室端具一大型椭圆纹，褐黄色，中心白色，周缘有似隆起浅色短条斑，该纹下方切近后缘尚有一浅色圆纹，中心亦白色；外线为一淡色波纹，亚缘线为一列浅灰黄色斑点。后翅中心亦具一大型斜列的长圆纹，褐黄色，中心为长条白色斑，周缘亦有似隆起的碎斑，外线波纹状，外缘有两列淡灰黄色圆斑。

生活习性：幼虫为害小叶女贞叶片。1 年发生 6 代，3 月上中旬越冬幼虫出蛰活动，取食化蛹，4 月成虫羽化，以后约一个月完成一个世代。成虫羽化、活动、产卵均在夜间进行。幼虫老熟后到树底下寻觅越冬场所。

地理分布：广西、江西、湖南、湖北、四川、海南，印度。

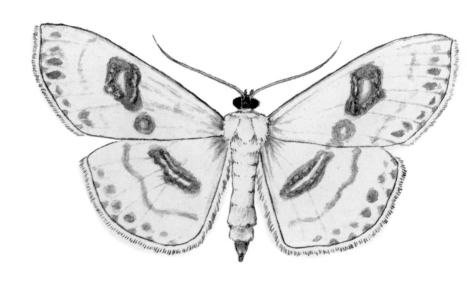

三角尺蛾

Trigonoptila latimarginaria Leech

形态特征: 体长约 17 毫米, 翅展约 39 毫米。大体灰黄色。眼暗红褐色, 触角黄褐色。前翅有 2 条斜纹, 近翅基的一条从后缘斜向上达中室下缘而止, 近外缘的一条横贯全翅, 斜纹外部色较深, 呈灰褐色, 翅顶有一浅色三角斑。后翅亦有一横贯全翅的斜纹, 展翅时与前翅的外斜纹相接, 后翅斜纹内半为黄白色, 外半为黄褐色, 内半部尚有一断续不完整的双线斜纹。

生活习性: 幼虫为害樟树和枣。成虫可在 6 月和 10 月见到。

地理分布: 广西、湖南、湖北、江西、江苏、安徽、浙江、四川、福建、台湾, 日本、朝鲜。

栓纹尺蛾
Semiothisa defixaria Walker

形态特征：体长约 12 毫米，翅展约 28 毫米。大体灰色。翅上条斑黑色，头前额、触角、前翅前缘黄褐色，头顶、胸背深灰色，腹部浅灰色。前翅前缘有许多疏密不齐的黑点，两翅张开时翅中有一淡色宽斜带从前翅前缘向后斜伸至后翅后缘，带的内侧为一波浪形黑边，外侧为深黑色双线的宽边，此边在前翅自中室下角弯向外缘；前缘近顶角有一黑色三角斑，斑外侧至翅顶为一近方形白斑。后翅外半部色较黑，在 3 脉上有一黑点，顶角下有一淡灰白色弯折短纹，外缘在 4 脉处突出呈一钝角。

生活习性：幼虫为害合欢，成虫有趋光性。

地理分布：广西、湖南、湖北、四川、山东、福建、台湾，朝鲜、日本。

形态特征：体长约 24 毫米，翅展约 56 毫米。头、胸淡黄色，腹部灰白色。领片、翅基片均有 2 个黑点，胸背有 4 个黑点，腹背各节均有 2 个并排黑点，尾部有丛毛。翅白色，具很多粗大斜列黑点。前翅基部黑点散碎，中线有 1 排粗黑点，中室下至后缘的 3 个大点排列整齐，中室端的肾状纹完整，中心为月牙状白斑，紧靠其上方有 2 个黑点，外缘区有 2 列并排的方形粗黑点。后翅中室与后缘各有 1 个点，外缘区亦有 2 排大黑点。

生活习性：此虫是八角树的主要害虫，幼虫啃食八角叶片，严重时可把整片八角林的叶片吃光，被害树生长不良，造成减产或全株枯死。1 年发生 4～5 代，主要为害代数为 2～3 代，发育历期短，世代重叠。以蛹和幼虫越冬，越冬幼虫在翌年 1～2 月开始活动，3 月上旬化蛹，3 月下旬成虫开始出现。幼虫食性专一，低龄幼虫只食叶肉，留下表皮，中大龄幼虫从叶缘取食，吃尽全叶，还能啃食花蕾、嫩果和嫩枝。幼虫老熟后入土化蛹，入土深度达 3～4 厘米。

地理分布：广西、湖南、台湾，印度、越南、日本、印度尼西亚、马来西亚。

灰眉尺蛾

鳞翅目尺蛾科

Celerena divisa siamica Swinhoe

形态特征：体长约 27 毫米，翅展 53 ～ 64 毫米。体淡黄色，眼黑色。前后翅淡黄色，外缘部均灰色，交界处有一黑色弧线。前翅中室前上方有一黑色短弧。

生活习性：成虫有趋光性。

地理分布：广西。

形态特征：体长约 35 毫米，翅展 98 ～ 115 毫米，大型蛾类。体灰色略带土褐色，体背鼠灰色，腹部两侧白色。前翅中带白色，较直，带内侧暗灰黑色，外侧浅灰黄色，翅基有棕色散条纹，前缘有黑白相间的节纹，外缘区为宽阔的深灰色。后翅亦具一白色中带，其内外侧颜色与前翅同，翅基有长绒毛，后缘有黑白相间的斑纹，外缘各脉伸长呈齿突状，其中有两条更甚，形成一长一短的尾突。

生活习性：幼虫取食榕树，也有取食琉璃草的。成虫常快速飞行在森林的高树上。连续飞行时，在阳光下能陆续反射出闪闪发光的红色金属光泽，显得异常灿烂和华丽。静止时伸开两翅，很美，似森林中的精灵。大燕蛾在白天飞翔，夜间点灯时，也会时时飞来扑灯。

地理分布：广西、广东、湖南、福建、海南、重庆、贵州、云南等。

芋单线天蛾

Theretra pinastrina pinastrina（Martyn）

形态特征：体长约 40 毫米，翅展 65～72 毫米。体褐色。胸部背线黄褐色，两侧有橙黄色纵纹。腹正中背线银灰色，腹两侧淡黄褐色，有褐色纵纹，腹面黄褐色。前翅灰黄褐色，顶角至后缘基部有较宽的黑色斜带，下侧衬白边，顶角至后角有 3 条褐色斜带，中室端有一黑点。后翅橙灰色，基部及外缘有较宽的灰黑色带。翅反面灰黄色，有灰黑色横线及斑点。

生活习性：幼虫取食芋和旋花科植物。1 年可发生 1 代，以蛹在土室中越冬。6～8 月成虫出现。成虫夜间活动，卵多散产于叶柄或叶背。幼虫多在夜间取食叶片，严重时可将整张叶片食光。

地理分布：广西、云南、福建、台湾，日本、越南、印度、斯里兰卡、缅甸、马来西亚、摩洛哥、印度尼西亚。

斜纹后红天蛾

Theretra alecto cretica（Boisduval）

形态特征：体长约 46 毫米，翅展 80 ～ 85 毫米。头、胸背面赤褐色带绿色，两侧浅黄白色。腹部橙褐色，第 1 节两侧有黑斑，黑斑前衬有白斑，背面隐约可见 3 条棕色带，体腹面淡红褐色。前翅黄褐色具紫红色光泽，自翅顶至后缘有几条棕褐色纵纹，各条纹之间色较淡，翅基有黑白色斑点，中室端有一小黑点。后翅红色，基部及外缘黑色，后角粉红色。前后翅反面橙红色，散布有褐色小点。幼虫不同龄期体色有变化，与蜕皮有密切关系。一般初蜕完皮后，体色为淡绿色,同龄末期体色变深呈深褐色,蛹前期为褐绿色至灰褐色。

生活习性：幼虫取食牛皮冻、九节木、鸡眼藤、算盘子属植物。

地理分布：广西、四川、云南、台湾，日本、印度、菲律宾、缅甸。

赭斜纹天蛾
Theretra pallicosta（Walker）

形态特征：体长约 37 毫米，翅展 70 ～ 75 毫米。头、胸、前翅深红棕色。腹背红棕色，两侧砖红色，头、胸两侧有白色鳞毛，形成白边，胸部背线浅白色。前翅前缘暗黄色，后缘白色，中室端有一白点，外线棕紫色、波状，亚外缘线隐约可见。后翅赭黄色略显红色，前缘色淡；翅反面赭黄色，外缘灰紫色，前缘及后缘污黄色。老熟幼虫体长 48 ～ 60 毫米，黄褐色，并布满金黄色微毛，头顶较平，冠缝两侧有棕褐色斑，额区长三角形；3 龄前体色较浅，变化较大，可呈灰绿色至黄褐色，但体节上的眼斑不明显，尾角细长、黑色，长度可达体宽的两倍，并向后上方斜伸。

生活习性：幼虫取食葡萄属植物。

地理分布：广西、广东、海南、福建，斯里兰卡、印度、缅甸。

白眉斜纹天蛾

Theretra suffusa（Walker）

形态特征：体长约 43 毫米，翅展 80～85 毫米。全体主色紫褐色偏红色。头、胸两侧有粉白色绒毛，从背面看像白边。腹背粉紫色，背中灰粉色纵带甚明显。前翅前缘黄褐色，自顶角至后缘基部有紫粉色斜带，其两侧有深棕色纹，中室端有一黑色小点。后翅红色，基部及外缘棕黑色。前后翅反面杏黄色，基部及外缘灰褐色。

生活习性：幼虫取食野牡丹。

地理分布：广西、广东、云南、台湾，越南、印度尼西亚、印度。

青背斜纹天蛾
Theretra nessus（Drury）

形态特征：体长约 42 毫米，翅展 93～115 毫米。体绿褐棕色。头、胸两侧有粉白色绒毛，形成白边。胸正中有深色纵纹，腹背赤褐色，背中有棕色纵带，两侧与腹面橙黄色，中间有灰白色带。前翅褐色，基部后方有黑白色鳞毛，顶角外突稍向下弯曲，内侧灰黄色，自顶角至后缘中部有褐灰色斜纹 2 条，斜纹下方有棕褐色带，中室端有一黑点。后翅黑褐色，外缘及后角有灰黄色带。翅的反面灰橙色并有紫褐色细点散布。前后翅中央各有数条棕褐色横线，顶角及后缘黄色。

生活习性：幼虫取食芋、水葱。1 年发生 2 代。成虫于 6 月、9 月出现。以蛹在浅土层中的土室内越冬。成虫日落后活动于花间，有呼呼声。

地理分布：广西、广东、福建、台湾，日本、印度尼西亚、印度、斯里兰卡、巴布亚新几内亚、菲律宾、澳大利亚。

斜纹天蛾

Theretra clotho（Drury）

形态特征： 体长约 45 毫米，翅展 75 ～ 85 毫米。体翅灰黄色。头、胸两侧有粉白色绒毛。腹部第 3 节两侧有黑斑 1 块，其上方为一浅黄色斑。前翅各横纹不明显，翅基有黑斑，自顶角至后缘有棕褐色斜纹 3 条，下面一条明显，中室端有一黑色小点。后翅棕黑色，前缘、后缘淡黄褐色。

生活习性： 幼虫取食木槿、白粉藤、青紫藤及葡萄科植物。1 年发生 1 代或 2 代，成虫于 6 月及 8 月出现。老熟幼虫体长 79 ～ 85 毫米，头近圆形，尾角棕色，向后上方伸出，近端部又下弯。幼龄时尾角细长，向后上方直伸。

地理分布： 广西、浙江、云南、台湾及华中、华南地区，日本、印度尼西亚、印度、斯里兰卡、菲律宾、马来西亚。

咖啡透翅天蛾

Cephonodes hylas（Linnaeus）

鳞翅目天蛾科

形态特征： 体长约 33 毫米，翅展 40 ～ 68 毫米。头、胸背面黄绿色，腹面白色。腹部前端草青色，中部紫红色，后部杏黄色，尾端丛毛黑色。前后翅均透明，翅脉黑色，翅基草绿色，前翅顶角黑色。

生活习性： 幼虫取食咖啡、栀子花和花椒树等。在云南西双版纳 1 年发生 3 代，以蛹在浅土内薄茧中越冬，翌年 4 月下旬越冬蛹羽化为第 1 代成虫，第 2、第 3 代成虫分别于 7 月、10 月间出现。成虫白天活动，飞翔时有嗡嗡声。雌虫产卵于叶面上，每叶 1 ～ 3 粒，每只雌虫平均产卵 200 余粒。

地理分布： 云南、广西、台湾，澳大利亚、日本、缅甸、斯里兰卡、印度、西非。

九节木长喙天蛾

Macroglossum fringilla（Boisduval）

形态特征： 体长约 35 毫米，翅展约 57 毫米。头、胸墨绿色，正中有棕黑色背线，胸两侧亦棕黑色。腹部棕黄色，中部两侧各有 2 个橙黄色斑，尾毛刷状、黑色。前翅基部约 1/3 深棕黑色，外区 2/3 由褐黄色至棕黑色渐向外缘加深，外线、亚端线均模糊不清。后翅棕黑色，中部有橙黄色横带。

生活习性： 幼虫取食九节木。成虫日间喜在花间穿梭飞行，觅花食花蜜。

地理分布： 广西、广东、湖南，印度、菲律宾、马来西亚。

甘蔗天蛾
Leucophlebia lineata Westwood

形态特征：体长约 30 毫米，翅展 67 ～ 75 毫米。头顶白色，颜面枯黄色，胸背枯黄色，领片及翅基片污白色。腹背枯黄色，第 1 节污白色，两侧及腹面粉红色。前翅粉红色，中央自翅基至顶角有一条粉黄色宽纵带，与后缘平行亦有一条，自翅基伸至后角，较短小。后翅砖红色，缘毛黄色。

生活习性：幼虫取食蔗叶、玉米及其他禾本科植物。成虫具趋光性，飞翔能力强。幼虫每年 6 ～ 9 月为害，老熟后入土化蛹，以老熟幼虫在土中越冬。

地理分布：广西、广东、江西、云南、北京、河北、浙江，印度、斯里兰卡、马来西亚、菲律宾。

构月天蛾

Paeum colligata（Walker）

鳞翅目天蛾科

形态特征：体长约 35 毫米，翅展 65 ～ 80 毫米。体赤褐色，胸正中棕黑色，后胸连腹部第 1 节毛簇污白色。前翅赤褐色，中室中部有一宽短污白色横纹，其下端伸达亚中褶，端部有一个小白点，外横线暗紫色，顶角有一棕黑色圆斑，内侧围一新月形白斑，自顶角至后角有向内呈弓形的白色带。后翅红棕色，外缘与后缘区土黄色，使翅中深色区形成一大三角斑，角尖黑色，伸达后角。

生活习性：幼虫取食构树、桑树。1 年发生 1 ～ 2 代，以蛹越冬。蛹黑褐色，在 6 月、7 月间羽化。第 2 代成虫在 9 月出现。卵产于寄主叶片及新生梢部的嫩茎上，呈堆状，每堆几粒至一百粒不等。初产卵乳白色，近孵化时呈黄绿色。孵化后的卵壳呈透明状，有蓝色光泽。

地理分布：广西、广东、海南、贵州、湖南、四川、台湾、北京、河北、河南、山东、吉林、辽宁，日本、印度、斯里兰卡、缅甸。

芝麻天蛾

Acherontia styx Westwood

形态特征： 体长约 40 毫米，翅展 100 ～ 120 毫米。头棕黑色，肩板青蓝色。胸背有骷髅纹，形如鬼脸。腹背各节黄黑相间，正中为一青蓝色纵带。前翅棕黑色，间杂有微细白点与黄色鳞粉，自翅基至中室端有多条黑色波状横纹，中室有一淡黄色小点，外线上部为深锯齿状，两侧均衬有白色，外侧赭红色至黑色，直至锯齿状的亚端线，此线外侧也衬有白色。后翅杏黄色，有棕黑色横带 2 条。

生活习性： 芝麻天蛾又称芝麻鬼脸天蛾，取食芝麻及茄科、马鞭草科、豆科、木樨科、紫葳科、唇形科等植物。1 年发生 1 代，以蛹在土室中越冬，6 月有成虫出现，7 月幼虫取食叶片，发生量大时，可将整株叶片吃光。幼虫喜在潮润松软的土中化蛹。

地理分布： 广西、广东、湖南、海南、北京、河北、河南、山东、江苏、浙江、江西、云南、台湾，日本、朝鲜、印度、斯里兰卡、缅甸。

形态特征：体长约 39 毫米，翅展约 92 毫米。头部紫红褐色。胸背灰紫色，两侧棕绿色，后缘紫红色。腹背第 1 节棕绿色，第 2 节褐绿色，第 4 节以后粉棕色，第 1 节和第 2 节之间、第 3 节和第 4 节之间有白色横带。前翅褐绿色兼黑棕色，基部粉白色，上有一黑点，内线较直，褐绿色，与翅基间有一黑色盾形斑，中线迂回度较大，近后缘形成尖齿状，外线白色，两侧褐绿色，顶角上方有一白斑，白斑下方有一三角形褐绿色斑。后翅黑棕色，前缘接中横带直达后角为淡黄白色，后缘淡灰黄色。

生活习性：幼虫取食金鸡纳树、钩藤属植物。成虫有趋光性。

地理分布：广西、广东、云南、四川、海南，印度、缅甸、斯里兰卡、马来西亚。

白薯天蛾

Herse convolvuli（Linnaecus）

形态特征： 体长约 42 毫米，翅展 90～110 毫米。体翅暗灰色，肩板有黑色横纹。胸腹相接处最宽，两侧有暗红色斑。腹基部具黑色粗横纹，腹背中央有灰褐色纵纹，两侧各节有白红黑相间的横纹。前翅浅灰褐色，上被较多的锯齿状纹和云形纹。后翅淡灰色，有 4 条稍呈波状的黑横带。前后翅缘毛粗短，黑白相间。

生活习性： 幼虫取食白薯、牵牛花、旋花、扁豆、赤小豆、番杏、蕹菜等。1 年发生 1 代或 2 代，以老熟幼虫在土中 5～10 厘米深处做室化蛹越冬。老熟幼虫体长 82～90 毫米，头半圆形，头顶上方稍下陷，尾角长 9～10 毫米，端部向后下方弯曲。成虫于 5 月或 10 月上旬出现。

地理分布： 广西、广东、河北、河南、山东、安徽、山西、浙江、台湾，日本、朝鲜、印度、俄罗斯、英国。

霜天蛾

Psilogramma menephron（Cramer）

形态特征：体长约 50 毫米，翅展 90 ～ 130 毫米。体翅灰色微褐，胸两侧各有一黑色纵条。腹背浅灰色，正中及两侧有黑棕色纵条。前翅顶角有一黑色曲线，中室下方有两条黑色纵纹，下面的一条较短，外线为不整齐的黑棕色波状双行线，外缘毛灰黑相间。后翅黑棕色，后角有灰白色斑。

生活习性：幼虫取食丁香、梧桐、女贞、泡桐、牡荆、梓树、楸树、水蜡树等。1 年发生 1 ～ 3 代。北方 1 年发生 1 代，成虫于 6 ～ 7 月间出现；南方 1 年发生 3 代，成虫在 4 ～ 5 月、8 月、11 月间出现。以蛹在土室中越冬。卵产于寄主叶部，每处 1 粒。

地理分布：几乎全国各地，日本、朝鲜、印度、斯里兰卡、缅甸、菲律宾、印度尼西亚，大洋洲。

著蕊尾舟蛾

Dudusa nobilis Walker

鳞翅目舟蛾科

形态特征： 体长约 46 毫米，雄蛾翅展 71 ～ 91 毫米，雌蛾翅展 91 ～ 110 毫米。头、胸暗黄褐色，腹背黑褐色，每节中央黄白色，形成一条背中带。前翅黄棕色，斑纹较复杂，其重要特征是翅中部由前缘至中室下方有一深棕色斜带，并折向翅顶，围成一个大三角区；在中室下角外方，4 脉、5 脉间即第 4 翅室基部有一块半透明的长三角形银斑；外缘各脉间均有一白色月牙形纹，组成一列波纹状的端线。后翅暗褐色，前缘内半部与后缘色较淡，外缘亦有一列月牙形浅色纹，中室端有一深棕色斑点。

生活习性： 幼虫为害多种南方果树和林木，主要为害荔枝。幼虫咬食新梢嫩叶。在广西的西南部，幼虫一般于 5 ～ 6 月间为害荔枝枝叶，其后入表土层化蛹，于 7 月下旬陆续羽化。

地理分布： 广西、广东、北京、浙江、湖北、海南、陕西、台湾、泰国、越南。

南鹿蛾

Amata sperbius（Fabricius）

鳞翅目鹿蛾科

形态特征： 体长约 10.5 毫米，翅展 24 ～ 30 毫米。体黑色，额黄白色，触角顶端白色，后胸具黄斑，腹部第 1 节与第 5 节有金黄色带。前翅 m_1 斑与 m_3 斑远离，m_1 斑方形，m_3 斑为一斜斑，m_2 斑近梯形，m_4 斑为一长斑，其上角尚连一小斑，m_5 斑比 m_6 斑稍长，近翅顶外缘毛白色。后翅中室下方有一透明斑，后缘金黄色，2 脉上有一透明点。雌蛾肛毛簇赭黄色。

生活习性： 幼虫为害龙眼、荔枝、桑树、茶树、竹、桉树、女贞等植物的叶片。鹿蛾科为中小型昆虫，为害相对较轻。南鹿蛾在广西南宁为常见种，1 年发生 2 代，5 ～ 6 月及 8 ～ 9 月可见成虫。成虫喜白天在花上取食、交尾、产卵，卵产在老叶背面，幼虫孵化后分散为害。老熟幼虫吐丝缀叶或在落叶中化蛹。

地理分布： 广西、广东、海南、福建、云南，日本、泰国、印度、斯里兰卡、缅甸。

伊贝鹿蛾

Ceryx imaon（Cramer）

鳞翅目鹿蛾科

形态特征：体长约 12 毫米，翅展 24 ～ 38 毫米。体黑色，额黄白色，触角顶端白色，颈板黄色，胸足跗节有白色带，腹部基节与第 5 节有黄色带。前翅中室下方 m_1 与 m_3 透明斑连成一大斑，中室 m_2 斑楔形，m_5 斑、m_6 斑较大，m_4 斑上方具一透明小斑，m_4 斑与 m_5 斑之间在端部有一小斑，有时缺如。后翅后缘黄色，中室至后缘具一透明斑，占翅面一半多，前缘黑边宽。幼虫黑色，具长毛，头橙色。

生活习性：其个体比南鹿蛾略大，发生时间与南鹿蛾相近。幼虫为害羊蹄甲，但未发现严重为害寄主植物的。幼虫老熟后作茧化蛹。

地理分布：广西、广东、海南、福建，印度、斯里兰卡、缅甸。

形态特征：体长约36毫米，翅展约96毫米，大型。头胸褐色，腹部灰褐色，背面第1节有黑色横条，第2～4节有白色横纹。前后翅棕褐色，具复杂的白色与黑色花斑。前翅基部有一黑白相伴的半圆纹；中室端肾纹为一黑环所包围，形成一大型眼状纹；外侧白色带向后斜伸达到翅基，形成翅下部一大白色区；再外为一白色外线，稍斜；亚端线亦白色，不规则波浪形；翅顶有一白斑。后翅基部黄白色，展翅时与前翅白色区相接；内线黑色，中线白色，与前翅外线相接形成一大半圆白环；亚端线黑色，不规则波浪形，内侧衬间断的白线。

生活习性：夜蛾科成虫均在夜间活动，趋光性强。多数种类对糖、酒、醋混合液表现出强趋性。少数种类喙端锋利，能刺破成熟的果实。绝大多数种类的幼虫为植食性，为害方式多种多样，有的钻入地下咬断植株的根茎、幼苗，有的蛀茎或蛀果，有的则在寄主表面为害。

地理分布：广西、广东、海南、浙江、湖北、湖南、福建、江西、四川、云南、日本、印度、缅甸、斯里兰卡、印度尼西亚、新加坡。

南旋目夜蛾

鳞翅目夜蛾科

Speiredonia helicina Hubner

形态特征：体长约 25 毫米，翅展约 65 毫米。头、胸黑褐色，复眼淡绿色。腹背黑棕色，各节有淡赭黄色横纹，尾端及腹面红色。前翅淡赭黄色带褐色，内线内侧有 2 条黑棕色斜纹，外侧有 1 条黑棕色宽斜条；肾纹后部膨大旋曲，边缘黑色及白色；外线、亚端线与端线均为双线波浪形；顶角至肾纹有一隐约白纹。后翅色同前翅，内线双线黑色、粗；中线黑色锯齿形，外侧衬淡黄色；中线与亚端线间黑棕色，形成一宽阔横带；亚端线与端线均为双线波浪形。

生活习性：成虫生活习性与玉钳魔目夜蛾相同，夜间活动，趋光性强，对糖、酒、醋混合液表现出强趋性。

地理分布：广西、江西，日本。

星坑翅夜蛾

Ilattia stellata Butler

形态特征：体长约 10 毫米，翅展约 26 毫米。体翅暗灰褐色。前翅各横线较明显，呈波浪形；肾纹为 8 字形，靠前缘一半褐色有白边，后半白色，呈一圆点；前翅外缘有一列黑点，内侧衬白点；前翅前缘亦有七八个白点。后翅灰褐色，外缘为黑褐色细边，内侧白色。幼虫第 1、第 2 腹足退化，行动如尺蠖。

生活习性：幼虫取食、为害蓖麻，生长发育与蓖麻生长大致同步，对灯光和糖、酒、醋混合液表现出强趋性。

地理分布：广西、广东，日本。

鳞翅目夜蛾科

镶夜蛾

Trichosea champa Moore

形态特征： 体长约 19 毫米，翅展约 54 毫米。头顶白色，两眼间有一黑色横纹。触角黑色，基部白色。领片白色，中间也有一黑色横纹。胸部白色。翅基片基部一点、端部一斜斑、胸背中基部一点与其后二横条及其侧方的四点均为黑色。腹背枯黄色，正中有一列黑点。前翅乳白色带青光，各横线黑色、较粗、间断，呈纷乱的波状纹，只有外线与亚端线比较完整，环纹为黑色扁圈，肾纹轮廓不完整。后翅黄白色，外缘黑褐色，有一列黑点；缘毛黑白相间，方块状。

生活习性： 幼虫寄生枰木。成虫夜间活动，趋光性强。

地理分布： 广西、黑龙江、河南、陕西、湖北、湖南、福建、云南，日本、印度、俄罗斯。

小地老虎

Agrotis ypsilon Rottemberg

形态特征：体长约 20 毫米，翅展 48 ～ 50 毫米。头胸黑灰色带褐色，腹部灰褐色。前翅棕褐色，基线、内线都为黑色波浪形；剑纹小，暗褐色黑边；环纹近圆形，淡灰褐色黑边，中心黑色，中心有一黑褐色肾形纹；肾纹灰白色黑边，外侧中部有一长三角形黑斑，角尖伸至外线；外线双线波浪形，亚端线白色锯齿形，两线间的黄褐色形成一宽带；亚端线上端有两个黑色尖齿与肾纹外侧的三角形黑斑遥相对指。后翅白色，翅脉与外缘灰褐色。雌蛾触角丝状，雄蛾触角羽毛状。

生活习性：在广西几乎无越冬现象。成虫白天潜伏于隐蔽处，黄昏后开始飞翔、觅食。春季夜间气温达 8℃以上时即有成虫出现，随温度升高数量增多。卵散产于低矮叶密的杂草和幼苗上。有强趋光、趋化性，特别喜欢酸、甜、酒味和泡桐叶。幼虫 1 ～ 2 龄时昼夜群集于幼苗顶叶处取食为害，3 龄后分散，行动敏捷、有假死性，受惊即卷缩成团。白天潜伏于表土层，夜晚出土将幼苗植株咬断拖入土穴。食物不足时，有迁移现象。

地理分布：全国各地，世界性分布。

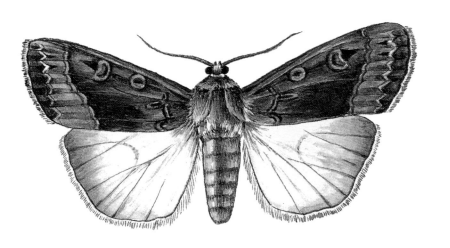

眉纹夜蛾

Spodoptera mauritia Boisduval

形态特征：体长约 14 毫米，翅展 20 ～ 35 毫米。体与前翅主色为灰黑色，稍带微褐色，下唇须第 2 节有灰白色环。前翅基线、内线黑色；环纹白色，中心淡褐色，外侧有灰白色斜带；肾纹黑褐色，周围灰白色；两纹之间色较深，见一黑斑；前缘有一列黑点；亚端线白色，呈不规则锯齿形；端线为一列黑点。后翅白色，外缘淡灰色。

生活习性：眉纹夜蛾又名灰翅夜蛾、禾灰翅夜蛾、水稻叶夜蛾。幼虫为害稻、麦等禾本科植物。在广西中南部 1 年发生 6 ～ 7 代，以幼虫和蛹在冬种作物或田边、沟边杂草丛中越冬。主要为害晚稻秧苗。该虫白天潜于秧苗接近水面处，停息少动，也不取食，晚上则成群爬上秧苗上部，咬食叶片。高龄幼虫食量大，连叶鞘一起吃光。取食秧苗近根部，致秧苗难以再生。

地理分布：广西、广东、海南、福建、云南、山东、江苏、浙江、湖南、印度、缅甸、泰国、马来西亚，大洋洲、非洲。

梳灰翅夜蛾

Spodoptera pecten Guenee

鳞翅目夜蛾科

形态特征： 体长约 12 毫米，翅展约 32 毫米。头、胸灰褐色。雄蛾触角双栉形，额外侧有黑纹，下唇须第 1 节有黑斑，第 2 节外侧大部黑色，领片中有黑色横线，腹部灰白色。前翅灰褐色，内线及外线均双线锯齿形；环纹斜，具黑边；肾纹黑色，周缘灰白色，后方有一大白斑，向上斜达前缘；亚端线微白，内侧有一列暗纹。后翅白色，外缘边淡黑色。雌蛾肾纹褐色，亚端线内侧微褐色。

生活习性： 幼虫取食结缕草叶片和根部，对细叶结缕草为害尤甚，严重时大片草坪被害枯死。有报道称此虫 1 年发生多代，以幼虫在土中越冬。

地理分布： 广西、广东、台湾，朝鲜、日本、印度、缅甸、马来西亚、新加坡、印度尼西亚等。

形态特征： 体长约 14 毫米，翅展约 30 ～ 88 毫米。体淡灰褐色或青灰色。前翅颜色雌雄差别较大，雌蛾多为灰褐色，雄蛾为青灰色。斑纹则大体相同，内线双线褐色锯齿形；环纹圆形褐边，中心一褐点；肾纹褐边，中央一深褐色肾形斑；中线褐色微波浪形；外线双线褐色锯齿形，齿尖在翅脉上为白点，亚端线亦为褐色锯齿形，两线间的深灰褐色呈一宽带；端区各脉间有黑点。后翅黄白色或淡褐黄色，端区黑色或褐色，外缘有 2 个白斑。

生活习性： 棉铃虫又名棉铃实夜蛾，幼虫取食棉花、玉米、小麦、大豆、烟草、番茄、辣椒、茄、芝麻、向日葵、南瓜等。棉铃虫在广西部分地区 1 年可发生 7 代，从 3 月开始出现，直至作物收获，以作物生长后期出现较多。成虫白天静伏，夜间交尾、产卵。卵散产，多产于植株嫩叶、腋芽及花蕾的苞叶上。幼虫孵化后先为害植株幼嫩部位，然后分散、转株取食为害。

地理分布： 全国各地，世界性分布。

形态特征：体长约 16 毫米，翅展 35 ～ 38 毫米。头、领片灰白色，胸部棕褐色，腹部灰褐色。前翅暗红褐色；内线棕褐色，在中脉处折成外突齿；肾纹暗灰色，前后端各一黑点；外线棕色，前半波曲外弯，至 3 脉处内伸达肾纹后端，折角直线后斜达后缘；亚端线褐色波曲，内侧色较暗；亚端区及端区布有零星黑点。后翅褐色。

生活习性：幼虫取食柑橘、醋栗、茅莓、高粱泡和野板栗。1 年发生 6 代，以幼虫和蛹越冬。各代卵发生高峰期分别出现在 4 月、5 月、6 月、7 月、8 月和 9 月间。通常幼虫和蛹的成活率较高，而卵的成活率则较低，不同世代的卵孵化率有差异，第 1 代最高，第 5 代最低，卵孵化率低是因被寄生蜂大量寄生，特别是 7 ～ 9 月间能孵化出的幼虫更是不多。

地理分布：广西、黑龙江、河北、山东、浙江、湖北、湖南、福建、海南、贵州、云南，日本、朝鲜、印度、斯里兰卡、马来西亚。

超桥夜蛾

Anomis fulvida（Guenee）

鳞翅目夜蛾科

形态特征：体长约20毫米，翅展40～44毫米。头、胸红棕色，腹部灰褐色。前翅橙黄色，密布赤锈色细点，各线紫红棕色，基线极短，中线微波浪形，外线深波浪形，环纹为一白点，肾纹后半为黑棕色圈，亚端线不规则波浪形，外缘中部呈尖角突出。后翅褐色，基半部稍淡。本种颜色有褐黄色、褐色及锈红色等色型。

生活习性：幼虫取食棉花，成虫喜吸食荔枝、杧果、黄皮、柑橘、枇杷、桃、李等果实的汁液。成虫飞翔力强，白天分散潜伏，晚上取食、交尾、产卵等。在广西西南部的果园，4～6月为害枇杷、桃、李和早熟荔枝的果实，5月下旬至7月为害荔枝果实，7月中旬至8月上旬为害龙眼果实，6～8月为害杧果、黄皮等的果实，8月中旬以后开始为害柑橘果实。晚上8～11时觅食活跃，闷热、无风、无月光的夜晚，成虫出现数量较大，为害严重。

地理分布：广西、广东、山东、浙江、福建、江西、四川、云南，印度、斯里兰卡、缅甸、印度尼西亚，大洋洲、美洲。

直安钮夜蛾

Anua trapezium Guenee

形态特征：体长约 24 毫米，翅展约 54 毫米。头、胸赭黄色，腹部淡褐色。前翅赭黄色有绿色调，散布细黑点，端区微带紫灰色，内线为淡黑色外斜直线，环纹为一棕色小点，肾纹灰褐色具黑棕边，中央一黑色曲纹，外线褐色外弯，亚端线棕色、双线较直，端线黑褐色、整齐锯齿形。后翅淡赭黄色，端区黑褐色，边缘呈波浪形。

生活习性：成虫食害杧果、黄皮、柑橘等，一般在 6 ～ 9 月杧果、黄皮、柑橘等果实成熟季节成虫出现，可知发生代数应不止一代。

地理分布：广西、广东、海南、云南、西藏，印度、孟加拉国、斯里兰卡、新加坡。

粉点闪夜蛾
Sypna punctosa Walker

形态特征：体长约 18 毫米，翅展 43～46 毫米。头、胸暗棕色，腹部灰褐色。前翅暗棕色，密被细小的微点，肾纹明显、白色，基线、内线、外线及亚端线均为黑色波浪形，中线模糊、微波浪形，近外缘有一列衬白斑的黑点。后翅暗褐色，亚端线带褐黄色，后半明显，外缘锯齿形，缘毛白色，但 2 脉、3 脉的缘毛黑棕色，乍看像短尾状突出。

生活习性：成虫夜间活动，有趋光性。

地理分布：广西、湖南、福建、海南、云南，日本、印度。

形态特征： 体长约20毫米，翅展48～55毫米。头灰白色，胸黄褐色，领片棕黑色，腹背暗褐色。前翅灰黄褐色，有褐色细点及零星黑点；环纹微褐边；肾纹较大，圆形、红棕色，中央有黑色曲纹，内侧黑色延伸至前缘，构成一大黑棕色三角形斑，十分醒目；亚端线黄色，模糊，疏列几个黑点。后翅烟褐色。

生活习性： 幼虫取食柑橘类、山药、桑树、茶树、萝卜、水茄等的叶片。以蛹在土中越冬，初孵幼虫有群集习性，后分散危害。幼虫白天栖居暗处，傍晚出来取食。幼虫食量大，发生严重时，可把大片寄主叶片吃光。

地理分布： 广西、山东、浙江、湖南、台湾、福建、海南、四川、云南、西藏、印度、斯里兰卡、印度尼西亚，大洋洲、美洲。

间纹德夜蛾

Lepidodelta intermedia Bremer

形态特征：体长约 15 毫米，翅展 32～35 毫米。头、胸灰白色带淡褐色。额下两侧都有黑棕色斑，中部有黑色横纹。翅基片有纵黑纹，领片有棕黑色横纹。腹部灰褐色，腹背中部色较深，呈一纵纹。前翅灰白色稍带淡红色，稍离前后缘有一黑色宽大纵纹直达翅顶与臀角；肾纹白色，中心有褐色环，上端小部分为前缘黑纹所遮掩，从顶角后有一粗大黑纹内斜至肾纹并侵入中室，使肾纹更显；臀角前方紧切外缘有 2 个黑色三角纹。后翅淡灰褐色，端区大片黑棕色。

生活习性：间纹德夜蛾又名德夜蛾。成虫夜间活动，有趋光性。幼虫一般白天栖居暗处，傍晚出来取食。

地理分布：广西、广东、黑龙江、湖北、湖南、云南，印度、斯里兰卡、缅甸、印度尼西亚、日本、朝鲜，非洲。

毛跗夜蛾

Remigia frugalis Fabricius

形态特征: 体长约 18 毫米, 翅展 37～45 毫米。全体灰褐色, 复眼黄绿色。前翅褐灰色, 内线隐约可见褐色, 环纹为一黑点, 肾纹边缘暗褐色; 外线褐黄色, 直线内斜, 外侧衬暗棕色; 亚端线灰色, 各脉上有黑点。后翅灰褐色, 外线斜直暗褐色, 外缘区亦暗褐色。

生活习性: 幼虫取食囊荷科植物, 成虫吸食杧果、黄皮等的果实。另有报道称幼虫为害甘蔗和水稻, 为害较轻。

地理分布: 台湾、福建、广东、海南、广西、云南, 印度、缅甸、斯里兰卡、马来西亚、新加坡、印度尼西亚, 大洋洲等。

形态特征：体长约 20 毫米，翅展 51 ～ 53 毫米。头、胸褐色带灰黄色、额两侧、触角基节白色，翅基片后端、腹部淡黄色。前翅黄色微带褐色，中室至翅外区色稍深，环纹圆形黑环；肾纹具黑边，中有一黑色曲纹；外线双线黑褐色锯齿形，两线相距较远；亚端线淡黑褐色锯齿形，中部与外线接近。后翅杏黄色，前缘有粗大烟斗状黑条纹，外线淡褐色锯齿形，仅中段明显，亚端线淡黑色锯齿形。

生活习性：幼虫为害荔枝、龙眼。此虫在广西西南部 1 年发生 6 代以上，以蛹越冬。每年 4 ～ 11 月都可见幼虫为害，卵历期约 4 天，幼虫期 11 ～ 16 天，蛹期 8 ～ 10 天，成虫寿命 7 ～ 10 天，完成 1 个世代历期约 30 天。成虫夜间羽化、活动、交尾产卵。白天在树冠内栖息。成虫受惊扰即飞逃，然后又回到原地或附近停息。卵散产在已经萌动的芽尖小叶上。幼虫 5 龄，低龄幼虫咬食初伸展的嫩叶片，4 ～ 5 龄进入暴食期，往往可在 3 ～ 5 天内将整批嫩叶食成秃枝。幼虫有假死习性，老熟幼虫入表土层枯叶下做室，吐丝作薄茧化蛹。

地理分布：湖南、福建、广东、海南、广西、云南，印度、缅甸、印度尼西亚。

形态特征：体长约 17 毫米，翅展约 40 毫米。头、胸红褐色，额带白色。腹基部 3 节淡赤褐色，后半灰棕色。前翅中线斜直，内方土红色，外方深棕色，环纹为一黑点，肾纹土红色极明显，外缘区色稍浅，并有一列黑点，缘毛深浅色相间。后翅黑棕色，中部有一白纹，外缘带灰白色并有一列黑点。

生活习性：幼虫寄主为无患子科植物。广西发现其每年 5 ～ 9 月为害龙眼嫩叶，暴食期可将整批嫩叶食成秃枝。成虫昼伏夜出，卵散产在嫩叶上。幼虫有群集性，老熟后进入地缝化蛹。

地理分布：广西、广东、福建、海南、云南，印度、缅甸、斯里兰卡、印度尼西亚。

犁纹黄夜蛾

鳞翅目夜蛾科

Xanthodes transversa Guenee

形态特征：体长约 15 毫米，翅展 36～40 毫米。头、胸嫩黄色，腹黄色稍深呈浅黄褐色。前翅黄色，散布细黑点，基线模糊不显，内线褐色，外斜至中脉折角再内斜，故呈一尖角；外线深褐色，与内线近平行，角较尖再亚端线暗褐色，折角于 7 脉；端区具一黑褐色大斑，其中部向内扩展至外线，朝顶角看，整块斑尖突像犁头形。后翅黄色，外缘微褐色。

生活习性：幼虫取食白术、树棉等植物。成虫昼伏夜出，趋光性强。

地理分布：广西、广东、福建、江苏、湖北、湖南、台湾、四川，日本、印度、缅甸、斯里兰卡、新加坡、菲律宾、印度尼西亚，大洋洲。

焦条黄夜蛾

Xanthodes graellsi Feisthamel

形态特征：体长约 18 毫米，翅展 40 ~ 44 毫米。头、领片黄白色，翅基片、胸部黄色，腹部黄色至微褐色。前翅黄色，中室外半至翅外缘有一由内向外渐宽的棕褐色条纹，内外线及亚端线均隐晦不显，仅留残迹为棕褐色点。后翅黄色。

生活习性：幼虫取食棉花、锦葵等植物。成虫昼伏夜出，趋光性强。

地理分布：广西、广东、云南、湖北、湖南、台湾、西藏，日本、印度、缅甸，欧洲。

枯叶夜蛾

Adris tyrannus（Guenee）

形态特征：体长约35毫米，翅展98～110毫米。头、胸棕褐色，腹背橙黄色。前翅前缘隆拱，翅顶尖突，外缘、后缘连成弧形，臀角不显，翅形像一叶片，全翅为枯叶褐色，翅脉有一列黑点，环纹为一黑点，肾纹黄绿色；自翅顶至后缘有一笔直黑褐色斜线，其上缘伴以暗红色，在翅尖后尚有3道暗纹紧系斜线如倒生的叶脉。后翅枯黄色，亚端区有一牛角形黑带，中后部有一肾形黑斑。

生活习性：幼虫取食通草，成虫吸食荔枝、龙眼、柑橘、杧果、桃、梨、苹果、枇杷、无花果等水果的汁液。多以幼虫越冬，在浙江1年发生2～3代，第1代6～8月，第2代8～10月。成虫黄昏后飞入果园为害。交尾、产卵均在晚上进行。卵产在通草、木防己、十大功劳等植物上，幼虫取食产卵所在植物的叶片。

地理分布：广西、辽宁、河北、山东、江苏、浙江、湖北、台湾、福建、海南、四川、云南，日本、印度。

艳叶夜蛾

Eudocima salaminia Cramer

形态特征：体长约 31 毫米，翅展约 95 毫米。头、领片灰色，翅基片与胸背绿色，腹部黄色，背中带褐红色呈一纵带。前翅前缘区和外缘区白色，布有暗棕色细纹，向前缘脉渐带绿色，其余翅色金绿，亚中褶有一紫红色纵纹。后翅橘黄色，端带黑色达 2 脉，翅中心有一肾形黑斑，缘毛前半黑白相间，后半橘黄色。

生活习性：幼虫取食蝙蝠葛等，成虫吸食荔枝、龙眼、柑橘、杧果、桃、梨、苹果、番石榴等水果的汁液。在广西南部果园，4～6 月成虫为害枇杷、桃、李，5～8 月为害荔枝、龙眼、杧果，晚上 8～11 时为害最甚，闷热、无风、黑天为害最重。

地理分布：广西、广东、浙江、台湾、福建、江西、云南，印度，大洋洲、非洲及南太平洋诸岛。

雪疤夜蛾
Nodaria niphona Butler

形态特征： 体长约 10 毫米，翅展约 26 毫米。头、胸黄褐色，腹部灰黄色。前翅深黄褐色，各线纹多不明显，只亚端线淡黄白色甚显，稍内弯。后翅灰黄色，端半部深黄褐色，亦有一淡黄白色亚端线，不达到前缘。

生活习性： 幼虫取食植物未详。有文称其末龄幼虫体长 17～21 毫米，土褐色；前胸背板、臀板灰褐色；背浅灰褐色，气门线灰绿色；体节布满刻点，并有不规则的紫红色花斑。卵为球形，稍扁，黄白色，呈块状。

地理分布： 广西、内蒙古、河北、浙江、湖南、台湾、福建、海南、云南、西藏，日本。

细皮夜蛾
Selepa celtis Moore

鳞翅目夜蛾科

形态特征： 体长约 8 毫米，翅展约 19 毫米。全体灰白色微褐。前翅密布黑棕色细点，翅外域 1/3 部分如一美丽的花边，由外横线所划分，该横线黑色，朝外弯成折角，线外侧为一列突出的齿；外缘朝内有 5 个大小不一的浅灰白色三角斑，角底边内侧褐色，外侧为向内渗散的黑棕色；缘毛黄黑相间。后翅白色，端区稍带褐色。

生活习性： 细皮夜蛾又名枇杷黄毛虫，幼虫取食杧果、枇杷、菠萝蜜、八宝树、三华李、秋枫等果木。幼虫吃叶，低龄虫取食叶肉，高龄虫吃成孔洞或缺刻。广东曾引种速生用材树种八宝树，遭受此虫的严重危害，引起大量叶片枯死，严重影响树木生长。此虫 1 年发生 6 代以上，世代重叠。成虫夜间羽化、活动、交尾产卵。老熟后在地面或树干基部结茧化蛹，以蛹越冬。

地理分布： 广西、广东、海南、河南、江苏、浙江、湖北、江西、福建、四川，印度、斯里兰卡、印度尼西亚、菲律宾。

臭椿皮蛾
Eligma narcissus Cramer

形态特征：体长约 21 毫米，翅展 69～73 毫米。头、胸淡灰褐色，领片、翅基片、胸部均有黑点，腹部杏黄色，各节背中有一黑斑。前翅叶片状，中间一白条犹如叶脉，将翅分上下部截然两色，前缘的一边稍狭、全黑色，后缘的一边稍宽、灰褐色；翅基有 10 余个黑点，翅中有一曲折短横纹，外区具两排不很清晰的灰色片斑。后翅淡黄色，端区黑褐色。

生活习性：臭椿皮蛾又名旋皮夜蛾，幼虫取食多种植物叶片，如臭椿、香椿、红椿、杧果、枇杷、菠萝蜜、桃、李等。幼虫食叶成孔洞缺刻，甚至吃光。1 年发生 2 代，4 月中下旬成虫羽化，交尾后将卵分散产在叶片背面。卵呈块状，每只雌虫可产卵 100 多粒，卵期 4～5 天。幼虫喜食幼嫩叶片，1～3 龄幼虫群集为害，4 龄后分散在叶背取食。幼虫老熟后，爬到树干咬取枝上嫩皮并吐丝粘连，结成丝质的灰色薄茧化蛹，蛹期 15 天左右。7 月第 1 代成虫出现，8 月上旬第 2 代幼虫孵化，9 月中下旬幼虫在枝干上化蛹作茧越冬。

地理分布：广西、广东、河北、山西、湖北、湖南、浙江、福建、四川、云南，日本、印度、马来西亚、菲律宾、印度尼西亚。

细须明夜蛾

Chasmina gracilipalpis Warren

形态特征：体长约 11 毫米，翅展 24 ～ 29 毫米。全体白色，额上缘有一褐色横条，下唇须端部褐色。前翅前缘有 4 个约等距的黑点，至近顶角有一近似 S 形的大黑斑，近外缘有一列细黑点。后翅 3 ～ 7 脉端各有一小黑点。

生活习性：成虫夜间活动，有趋光性。幼虫为陆生。

地理分布：广西、云南、福建，印度。

判明夜蛾

Chasmina judicata Walker

鳞翅目夜蛾科

形态特征：体长约 10 毫米，翅展 25 ～ 30 毫米。全体白色，其他斑纹极少。前足胫节有 2 个黑斑，中、后足胫节有 1 个黑斑，各足第 1、第 2 跗节各有 1 个黑斑。前翅前缘有两三个极细黑点，外线为完整的黄褐色细线，近外缘有一列细长黑点。后翅外缘在顶角处有一列极细黑点。

生活习性：成虫夜间活动，有趋光性。幼虫为陆生。

地理分布：广西、广东，印度、斯里兰卡。

鸟嘴壶夜蛾

Oraesia excavata Butler

形态特征： 体长约 23 毫米，翅展 49～51 毫米。头、领片赤橙色，胸部赭褐色，腹部灰黄色，背面带褐色。前翅褐色带紫色，各横线较淡、呈波浪形，中脉黑棕色，一黑棕线自顶角内斜至 3 脉近基部，顶角尖锐微弯如鸟嘴。后翅黄色，端区微带褐色。

生活习性： 成虫吸食柑橘、苹果、梨、葡萄、无花果、桃、枸杞、黄皮等水果的汁液。在湖北 1 年发生 4 代，以成虫、幼虫或蛹越冬，越冬代在 6 月中旬结束。第 1 代发生于 6 月上旬至 7 月中旬，第 2 代发生于 7 月上旬至 9 月下旬，第 3 代发生于 8 月中旬至 12 月上旬，第 4 代发生于 10 月至翌年 5 月。成虫夜间活动。成虫羽化后需要吸食糖类物质补充营养，才能正常交尾产卵。卵多产在防己科植物上，幼虫以产卵植物的叶片为食，老熟幼虫常在寄主基部或附近的杂草丛中，吐丝将叶片、碎枝条、苔藓粘作薄茧并化蛹其中。

地理分布： 广西、广东、山东、福建、江苏、浙江、湖南、台湾、云南、朝鲜、日本。

嘴壶夜蛾

Oraesia emarginata Guenee

形态特征：体长约 19 毫米，翅展 34～40 毫米。头部褐色带杂黄色，下唇须嘴形，胸部褐色，腹部灰褐色。前翅棕褐色，中线后半内方色暗，肾纹隐约可见，外线褐色外弯，亚端线暗褐色锯齿形，自顶角至后缘有一深色斜线。后翅褐灰色，端区色较深。

生活习性：成虫吸食柑橘、苹果、梨、葡萄等水果的汁液。广东 1 年发生 5～6 代，以幼虫和蛹越冬。幼虫全年可见。5～11 月均可发现成虫白天分散隐蔽在果园附近的灌木丛、杂草或间种作物处，傍晚开始活动。成虫趋光性弱，有趋化性，喜食芳香味的物质，略具假死性。幼虫寄主有广防己和汉防己等，幼虫老熟后在寄主的枝叶间吐丝粘合叶片化蛹。

地理分布：广西、广东、海南、福建、山东、江苏、浙江、台湾、云南、日本、朝鲜、印度。

斑线夜蛾

Elydna plagiata Walker

形态特征： 体长约 11 毫米，翅展约 26 毫米。头顶与领片乳白色微带紫色。雄蛾触角基半部上缘强锯齿形，下缘有长纤毛。额深褐色，胸部灰褐色带紫色，腹部灰褐色，腹面灰白色。前翅灰褐色，内半部微紫色，中室基部有一黑点，前缘近翅顶外有一深棕色大斑，其后缘衬以白色，此为本种最显著的特征。后翅褐色。

生活习性： 幼虫取食柑橘类、桑树、茶树、萝卜、水茄、山药等。以蛹在土中越冬。幼虫取食淮山叶片，能造成缺刻或穿洞。幼虫昼伏夜出，喜在隐蔽处为害。

地理分布： 山东、浙江、湖南、广西、台湾、福建、海南、四川、云南、西藏、印度、斯里兰卡、印度尼西亚，大洋洲、美洲。

桃剑纹夜蛾
Acronicta incretata Hampson

形态特征： 体长约 17 毫米，翅展约 38 毫米。头顶灰棕色，胸部灰色，腹部褐色。除领片及翅基片外缘外，其余部分位均有黑纹。前翅灰色，基部黑色剑纹，树枝形；环纹灰色，黑褐边，斜圆形；肾纹灰色，中央色较深，黑边，两纹之间有一黑线相连。外线双线，外一线明显，锯齿形，在 5 脉及亚中褶处各有一黑色纵纹与之交叉。后翅白色。

生活习性： 幼虫取食桃、梨、樱桃、梅、苹果、杏、李、柳。低龄幼虫吃叶片下表皮致叶片呈纱网状，高龄幼虫吃成孔洞或缺刻。华北地区 1 年发生 2 代，以茧蛹于土中或树皮缝隙中越冬。5 ～ 6 月间羽化，发生期不整齐。成虫昼伏夜出，有趋光性。羽化后不久即可交尾产卵，卵产于叶面。5 月上旬始见第 1 代卵，卵期 6 ～ 8 天。幼虫于 5 月中下旬开始出现，为害至 6 月下旬。老熟幼虫吐丝缀叶于内结白色薄茧化蛹。7 月中旬至 8 月中旬均可见第 1 代成虫。7 月下旬开始出现第 2 代幼虫，第 2 代幼虫于 9 月开始陆续老熟并寻找合适场所结茧化蛹。

地理分布： 广西、内蒙古、河北、福建、四川，日本、朝鲜。

疆夜蛾

Peridroma saucia Hubner

鳞翅目夜蛾科

形态特征：体长约 20 毫米，翅展约 47 毫米。头顶乳白色，领片、翅基片暗褐色，胸背有灰白色毛，腹部灰棕色。前翅暗棕色，中室及前缘区红棕色；环纹浑圆，具棕色黑边；肾纹中央有暗斑，后半黑色，有微白色及黑色边缘；中室下方布满棕褐色碎点如皱纹，亚外缘线至外缘区色最深如一深色宽带。后翅白色、半透明，翅脉及端区黑棕色。

生活习性：幼虫杂食性，为害白菜、玉米、马铃薯、小麦、豆类、瓜类、高粱、牧草等。幼虫在 3 龄前昼夜为害，4 龄后昼伏夜出为害，咬断地表处的植株根部致整株枯死。疆夜蛾成虫有强烈的趋化性，对香甜类物质特别喜爱。成虫取食多在天黑后至 23 时前进行。成虫出土后 1 ～ 4 天内交尾，雌虫一生可交尾 1 ～ 2 次，交尾后 2 ～ 4 天内产卵，每只雌虫产卵 200 ～ 500 粒，最多可产千余粒。

地理分布：广西、甘肃、宁夏、四川、云南、西藏，亚洲西部、欧洲、非洲。

昏色幻夜蛾
Magusa tenebrosa Moore

形态特征：体长约 20 毫米，翅展约 41 毫米。头、胸棕色，额两侧有黑纹，领片端及翅基片中部有黑条，腹背黑棕色。前翅褐色微带霉绿色，斑纹复杂；中室环纹极显，淡褐色，中心具黑点，外围具黑环；肾纹内侧边黑褐色，中心棕色，外侧边模糊不清；前缘自翅基至翅顶排有大小不一的棕黑斑块，基部的一方块与翅顶后的一块半圆形斑最为明显；翅臀角为一宽大的深色区，外缘中部有一极明显方砖形浅色纹。后翅烟褐色。

生活习性：成虫夜间活动，有趋光性。

地理分布：广西、广东、湖南、福建、海南、云南，印度、斯里兰卡、新加坡，大洋洲。

中带三角夜蛾
Chalciope geometrica Fabricius

鳞翅目夜蛾科

形态特征：体长约 16 毫米，翅展 39 ～ 41 毫米。体翅主色灰褐色，腹部带红色，复眼淡绿色，触角黄褐色。前翅中带黄白色、宽大，自中室伸至后缘，内侧有一斜三角形黑斑；外线茶褐色、带状，三角黑斑亦延伸至两带之间；外带外侧则有不整齐的锯齿状黑纹，其前端与翅顶双齿形黑斑相连。后翅灰棕色，中带白色、锥形，翅张开时与前翅中带相接，亚端线后半可见。末龄幼虫体长约 50 毫米。

生活习性：幼虫取食石榴、柑橘、悬钩子、马林果、无患子、乌桕等的叶片。5 ～ 9 月下旬可见成虫。成虫夜间活动，有趋光性。

地理分布：广西、山东、河南、湖北、湖南、台湾、福建、海南、四川、云南、印度、缅甸、斯里兰卡、印度尼西亚、新加坡、亚洲西部、欧洲、非洲、大洋洲。

275

短带三角夜蛾
Chalciope hyppasia Cramer

形态特征: 体长约 15 毫米,翅展 34 ～ 40 毫米。头、胸部暗灰色,腹部浅灰色。前翅灰褐色,中部有一棕黑色三角区,此区前缘中央至臀角有一白色斜条纹,前窄后宽,中带褐色,三角区外侧衬白色及一褐色带;亚端线微波浪形,自顶角斜弯至臀角,内侧衬以较宽黑色;端线黑色。后翅灰褐色,外线、亚端线模糊,暗褐色。

生活习性: 幼虫取食三叶豆。成虫夜间活动,有趋光性。

地理分布: 广西、广东、海南、湖北、台湾、福建、江西、四川、云南、日本、印度、缅甸、斯里兰卡、菲律宾、印度尼西亚,大洋洲、非洲。

甘蓝夜蛾

Mamestra brassicae Linnaeus

形态特征：体长约22毫米，翅展45～50毫米。头、胸暗褐色带杂灰色，额两侧有黑纹，腹部灰褐色。前翅灰褐色，基线、内线均为黑色波浪形双线；剑纹短，具黑边；环纹斜圆，具淡褐色黑边；肾纹白色，中有黑圈，后半有一黑褐色小斑，具黑边；外线黑色锯齿形；亚端线黄白色，在第3、第4脉呈锯齿形；端线为一列黑点。后翅淡褐色。

生活习性：幼虫取食甘蓝及多种蔬菜，也为害甘蔗、高粱、棉花、桑树、麦类等。在北方1年发生3～4代。在山东1年有2次为害盛期，第1次在6～7月，第2次是在9～10月。第1次正值春甘蓝、留种菠菜和甜菜盛长期，第2次则值秋甘蓝、白菜的盛长期。成虫对糖味、醋味有趋向性，对光没有明显趋向性。成虫产卵期需吸食露水和蜜露以补充营养。卵产成块状，每块100～200粒，一只雌虫可产多块。卵多产在茂密处植物中部叶背上。幼虫有6龄。此虫属间歇性爆发害虫，每隔几年大发生一次。

地理分布：黑龙江、吉林、辽宁、内蒙古、湖北、四川、西藏及华北地区、日本、俄罗斯、印度，欧洲。

凤凰木同纹夜蛾
Pericyma cruegeri Butler

形态特征： 体长约 18 毫米，翅展 33～43 毫米。头、胸灰褐色，领片有 2 条褐色横线，腹部淡灰褐色，背面第 3～5 节各有一黑色毛簇。前翅灰褐色或棕褐色，布满长短波纹状横线纹，中室上角上方有 2 个小白点，亚端线淡黄色不规则锯齿形，端线棕黑色亦呈锯齿形，切近外缘。后翅灰褐色，亦有多条横线纹。

生活习性： 幼虫取食凤凰木叶片。年发生代数未见报道，但通常一个多月就发生一代。从 4～10 月都有幼虫为害，以 7～10 月间为害较重。成虫趋光性强。卵产在叶片上。老熟幼虫在叶柄上或树下杂木丛中化蛹，常数个排列成串。

地理分布： 广西、广东、海南，南太平洋若干岛屿，大洋洲。

黏虫

Leucania separata Walker

形态特征：体长 15～17 毫米，翅展 36～40 毫米。头、胸部灰褐色，腹部暗褐色。前翅色多变化，有灰黄褐色、黄色或橙色；内线不明显，环纹、肾纹褐黄色，界线也不显著；肾纹后端有一白点，其两侧各一黑点；外线为一列黑点，自翅顶向后缘有一条深色斜纹；外缘有一列黑点。后翅暗褐色，基部色较淡。

生活习性：幼虫为害水稻、小麦、高粱、玉米等重要作物。在广西南部每年发生 7～8 代。冬季幼虫、蛹、成虫都可见。成虫羽化后 3～5 天即开始产卵，一次产卵 500 粒以上。幼虫孵化后，1～2 龄只取食叶肉，至 5～6 龄便可将整张叶片吃光。幼虫老熟后在泥面、叶鞘缝或田边松土内化蛹。幼虫畏光，白天潜伏，夜间为害，偶被触动即伪死下坠。

地理分布：我国除新疆外广泛分布，古北界东部，澳大利亚地区及东南亚一带。

白脉黏虫
Leucania venalba Moore

形态特征：体长 11 ～ 12 毫米，翅展 30 ～ 32 毫米。头、胸淡赭黄色。颈板有 2 条黑灰色横线，近端部有一黑色横纹。腹部灰黄色。前翅淡赭黄色；翅脉白色衬褐色，各脉间有一褐色纵纹，2 脉基部后方见一黑点；外线为一列小黑点，自顶角向后缘有一斜影。后翅白色，顶角区稍带灰黄色。

生活习性：幼虫为害水稻。成虫有趋光性，对糖液、醋液也有较强喜好。成虫多在禾谷类作物叶片上产卵。1 年发生 5 ～ 6 代，以幼虫和蛹越冬，常与黏虫等混合发生。幼虫老熟后在泥面松土中做室化蛹。

地理分布：广西、河北、湖北、福建、海南，印度、孟加拉国、斯里兰卡、新加坡，大洋洲。

劳氏黏虫

Leucania loreyi（Duponchel）

形态特征：体长 12 ～ 14 毫米，翅展 31 ～ 33 毫米。头、胸赭褐色，颈板有 2 条黑线，腹部白色带微褐色。前翅赭褐色，翅脉微白色，两侧衬褐色，各脉间褐色，亚中褶基部有一黑色纵纹，中室下角有一白点，顶角有一隐约的内斜纹，外线为一列黑点。后翅白色，翅脉及外缘带褐色。

生活习性：劳氏黏虫又名白点黏夜蛾。在广西 1 年发生 6 ～ 7 代，全年各虫态可见，无明显越冬现象。成虫喜食甜酸醋液，趋光性弱。平均每只雌虫产卵 200 多粒，卵多产于叶鞘和枯叶上。幼虫夜间活动，有群集性和假死性。

地理分布：华中、华东、华南地区，日本、印度、缅甸、菲律宾、印度尼西亚、大洋洲、欧洲。

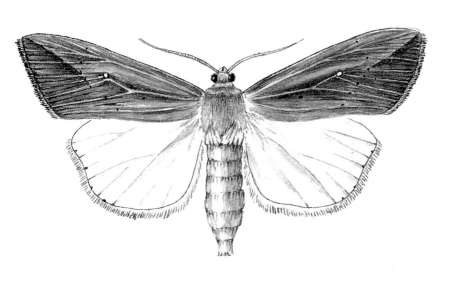

大螟

Sesamia inferens Walker

形态特征：体长约 11 毫米，翅展 24 ～ 30 毫米。头、胸淡黄褐色，腹部淡黄色。前翅淡黄褐色，散布黑色细点，中脉前后褐色，端区褐色，外缘黑褐色，缘毛淡灰白色。后翅白色。

生活习性：幼虫为害水稻、小麦、黍、玉米、甘蔗、香蕉等。成虫趋光性不强。卵产在水稻的叶鞘内，幼虫孵化后聚在叶鞘为害，造成枯鞘，2 ～ 3 龄后钻咬心叶造成枯心。水稻以分蘖后期至圆秆期受害重，一般稻田四周的稻苗又较田中央受害重。以幼虫和蛹在稻茎基部茎秆中越冬。

地理分布：广西、湖北、江苏、浙江、台湾、福建、四川，日本、印度、缅甸、斯里兰卡、马来西亚、菲律宾、新加坡、印度尼西亚等。

稻螟蛉

Naranga aenescens Moore

形态特征：体长约 7 毫米，翅展 16 ～ 18 毫米。雌蛾体与前翅淡红黄色，后翅浅黄白色，前翅中部及近端部各有一红褐色不连续外斜条，翅中的斜条分成三截，上端不达前缘；翅端的一条除近翅顶一小段外，其后面的常分散成点状。雄蛾体翅色较深，身体褐黄色，前翅金黄色，前缘基部红褐色，前翅两条斜带较完整，且达到前缘。

生活习性：幼虫为害水稻、高粱、玉米、稗、茅草、茭白等。1 年发生 2 ～ 5 代，雌蛾产卵成块状，老熟幼虫在叶片上部吐丝将叶片卷成三菱形包，化蛹其中。幼虫绿色，背线与亚背线白色，气门线浅黄色。

地理分布：广西、广东、河北、陕西、江苏、湖南、江西、台湾、福建、云南、日本、朝鲜、缅甸、印度尼西亚。

木夜蛾

Hulodes caranea Cramer

形态特征： 体长约 33 毫米，翅展约 83 毫米。全体灰褐色。前翅布有黑色细点，肾纹边缘灰色。翅展开时，从前翅顶角有一条斜线几乎笔直通至后翅后角，斜线外侧即外缘区为淡黄白色，将翅分成截然两色。两翅外缘均有一列小褐点。

生活习性： 荔枝、龙眼成熟时，在其果园内可见到此虫成虫，因此可能为害荔枝、龙眼果实。成虫用锐利的口器刺入果实内吸取果肉的汁液，刺孔处流出汁液，伤口软腐，造成裂果、落果。果实采收前被刺，在贮运期间会发生腐烂。幼虫一般分布在杂草灌木丛中。成虫飞翔力强，白天分散潜伏，晚上取食、交尾、产卵。6 ～ 8 月除荔枝、龙眼外，还可能为害其他果实。一天中以晚上 8 ～ 11 时觅食最为活跃，闷热、无风、无月光的夜晚，成虫出现数量较大，为害最严重。

地理分布： 广西、湖南、广东、海南、云南，印度、缅甸、斯里兰卡、印度尼西亚。

形态特征：体长约 24 毫米，翅展约 60 毫米。头、胸灰黄褐色，腹部灰褐色。前翅淡灰褐色，基线褐色外斜至亚中褶；内线双线黑棕色，微波浪形外斜；肾纹隐约可辨认，前后端各一黑点；中线暗褐色，波浪形，外斜至 4 脉，然后内弯；外线黑色，与中线近乎平行，沿线两侧翅色均较深，为渗散的棕褐色；前缘近顶角有一近方形浅灰黄色大斑，顶角尚有一小白斑；外缘有一列细黑点。后翅棕黑色，基部灰褐色，中部一楔形白带，外缘有 3 个白斑；臀角有一白色窄纹。

生活习性：幼虫为害蓖麻、飞扬草等植物。荔枝、龙眼成熟时，在其果园内也可见到此虫成虫，因此可能为害荔枝、龙眼果实。与其他吸果夜蛾一样，成虫飞翔力强，白天分散潜伏，晚上取食、交尾、产卵等。6 月至 8 月上旬为害荔枝、龙眼，山区丘陵果园发生较多。

地理分布：广西、广东、台湾、福建、云南、山东、湖北、湖南，日本、印度、缅甸，南太平洋若干岛屿，大洋洲。

大理石绮夜蛾
Acontia marmoralis Fabricius

形态特征：体长约 9 毫米，翅展 20 ～ 23 毫米。头、胸淡黄色，触角褐色，腹部淡褐黄色，背面各节有褐色横带。前翅淡黄色带霉绿色，前缘有一列浅灰褐色斑点，翅基半部有几条霉绿色带灰褐色的浅色横纹；环纹、肾纹褐灰色，中心灰白色；一棕色宽带自顶角内斜，向后渐宽并渐暗，布有蓝白色细点；外缘有几个黑点。后翅淡黄色，外缘带褐色。雌蛾前翅无霉绿色，后翅端区褐色部分较宽。

生活习性：幼虫为害黄花稔。成虫喜食糖液、醋液，有趋光性。

地理分布：广西、广东、海南、台湾、云南，缅甸、斯里兰卡，非洲。

中金弧夜蛾

Diachrysia intermixta Warren

形态特征：体长约 19 毫米，翅展 37～39 毫米。头、胸红褐色，腹部黄白色，基节毛簇褐色。前翅棕褐色，环纹、肾纹清楚可见。最大特点是前翅外区具一大块金斑，自前缘外部 1/4 至亚褶并内伸至环纹后端。后翅基半部微黄色，外部褐色。

生活习性：中金弧夜蛾又名金翅夜蛾，幼虫为害生菜、胡萝卜、菊、蓟、牛蒡等蔬菜的花。1 年发生 2～3 代，以蛹在寄主上越冬，翌年 4～5 月羽化为成虫，成虫有趋光性。6～11 月均可见到幼虫为害，以 7～8 月为害最重。幼虫老熟后卷叶筑一薄茧化蛹其中。老熟幼虫长 40 毫米，头部小，胴部黄绿色，腹部第 5～8 节较粗，逐渐向前方缩小。

地理分布：广西、广东、湖南、河北、陕西、四川、福建，印度、越南、印度尼西亚。

玫瑰巾夜蛾

Parallelia arctotaenia Guenee

形态特征：体长约 19 毫米，翅展 43 ～ 46 毫米。全体暗灰褐色，复眼灰绿色。前翅有一长一短两条白带，一条中带稍斜直，横跨全翅；另一短带在中带至翅顶之间，外斜仅至 6 脉，是外线前段，其后段自 6 脉折角内斜，也较模糊。后翅中带亦为白色，前缘一端较宽，至后缘渐尖，近似锥形。

生活习性：幼虫为害玫瑰、月季、蔷薇、石榴、柑橘、蓖麻、马铃薯、十姐妹、大丽花、大叶黄杨等。幼虫食叶咬成缺刻或洞孔，也为害花蕾。1 年发生 3 代，以蛹在土内越冬。翌年 4 月下旬至 5 月上旬羽化，多在夜间交尾，卵产在叶背，1 叶 1 粒。一般 1 株月季上有 1 条幼虫，幼虫期 1 个月，蛹期 10 天左右。6 月上旬第 1 代成虫羽化。幼虫多在枝条上或叶背面，拟态似小枝。老熟幼虫入土结茧化蛹。

地理分布：广西、广东、福建、台湾、江西、河北、江苏、浙江、四川、贵州、云南，日本、朝鲜、印度、缅甸、斯里兰卡、孟加拉国、斐济。

粉纹夜蛾

Trichoplusia ni Hubner

形态特征: 体长约 12 毫米, 翅展 28 ~ 33 毫米。头、胸暗褐色, 领片中有一黑色横线, 腹部淡褐灰色。前翅灰色带褐色, 基线白色衬黑色, 在亚中褶处向外伸出一黑纹; 内线双线黑色, 波浪形外弯; 环纹斜, 白色, 中央微褐色, 后端连接一白斜斑及一扁圆斑, 斑内均有褐色细圈; 外线双线褐色, 细波浪形, 线间白色; 亚端线黑褐色, 不规则锯齿形, 线内侧深黑褐色, 外侧灰白色; 翅外缘具一白线。后翅黄白色带褐色, 翅脉及端区暗褐色。

生活习性: 幼虫为害莴苣、芥蓝、苎麻、棉花、茄属等作物, 该虫是分布很广的杂食性害虫。以蛹在寄主上越冬, 卵散产在叶片正面, 每只雌虫平均产卵 300 ~ 350 粒。成虫夜出活动, 有趋光性。在华南棉区幼虫于 3 ~ 7 月为害, 华北棉区于 7 ~ 8 月为害。蛹浅绿色至浅褐色, 外具一层薄丝茧。

地理分布: 广西、广东、湖南、湖北、陕西、福建, 日本、印度, 欧洲、非洲。

斜纹夜蛾
Prodenia litura Fabricius

形态特征：体长 16 ～ 21 毫米，翅展 38 ～ 46 毫米。体和前翅灰褐色，雄蛾色较深。前翅斑纹复杂，内横线和外横线灰白色、波浪形；从内横线前端延长到外横线后端，有一灰白色宽阔斜纹，雄蛾更明显；外横线外侧大部分为青灰色；亚外缘线灰白色，内侧有一列尖黑纹；缘毛灰褐色与白色相间。后翅灰白色，有紫红色反光，翅脉和翅外缘淡褐色。

生活习性：幼虫为害玉米、甘薯、棉花、芋、荷、向日葵、烟草、芝麻、高粱、瓜类、豆类及多种蔬菜。该虫在广西几乎为第一大害虫，为害作物众多，造成损失巨大。1 年发生 7 ～ 8 代，有 3 个主要为害期，即 5 月份的第 2 代，7 ～ 9 月的第 3、第 4 代，11 ～ 12 月份的第 7 代。成虫白天潜伏，夜间活动，有强烈的趋光性和趋化性，对糖、醋、酒味很敏感。幼虫有成群迁移的习性。幼虫老熟后，入土 3 ～ 5 厘米深做土室化蛹。

地理分布：广西、广东、福建、海南、山东、江苏、浙江、湖南、贵州、云南，亚洲的热带、亚热带地区，非洲。

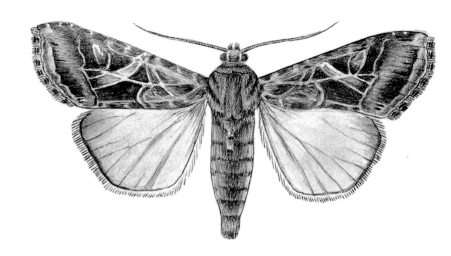

形态特征：体长约 7.5 毫米，翅展 20～26 毫米。体翅粉白色，有翠绿色纹，胸背正中有一块翠绿色斑，以前翅中部一个长尖三角纹最显著，在近顶角缘边与后缘近基端亦稍现绿色。后翅白色，外缘浅灰色。

生活习性：幼虫为害棉花，是棉花的主要害虫，蛀食顶梢、花蕾与棉桃，造成严重损失，也取食黄秋葵、磨盘草、大红花、梵天花等植物。湖北 1 年发生 4 代，少数 5 代，江西、湖南 1 年发生 5～6 代，云南开远 1 年发生 8～9 代，广东广州 1 年发生 9～10 代，云南元江和海南 1 年发生 10～11 代。该虫在长江流域以北棉区为害，各虫态均不能越冬。虫源主要来自外地，南方无明显休眠现象。

地理分布：广西、广东、湖北、湖南、江苏、浙江、台湾、江西、四川、贵州、云南、海南，东南亚，印度，大洋洲。

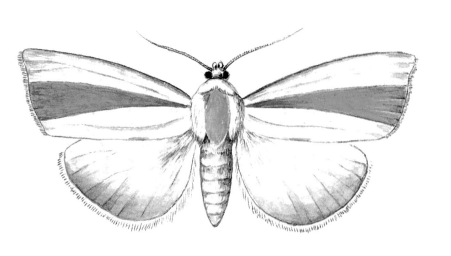

松茸毒蛾

Dasychira axutha Collenette

形态特征：体长约 17 毫米，翅展 38 ～ 59 毫米。雄蛾比雌蛾小，下图为雌蛾。前翅灰白色带棕褐色，亚基线褐色，锯齿状折曲；内、外线黑褐色，前半直，后半钝齿状；亚端线褐色，波浪形，内侧呈晕影状带；端线黑褐色，缘毛棕灰色与黑褐色相间。后翅暗灰棕色，基半部色浅，中室端横脉有一粗大黑褐色斑点。

生活习性：松茸毒蛾又名松毒蛾。幼虫为害马尾松、油松等松类植物的针叶，轻则影响生长，重则造成大片松林损毁。在广西北部 1 年发生 3 代，南部 1 年发生 4 代，以老熟幼虫或蛹越冬。翌年 2 月上旬结茧，3 月中旬成虫羽化，羽化多在傍晚。产卵多在夜间，卵产在松针上，成堆状。幼虫多在清晨孵化，为害松针边缘部分，2、3 龄以后取食全叶。第 1 代幼虫于 4 ～ 5 月为害，第 2 代幼虫于 6 ～ 7 月为害，第 3 代幼虫于 8 ～ 9 月为害，第 4 代于 10 月下旬为害，12 月中下旬在树皮缝隙、石块下、土洞内及枝干或松针上叶丝结茧化蛹越冬，老熟幼虫有群集结茧化蛹的习性。

地理分布：广西、广东、浙江、福建、江西、湖北、湖南、陕西。

棉古毒蛾

Orgyia postica（Walker）

鳞翅目毒蛾科

形态特征：体长约 7.4 毫米，翅展 22 ～ 25 毫米。体黄褐色，腹背后部色稍深带黑褐色。前翅棕褐色，基线黑色、外斜，内线黑色、波浪形外弯，中室端横脉纹棕色带黑色和白色边；外线黑色、浅波形外弯，后端不到达后缘，在中室后与内线靠近；亚端线黑色，双线，不甚明显；亚端区顶端灰色，有纵向黑纹。后翅黑褐色。

生活习性：幼虫为害甘蔗、棉花、荞麦、茶树、花生、果树、苗木等几十种植物。在广西、广东 1 年可发生 6 代，第 1 代发生于 3 月下旬至 5 月上旬，第 6 代发生于 12 月下旬至翌年 3 月下旬。以幼虫越冬，越冬幼虫于 3 月上旬寻隐蔽处结茧化蛹，每一世代经 40 ～ 50 天。雌蛾无翅，活动力弱，羽化后就在寄主上原处产卵，每只雌虫可产卵 300 ～ 400 粒。幼虫孵化后前期群集取食，中后期则转株或迁移到其他寄主上取食。广西南部蔗区发生为害多见于 5 ～ 8 月。幼虫选择幼嫩的蔗叶取食，造成叶片缺刻，影响甘蔗生长。

地理分布：广西、福建、广东、云南、台湾，缅甸、印度尼西亚、菲律宾、印度、斯里兰卡，大洋洲。

杧果毒蛾

Lymantria marginata Walker

形态特征：雌雄体色、大小都差异很大。雌蛾体长约 20 毫米，翅展约 60 毫米，头、胸白色，腹部黄色，肩板前缘红色；胸背基部红色，中部有 3 个品字状黑点；腹背中央与两侧每节均有一黑点，形成三纵列；前后翅白色、有黑斑，前翅黑斑较复杂，翅基有黑斑，内线与外线均阔大锯齿形，在中室后相遇，达到后缘；亚端线波浪形，几处与端线相遇，翅外缘有一棕黑色带，其上有白斑；后翅外缘有棕黑色宽带，上有白色小点。雄蛾体长约 17 毫米，翅展约 40 毫米，体翅黑色均很深，头部黄白色；胸部黑色，具小块黄白色斑；腹部灰黄色，背面和侧面有黑斑；肛毛簇黑色；前翅黑棕色，有黄白色斑纹，内线、中线波浪形，不清晰，外线和亚端线锯齿形，从前缘到中室有一黄白色斑，斑内有一黑点；后翅棕黑色，外缘有一列白点。

生活习性：幼虫为害杧果，属常发性主要害虫。杧果毒蛾在广西 1 年发生 5～6 代，以老熟幼虫在树干基部的表土内、树皮缝隙或孔洞中越冬。成虫夜间活动，白昼静伏，卵多产于嫩梢上。幼虫多在夜间取食，为害嫩梢、叶片、花穗、幼果，白天则静伏在被害梢叶上。

地理分布：广西、广东、浙江、福建、四川、云南、陕西，印度锡金。

雌　　　　雄

双线盗毒蛾

Porthesia scintillans（Walker）

形态特征：体长约 8 毫米，雄蛾翅展 20 ～ 26 毫米，雌蛾翅展 26 ～ 38 毫米。头、颈板、翅基片黄色，胸部浅黄棕色。腹部黄褐色，后数节黑褐色。肛毛簇橙黄色。前翅赤褐色微带浅紫色闪光，内线和外线黄色，有时不明显；外缘有宽广的橙黄色带，被赤褐色部分分成三段，形成三个大黄斑。后翅淡黄色。

生活习性：幼虫为害荔枝、刺槐、枫、茶树、柑橘、梨、龙眼、黄檀、泡桐、枫香、栎、乌桕、蓖麻、玉米、棉花和十字花科植物。在广西西南部 1 年发生 4 ～ 5 代，以幼虫越冬，但冬季幼虫仍可取食活动。成虫于傍晚或夜间羽化，有趋光性。卵产在叶背或花穗枝梗上。初孵幼虫有群集性，2 ～ 3 龄分散为害，常将叶片咬成缺刻、穿孔，或咬坏花器，或咬食刚谢花的幼果。老熟幼虫入表土层结茧化蛹。

地理分布：广西、广东、浙江、福建、湖南、四川、云南、陕西、台湾、缅甸、马来西亚、新加坡、印度尼西亚、巴基斯坦、印度、斯里兰卡。

榕透翅毒蛾

鳞翅目毒蛾科

Perina nuda（Fabricius）

形态特征：体长约 13 毫米，翅展 30～50 毫米，雄蛾比雌蛾小。头部和肛毛簇橙黄色，胸腹部黑褐色，腹基部与各节间略带灰色。前翅透明，翅脉黑色，翅基部为斜向后缘的黑褐色。后翅黑褐色，顶角有一大透明斑，后缘色浅带灰棕色。

生活习性：幼虫为害榕树，取食榕树叶片，常把叶片吃成缺刻，严重时可把叶片吃光，影响植株生长。榕透翅毒蛾与其他毒蛾相似，虫体长着毛丛，人体皮肤接触后会引起皮炎甚至溃烂，这也是毒蛾科幼虫的共性。

地理分布：浙江、福建、湖北、湖南、江西、广东、广西、四川、西藏、台湾、香港，日本、印度、斯里兰卡、尼泊尔。

形态特征：体长约 28 毫米，翅展约 80 毫米。全体橙黄色，胸背正中见一深褐色纵纹。前翅橙黄色，中室端横脉有一黑褐色圆斑，后缘有黑色长毛。后翅黄色，基部与前缘色浅。

生活习性：幼虫为害高山榕。弧星黄毒蛾是黄毒蛾属的一种，黄毒蛾属种类很多，食性杂，可为害十几个科的植物。卵呈椭圆形或球形，卵块被毛。幼虫体被大量带微刺的刚毛和毒针毛。蛹呈圆锥形，体被毛束和毛。

地理分布：广西、广东、四川、云南，印度、斯里兰卡。

竹毒蛾

Pantana visum（Hubner）

形态特征：体长约 12.5 毫米，翅展 30～40 毫米。头部和肩板前半部黄白色，胸部浅红棕色。腹基部 3 节褐棕色，后数节黄白色。前翅粉黄白色，靠前缘的一半带淡红棕色，但分界不明显，翅顶和中室后缘布黑褐色鳞，中室顶端外下方有 2 个暗斑。后翅白色。

生活习性：幼虫为害毛竹、刚竹等多种竹子。广西 1 年发生 3～4 代。5 月初第 1 代成虫出现，各代幼虫出现期依次在 4 月、6 月、7 月、8 月，世代重叠现象明显。成虫趋光性弱，飞翔力强。晴天中午在竹林低空翩翩飞舞，觅偶交尾。卵多产于竹竿中下部，以距地面 1 米高处产卵最多。卵块内卵粒常单行或双行排列，每块卵有 10 余粒。每只雌虫一生可产卵 60～70 粒。1 龄幼虫取食卵壳及竹叶尖端，2 龄幼虫食叶呈缺刻，3 龄及以后取食全叶。夏茧多结在距离地面 1 米以下的竹竿上、枯枝落叶下，冬茧多结在竹篷内和石块下。该虫多发生于山洼、山谷和较密的竹林内。

地理分布：广西、广东、海南、福建、江西、湖南、湖北、四川、云南、台湾、香港，越南、缅甸、印度尼西亚、印度。

铅闪拟灯蛾

Neochera dominia Cramer

形态特征： 体长约 24 毫米，翅展 64 ～ 80 毫米。雄体背橙黄色，后胸毛簇与腹背第 1、第 2 节白色，翅基片、后胸各有一黑点，腹背前 4 节正中亦各有一黑点。翅色多变化，多为由浅至暗的铅灰色，有闪光。前翅基部有橙黄色斑及黑点，翅脉及亚中褶白色，缘毛黑白相间。后翅白色，中室端具方形闪光蓝色斑，外缘具一列蓝黑色闪光斑或整个端部为暗铅灰色。

生活习性： 灯蛾幼虫以植物为食，有不少种类是农林业的害虫，为害玉米、谷子、高粱、芝麻、棉花等。铅闪拟灯蛾幼虫为害台湾相思竹，成虫吸食果食汁液。成虫白天一般在杂草灌木丛中隐蔽。初孵幼虫往往群集叶片取食叶肉，残留表皮，使叶面出现枯黄斑痕。1 年发生 2 ～ 6 代。

地理分布： 广西、海南、云南，缅甸、泰国、印度尼西亚、菲律宾。

仿首丽灯蛾
Callimorpha equitalis Kollar

形态特征：体长约 24 毫米，翅展 64～86 毫米。头红色，前额有黑色横纹，胸部淡黄白色。领片、翅基片与胸背淡黄色，领片具 2 个大黑斑，翅基片与胸背均有大型黑色条斑。腹部红色，背面各节都有粗大黑色横带，有时连成一片。前翅黑色，布满白色块斑，自翅基至外缘大致有 5 排，基部 3 排，每排 2 个斑，切近前缘，中室外一列 5 个斑，稍外斜，外缘一列为每翅室 1 个斑，共 7 个，此外后缘区尚有 3 个斑。后翅淡黄色，翅脉黑色，亚缘线为不连续的长短 2 个斑。

生活习性：灯蛾亚科丽灯蛾族的许多种类亦喜白天飞翔，蝶灯蛾属成虫白天常与蝴蝶一起混飞。有趣的是"蝴蝶会"现象，即云南大理的蝴蝶泉盛况，经有关人员考察，主要是一种首丽灯蛾所为。8 月份可见成虫在林中飞舞。

地理分布：广西、陕西、四川、云南，缅甸、印度及克什米尔地区。

形态特征：体长约 20 毫米，翅展 58 ～ 62 毫米。体黄色，领片前沿具 2 个黑点，翅基片具一黑点。前翅暗灰色，基部黄斑具黑点，自黄斑至中室外具一大型白色楔状斑。后翅白色，中室端具一大黑点，外线暗灰色不完整，端带灰黑色，端部翅脉白色，将端带分割成一个长条形斑点。

生活习性：拟灯蛾亚科基本上是热带类群，以非洲界最丰富。灯蛾幼虫通常较活泼，爬行速度较快，能远距离爬行。楔斑拟灯蛾幼虫寄主为油桐，年发生代数不详。

地理分布：广西、陕西、湖北、湖南、海南、四川、贵州、云南、西藏。

一点拟灯蛾

Asota caricae Boisduval

形态特征：体长约 21 毫米，翅展 50～72 毫米。体背橙黄色，翅基片、后胸各有一黑点，腹背第 2～4 节各有一黑点。前翅灰褐色，基部橙黄色，有 5 个黑点；中室下角有一圆形白点，十分醒目。后翅橙黄色，中室端具一黑斑，外线具 2 个黑斑，亚端线为不连续的小黑斑。

生活习性：幼虫为害榕、野无花果、油茶、母生树、铁刀木等。该虫 1 年发生 2 代，以蛹在杂草、枯枝落叶或其他缝隙中越冬。5 月底至 6 月成虫出现，第 1 代发生在 5 月底至 7 月初，第 2 代则从当年六七月到翌年 5 月。幼虫 6 龄或 7 龄，3 龄前幼虫在叶背群集为害，4 龄后分散取食，严重发生时，整叶被吃光，仅留主脉和侧脉。

地理分布：广西、广东、湖南、四川、福建、台湾、云南，印度、斯里兰卡、菲律宾、澳大利亚。

白巾蝶灯蛾

Nyctemera tripunctaria（Linnaeus）

形态特征：体长约 17 毫米，翅展 48 ～ 56 毫米。头、领片黄色，头顶有 1 个黑点，领片上有 2 个黑点。翅基片、胸部白色，翅基片有一长黑斑，胸正中一长黑条与一黑点。腹背白色，末端黄色，各节背中与两侧均有一黑点。前翅黑色，翅基有几条白色纵纹，中室端外有一条由斑点组成的阔大斜带。后翅白色，外缘为黑色宽边。

生活习性：蝶灯蛾属成虫白天常与蝴蝶一起混飞，初孵幼虫往往群集叶片取食叶肉，残留表皮，使叶面出现枯黄斑痕，有些种类亦啃食表皮，叶缘亦被食成缺刻。幼虫遇震动能吐丝下垂、扩散为害，3 龄后则蚕食叶片，造成缺刻，或爬向附近植株为害。

地理分布：广西、广东、海南、香港，印度、新加坡、泰国、越南、印度尼西亚、马来西亚、菲律宾。

倔蝶灯蛾
Nyctemera lacticinia Cramer

形态特征：体长 12 ～ 15 毫米，翅展 40 ～ 45 毫米。与白巾蝶灯蛾相似，不同的是本种体形较小，腹背无黑点列，前翅中室内与前缘室基部无白色条纹，且翅基的脉亦非白色，后翅外缘黑色宽边内侧亦不呈平缓的弧形，而是在 2 脉处弯入呈一大角突。幼虫暗红色，蛹红褐色。

生活习性：灯蛾老熟幼虫一般吐丝连缀枝叶结一稀疏的薄丝茧化蛹，化蛹场所多在寄主植物的树皮缝隙内及地表、砖瓦、土块、树根等的缝隙内。

地理分布：广西、海南、台湾、云南，缅甸、斯里兰卡、印度、印度尼西亚、日本、马来西亚等。

粉蝶灯蛾
Nyctemera plagifera Walker

形态特征：体长约 15 毫米，翅展 44 ～ 56 毫米。体前后端黄色，中部白色，翅白色。头顶、颈板、肩角、胸部正中及两侧均具有黑点，腹背正中、两侧亦具成列黑点。前翅基部翅脉白色，脉两侧黑色，中室正中有一宽阔黑色斜带，室端横脉为一大黑色横斑，顶角和外缘黑色相连成一白色角形宽带，带内在顶角下有 3 个白点。后翅中室端和外缘亦有不规则黑斑。幼虫黑色，头橙色，体背面和侧面有白色连斑。蛹橙红色。

生活习性：幼虫为害红背菜、柑橘、菊科、狗舌草、无花果等植物。成虫白天喜欢访花，夜晚有趋光性。在南宁 11 月仍然可见幼虫为害。幼虫孵化后在叶背取食，老熟幼虫吐丝结薄茧化蛹。

地理分布：广西、广东、海南、浙江、福建、江西、湖北、湖南、江苏、四川、云南、西藏、台湾、北京、内蒙古、河南，日本、印度、尼泊尔、马来西亚、印度尼西亚。

闪光玫灯蛾
Rhodogastria astreas（Drury）

形态特征： 体长约 20 毫米，翅展 40 ～ 74 毫米。头、胸灰白色至褐灰色，有黑点，头顶 1 个，领片 2 个，翅基片 1 个，胸背平排 3 对。腹背红色，各节两侧均有一小黑点，纵列成行。前翅褐白色半透明，基部有 2 个黑点，翅顶区暗棕褐色，向前后缘延伸将白色区包围形成一大块斑，中室横脉为一暗褐斑。后翅褐白色半透明，翅顶深褐色。幼虫头黄绿色，有光泽，侧面有黑斑，体暗绿色具有一列黑色毛片，其上着生白色刚毛。

生活习性： 寄主为九里香和清明花属等植物。年发生代数未知，在广西 6 月可于旱田中见到成虫。

地理分布： 广西、广东、海南、湖南、四川、云南、台湾，印度、缅甸、斯里兰卡、印度尼西亚。

八点灰灯蛾

Creatonotus transiens（Walker）

形态特征： 体长约 18 毫米，翅展 38～54 毫米。头、胸部白色，稍染粉红色。腹背橙黄色，各节中央两侧均有黑点，形成 3 纵列。前翅灰白微红，前缘具白色宽边，中室端有 4 个小黑点。后翅灰白或灰褐色，有时具有黑色亚缘点数个。

生活习性： 幼虫为害桑树、茶树、水稻、柑橘、柏木、法国梧桐等植物。在广西 1 年发生 7 个世代。5 月幼虫开始为害，10～11 月进入高峰期。成虫夜间活动，把卵产在叶背或叶脉附近，卵数粒或数十粒在一起。幼虫孵化后在叶背取食，末龄幼虫多在地面爬行并吐丝粘叶结薄茧化蛹，有的不吐丝，在枯枝落叶下化蛹。

地理分布： 广西、广东、海南、贵州、云南、山西、陕西、河南、山东、安徽、江苏、浙江、福建、江西、湖北、湖南、四川、西藏、台湾，印度、缅甸、菲律宾、越南、印度尼西亚等。

黑条灰灯蛾
Creatonotus gangis（Linnaeus）

形态特征：体长约 15 毫米，翅展 36～46 毫米。头、胸部淡红灰色，触角黑灰色，颈板及胸背中部具有黑色纵带。腹背红色，背中与侧面具有成列黑点。前翅淡红灰色，中室上下角各具一黑点，紧贴中室下缘有一基部尖端部宽的长黑带，另于中室下角向外伸尚有一短黑带。前缘在近顶角有一两个小黑点。后翅淡灰褐色，外缘略深，有时具有黑色亚端点。

生活习性：幼虫为害桑树、茶树、甘蔗、柑橘、大豆、咖啡树。成虫吸食果实汁液。成虫白天躲在较暗处和杂草丛中，天暗时只要见到亮光便快速飞趋。农民为了捕捉各种为害农作物的飞蛾害虫，夜间在农田用竹竿斜吊一盏防风玻璃罩油灯，下面放一装满水的大容器，当飞蛾扑向火热的灯罩时便被撞昏跌落于灯下盛水的容器里，这便是早些年灯诱扑灭害虫的一种方法。

地理分布：广西、广东、海南、云南、江西、辽宁、河南、安徽、江苏、浙江、福建、湖南、湖北、四川、西藏，印度、尼泊尔、缅甸、越南、新加坡、马来西亚、巴基斯坦、斯里兰卡、印度尼西亚、澳大利亚。

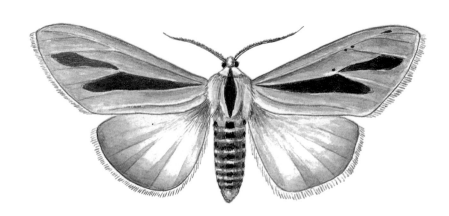

红缘灯蛾

Amsacta lactinea Cramer

形态特征：体长约 20 毫米，翅展约 48 毫米。头、前中胸部交界处红色，领片、胸部、腹背第 1 节和前后翅均为粉白色，肩片基部有 1 个黑点，腹背各节黄黑相间，腹末黄色。前翅前缘鲜红色，两翅中室端均有 1 个黑点。雄蛾后翅外缘有相隔颇远的 2 个黑点，雌蛾则为 1 或 3 个，或完全缺如。

生活习性：幼虫为害玉米、大豆、谷子、棉花、芝麻、高粱、向日葵、绿豆、紫穗槐等 109 种植物，分属于 26 科，包括 26 种作物、16 种树木和 67 种杂草。中国东部地区发生较多，河北 1 年发生 1 代，南通 1 年 2 代，南京 1 年 3 代，均以蛹越冬。翌年 5 ~ 6 月开始羽化，成虫昼伏夜出，趋光性强，飞翔力弱。幼虫孵化后群集为害，3 龄后分散为害。幼虫行动敏捷，老熟后入浅土或于落叶内结茧化蛹。

地理分布：广西、广东、海南、云南、台湾、辽宁、河北、山西、陕西、山东、河南、安徽、江苏、浙江、福建、江西、湖北、湖南、四川、西藏，尼泊尔、缅甸、印度、越南、日本、朝鲜、斯里兰卡、印度尼西亚。

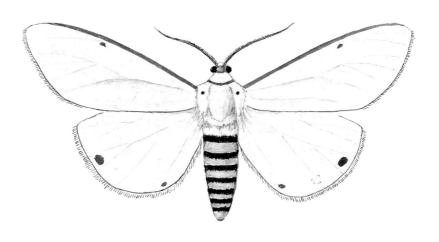

纹散丽灯蛾

Argina argus Kollar

形态特征：体长约 23 毫米，翅展 48～64 毫米。鲜红或土红色。颈板、翅基片、胸部具带白圈的黑点，腹背有三列黑点，前翅具数列白圈黑心的不很规则的斑点，后翅亦具大小黑斑六七个。幼虫被长毛，头红身黑，体背有许多白色横纹。

生活习性：纹散丽灯蛾又名散纹灯蛾，幼虫为害大猪屎豆、蓖麻、三尖叶猪屎豆、猪屎豆、大眼蓝、野百合等。此灯蛾在广西荔浦 1 年发生 6 代，以幼虫越冬。幼虫紫黑色，头部红色，第 4～10 节侧面有红线，背面有一列白色横纹。幼虫为害期从 2 月开始，一直持续到冬季。大猪屎豆开花前，幼虫加害叶片，待花荚出现后，幼虫则多在花荚上为害，被害花荚多数不结果或早落，造成种子失收。此虫为害期长、食量大、繁殖快、数量多、发生普遍，是绿肥的大敌。

地理分布：广西、广东、贵州、云南、福建、江西、浙江、江苏、湖北、湖南、四川、西藏、台湾，斯里兰卡、印度、缅甸及克什米尔地区。

星散丽灯蛾

Argina cribaria Cherck

形态特征：体长约 14 毫米，翅展 30 ～ 42 毫米。雄蛾黄色，颈板、翅基片、胸部、腹背和侧面具黑点，前翅有数列黑心白圈的斑点，后翅亦散布有大小不甚整齐的黑斑，但无白圈。雌蛾色较深，近橙色。

生活习性：幼虫为害猪屎豆、大眼兰。幼虫头部暗铁灰色，全身有黑白相间的环状花纹，背线暗色，足红褐色，毛疣上具深棕黄色或白色刚毛。在广西年发生代数无记载。其生活习性与纹散丽灯蛾相近，同时也是绿肥害虫。幼虫多在花荚上为害，食量大，发生普遍。

地理分布：广西、广东、海南、台湾、云南、浙江，印度、斯里兰卡、缅甸、毛里求斯、澳大利亚等。

三色星灯蛾

Utetheisa pulchella（Linnaeus）

形态特征：体长约 15 毫米，翅展约 38 毫米。头、颈板、翅基片、前翅淡黄白色，胸腹部、后翅白色，颈板、翅基片和胸部有黑点，前翅满布互相交错的红斑和黑点。后翅外缘有黑色宽边，其内缘很不规则，中端外尚有 2 个小黑点。

生活习性：三色星灯蛾又名褐斑灯蛾，幼虫为害猪屎豆、太阳麻、大眼兰、木豆、柽麻、甘蔗等。幼虫头部红赭色，体黑色，刚毛黑色或白色，常具橙红色节间带，背面有或多或少的白斑。幼虫喜欢取食菽麻豆荚，其次是花、芽、叶。成虫出现在夏秋两季，白天喜欢访花，同时也是绿肥害虫。

地理分布：广西、广东、海南、福建、云南、台湾、四川、西藏，日本、越南、缅甸、印度、新加坡、斯里兰卡、菲律宾、澳大利亚、新西兰。

猩红雪苔蛾

Chionaema coccinea（Moore）

形态特征： 体长约 11.7 毫米，雄蛾翅展 21 ～ 31 毫米，雌蛾翅展 27 ～ 41 毫米。雌蛾头、胸白色，腹部粉红色，胸部有 2 条粉红色横纹。前翅白色，亚基线有红带，在前缘与内线相接；内线为红色宽带，其内边黑色；中室端区有 2 个黑点；外线亦为红色宽带，其外边缘黑色；端线红色，成为外缘的宽边。后翅粉红色，其前缘带白色。

生活习性： 幼虫取食台湾相思。在广西年发生代数无记载，但从田间虫态出现看，应在 2 代以上。苔蛾类初孵幼虫往往群集叶片取食叶肉，残留表皮，使叶面出现枯黄斑痕。有些种类亦啃食表皮，叶缘亦被食成缺刻。幼虫遇震动能吐丝下垂、扩散为害。3 龄后则蚕食叶片，造成缺刻，或爬向附近植株为害。

地理分布： 广西、海南、云南，越南、缅甸及印度锡金等。

白玫雪苔蛾
Chionaema alborosea（Walker）

形态特征：体长约75毫米，雄蛾翅展20～24毫米，雌蛾翅展24～30毫米。雄蛾白色，胸部有2道红色横纹。前翅白色，亚基线红色，在前缘处较宽；内线红色，在前缘下方向外折成钝角；外线亦红色，稍斜；中端室部具1个黑点，横脉纹具2个黑点；端线淡红色，在翅顶呈弧形，不达到臀角。后翅白色。

生活习性：在广西年发生代数无记载，但从田间虫态出现看，应在2代以上。苔蛾与灯蛾同，幼虫一般在杂草或枯枝落叶下，蛹多在土下、树皮缝隙及石块下越冬。

地理分布：广西、广东、海南、福建、江西、香港、云南、西藏，印度、不丹、缅甸、越南、新加坡、印度尼西亚。

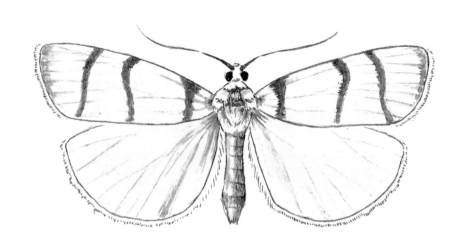

黄边土苔蛾

Eilema fumidisca（Hampson）

鳞翅目灯蛾科

形态特征：体长约9毫米，翅展23～27毫米。头、颈板及翅基片外半部土黄色，翅基片内半部及胸部暗褐色，腹背黄褐色。前翅暗褐色，前缘与外缘相连为土黄色带，前缘部分较宽。后翅浅黄色。

生活习性：幼虫食性未明，但苔蛾亚科幼虫取食地衣、苔藓等，大多为杂食性，少数种类为寡食性与单食性。

地理分布：广西、上海，印度锡金及缅甸。

白斑修虎蛾
Seudyra albifascia Walker

形态特征：体长约 20.5 毫米，翅展约 46 毫米。头、胸部棕黑色杂少许灰白色，腹部暗黄色，背毛簇红棕色。前翅深棕色，布有灰色细点；中室端外有一巨大白斑，斑的内缘波曲；外缘为弧形，上端切近前缘，后端止于 2 脉。后翅黄色，端区为一黑带，前宽后窄，后端达亚中褶并内钩，顶角及其外缘毛白色。

生活习性：本种幼虫食性未明。虎蛾与夜蛾相似，主要不同在于虎蛾成虫触角近端部较粗，成虫多白天活动，体色鲜艳，易于观察，其飞行颇似某些蝶类，能突然腾空而起，转瞬即逝。夜蛾中翅相对较薄的种类飞行动作迟缓，飞行时类似滑翔，且飞行距离较短。

地理分布：广西、广东及华北地区，印度。

斑拟彩虎蛾

Mimeusemia ceylonica Hampson

形态特征：体长约 13 毫米，翅展约 33 毫米。头、胸部黑色，自头顶至后胸有一条淡黄白色背中带，翅基片有一白点，腹部橘黄色，背基部有一向后渐尖的黑色条纹。前翅黑色，翅中区有大型白斑 3 个，近翅基 1 个，中室中延至臀脉 1 个，中室端外区 1 个。后翅基部黄色，其界限约自前缘 1/3 至臀角，外区全黑色，中室外有一大白斑。

生活习性：幼成虫趋光性一般。幼虫体表具长毛，这是与大多数夜蛾幼虫不同的地方。

地理分布：广西、广东、海南，斯里兰卡。

赤条黄带蛾

Eupterote lativittata Moore

形态特征： 体长约 22 毫米，翅展 54 ～ 66 毫米。全体黄褐色，翅深黄色略带褐色，前后翅都有深棕色横带纹，均以中室外方的 2 条最为阔大。

生活习性： 幼虫在广西为害甘蔗。1 年发生 1 代，以蛹越冬。成虫具趋光性，夜间活动，每只雌虫产卵 50 ～ 405 粒。幼虫 2 龄前，吐丝缀绕群集取食，3 龄后逐渐扩散，但多结伴出现，4 龄后进入暴食阶段。幼虫老熟后，迁入浅层土中做室，并吐丝将蜕下的体毛做茧，然后化蛹。5 ～ 8 月幼虫为害甘蔗。

地理分布： 广西、云南，印度。

芭蕉弄蝶

Erionota thorax Linnaeus

形态特征：体长约28.5毫米，翅展约70毫米。全体茶褐色，复眼赤褐色。触角端棒基部白色，末端尖而弯。前翅中部有3个近长方形黄斑，中室端1个，第2、第3室各1个，第3室的较细小，翅基被长鳞毛。后翅无斑。幼虫淡绿色，被白粉，头深赤褐色。

生活习性：幼虫为害香蕉，在广西1年发生5～6代，以幼虫在蕉叶卷苞中越冬。2～3月化蛹，3～4月成虫羽化，各代重叠发生。成虫吸食蕉蜜，清晨和傍晚活动，产卵于蕉叶，散产或聚产。幼虫孵化后分散至叶缘处咬一缺口，然后吐丝卷叶藏身其中，边食边卷逐渐加大虫苞。

地理分布：广西、广东、江西、湖南、云南。

白带灰蝶

Castalius noxus pothus Fruhstorfer

形态特征：体长约 8.6 毫米，翅展约 25 毫米。全体黑色。前后翅中部有宽圆的白色区，翅展开时，此白色区相连成为一阔大弯曲的白色带，前翅的带端不达到前缘，后翅的则横贯全翅。后翅脉端还伸出一细长的尾，末端白色。

生活习性：幼虫可能与同为枣灰蝶属的种类一样为害枣、马甲子等。有学者认为此类虫在种系发育中属古老蝶种之一。

地理分布：广西、广东、云南，越南、泰国、缅甸。

豆灰蝶

Lampides boeticus（Linnaeus）

形态特征：体长约 11 毫米，翅展约 31 毫米。体背灰蓝黑色，腹面粉白色。翅正面紫灰色，雌蝶稍带褐色。后翅臀角有 2 个黑点，1 个圆形，外围淡色圈；1 个扁而小，外圈也模糊。在 2 脉端伸出一黑色细长的尾，末端白色。翅底面淡黄褐色，前后翅都有白色横条纹，后翅臀角的 2 个黑点更显，且有蓝绿色闪光，外围冠有橙红色。

生活习性：豆灰蝶又名波里小灰蝶，幼虫通常以豆科植物的果荚和花序为食。幼虫孵化后先为害花，后蛀食果荚。除为害豆类蔬菜外，还特别喜欢取食猪屎豆。老熟幼虫随落荚或落花坠地，于土缝中化蛹。成虫飞行能力强，喜欢在阳光充足的开阔处活动，白天产卵于花或花蕾上。

地理分布：广西、陕西、云南、四川、浙江、江西、福建，欧洲中南部、非洲北部、亚洲南部、南大洋诸岛及澳大利亚。

槐粉蝶

Catopsilia pomona crocale（Cramer）

鳞翅目粉蝶科

形态特征： 体长约 17 毫米，翅展 30～60 毫米。白色，复眼暗红色，胸背中部有淡黑色绒毛。前后翅基浅染柠檬黄色，外半大部为粉白色。前翅中室端横脉上有一大而圆的黑点。前缘与外缘相连为一颇宽的黑边，在顶角处尤其宽阔，内含有四五个大小不一的白斑，后翅外缘亦具黑色宽边。

生活习性： 槐粉蝶又名迁粉蝶，幼虫以槐树、有翅决明、紫铆、总状花羊蹄甲等植物为食。该虫年发生代数在广西未见记载。夏秋两季发生较盛，为害决明严重时可将叶片吃光，只残留叶脉和叶柄。

地理分布： 广西、海南、云南、台湾，印度、澳大利亚。

东方粉蝶

Pieris canidia Sparrman

形态特征：体长约20毫米，翅展30～65毫米。体白色，复眼黑色，胸、腹背中黑色。两翅基染浅青灰色，外半大部为白色。前翅顶角延伸至外缘有3道锯齿状黑纹，第2、第4翅室内各有1个黑点。后翅各翅脉端均有一带三角形的黑点，有时翅顶近前缘亦有1个黑点。

生活习性：东方粉蝶又名多斑菜粉蝶，幼虫为害十字花科蔬菜，如甘蓝、白菜、萝卜、芥菜、油菜等。该虫1年发生多代，春秋两季发生较盛。成虫夜间栖息，白天活动，早晨露水干后尤其是晴天中午活动最盛，它们吸食花蜜及交尾产卵，卵多散产在十字花科蔬菜上。幼虫初龄期在叶背啃食叶肉，残留表皮，3龄以后将叶片吃成孔洞或缺刻状，严重时只残留叶脉和叶柄。为害的同时排出大量粪便，污染菜叶和菜心，使蔬菜品质变劣。

地理分布：全国各地，缅甸、泰国、马来西亚、印度。

决明白蝶

鳞翅目粉蝶科

Catopsilia pyranthe（Linnaeus）

形态特征：体长约 25 毫米，翅展 40～70 毫米。全体白色，微显极淡薄的青绿色，复眼暗红色，胸腹背中具浅黑色绒毛。前翅中室端横脉有一小黑点，顶角周缘有狭窄黑边，此黑边有时分成连续的黑点。

生活习性：幼虫以决明、山扁豆类植物为食。成虫飞行迅速，雄雌蝶均有夏型和冬型，冬型颜色较夏型浅，且翅面常杂有红褐色斑纹。该虫在广西年发生代数尚不明了，夏季发生较多。成虫夜间栖息，白天活动，早晨露水干后尤其是晴天中午活动最盛。幼虫初龄期在叶背啃食叶肉，残留表皮，3 龄以后将叶片吃成孔洞或缺刻状，严重时只残留叶脉和叶柄。

地理分布：广西、海南、云南、香港、台湾等地，缅甸、泰国、马来西亚、印度。

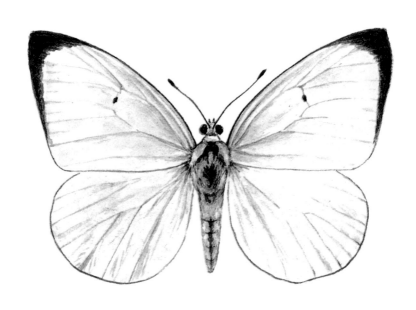

中华按蚊

Anopheles sinensis Wiedemann

形态特征：体长约 5.5 毫米。须与吻等长。须有 4 个白环，端部 1 个阔，其他 3 个狭。胸部暗灰褐色，被黄灰色鳞片。腹部第 7 节腹面后缘有一束黑色鳞片，尾突上无鳞片。腹部背面中部黑色，两侧有白斑。翅长约 5 毫米，前缘脉及亚前缘脉上有 2 个白斑，臀脉上有 2 个暗斑。前足腿节略为膨大。

生活习性：雌蚊兼吸人、畜血液，但偏向牛、马、驴等大型家畜血液。饱血雌蚊的栖息习性因地区和季节不同而有很大变化。稻田通常是这种按蚊的主要滋生场所，但也在沼泽、芦苇塘、湖滨、沟渠、池塘、积水洼地等环境中广泛生长，是广大平原，特别是水稻种植区疟疾和马来丝虫病的重要媒介。以成虫越冬。

地理分布：国内除青海、西藏外均有分布，国外分布于东南亚。

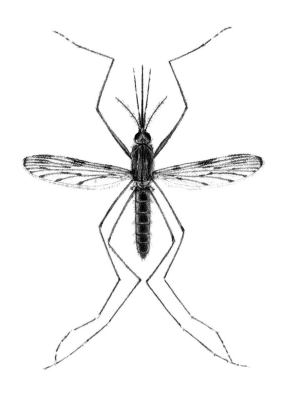

南阿蚊

Armigeres sp.

形态特征：体长约 6 毫米。淡棕黑色。须长约为吻长的 1/4。复眼后头中央有由白色鳞片组成的白斑，后头周缘布白斑。中胸背板密被棕褐色毛，周缘毛淡褐色至白色。小盾片后缘、侧缘被白鳞片，后胸背板褐色。腹部中部被黑褐色鳞毛，两侧及腹面被白色鳞片。翅烟褐色，足黑褐色。

生活习性：幼虫滋生在稀粪池、污水坑、竹筒、树洞以及人工容器的积水中。多数种类在白昼和夜晚都能作刺叮活动。

地理分布：在我国分布范围限于北纬 37° 以南地区，国外主要分布于东洋区，少数种类扩展到澳洲区。

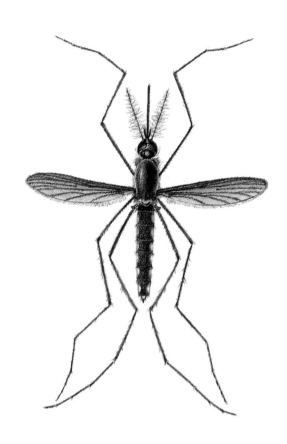

白纹伊蚊

Aedes（*Stegomyia*）*albopictus*（Skuse）

形态特征：体长约 4.5 毫米。黑褐色。中胸背板正中有一条直的雪白斑条，胸部侧板有数堆白斑。后足各节均有白环，第 1～4 跗节白斑在基部，第 5 跗节全白。前足及中足第 1、第 2 跗节上有白环。雄虫外生殖器的第 9 节背片上有 2 个小叶，叶的上面有数根毛。背片前缘正中有一特殊的乳头状隆突。

生活习性：此虫是一种攻击性很强的蚊子，是登革热的第二大媒介，仅次于埃及伊蚊。作为半家栖的蚊种，可滋生于多种生境，如积集雨水的石穴石臼，人工容器缸、罐、水池，野外的防空洞、树洞、灌木丛。此虫的卵、幼虫和蛹都在水中生长发育，成虫在陆上生活。雌虫偏好吸人血，多在户外侵袭人体。通常在滋生地周围栖息，常喜栖息在阴暗、避风区域。主要在白天产卵，一般喜在黑色和棕色的容器内、粗糙的表面、较低位置的容器内产卵。

地理分布：在我国最适宜的分布区是北纬 30°以南地区，即广西、广东、海南、台湾、福建、浙江、江西、湖南、贵州、重庆和云南等地，西北边界延伸至四川的东南部和陕西、山西、河北、辽宁四省的南部，以及甘肃和西藏的局部地区。

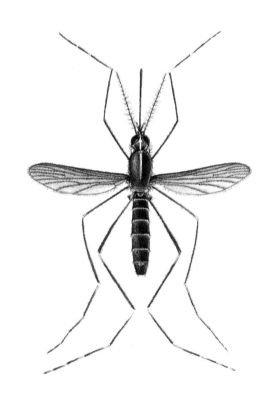

稻瘿蚊

Orseolia oryzae （Wood-Mason）

形态特征： 体长 4 ～ 5 毫米。雌虫头、胸部褐色，腹部橘红色，雄虫色泽较淡。复眼黑色。触角雌虫 15 节，雄虫 27 节，雌虫第 3 ～ 14 节呈长圆筒形，各节无环状丝；雄虫则为球形和长圆筒形交替相接，各节有半环状丝，球形节的单列，长圆筒形节的双列。翅膜质有翅脉 4 根。雌虫腹部呈纺锤形，末端有 2 小片指形的性侧片；雄虫腹部细瘦，末端呈山字形。

生活习性： 幼虫为害水稻、游草、鸭嘴草、白洋草、雀稗、茭白等。以幼虫在野生稻内越冬。广西 1 年发生 7 ～ 8 个世代，第 1、第 2 代数量少，为害早稻轻，第 3 ～ 7 代数量多，为害中晚稻严重。成虫夜间羽化，当晚交尾，次晚产卵。幼虫多在天亮前孵化，借助露水爬行，经叶鞘或心叶钻入生长点取食为害。

地理分布： 广西、广东、海南、台湾、贵州、福建、浙江、江西、湖南、湖北。

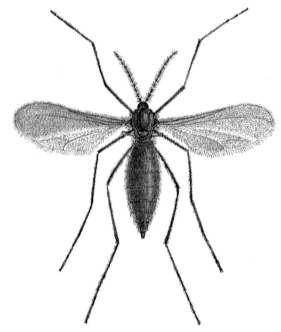

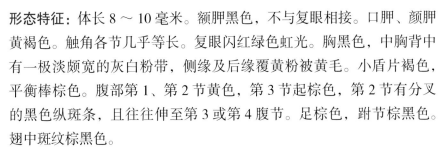

叉纹斑虻

Chrysops dispar Fabricius

形态特征：体长 8 ～ 10 毫米。额胛黑色，不与复眼相接。口胛、颜胛黄褐色。触角各节几乎等长。复眼闪红绿色虹光。胸黑色，中胸背中有一极淡颇宽的灰白粉带，侧缘及后缘覆黄粉被黄毛。小盾片褐色，平衡棒棕色。腹部第 1、第 2 节黄色，第 3 节起棕色，第 2 节有分叉的黑色纵斑条，且往往伸至第 3 或第 4 腹节。足棕色，跗节棕黑色。翅中斑纹棕黑色。

生活习性：斑虻属幼虫为典型的水栖类型，滋生地多在苇塘、河流及水潭地带。它们生活在水下，仅在化蛹前才转移到岸边较潮湿的地下，并且分布较为集中，往往 1 平方米就有 4 ～ 5 条幼虫，雄雌比例相近。发生代数通常为 1 年 1 代。

地理分布：广西、广东、福建、台湾、云南，马来西亚、菲律宾、泰国、印度、尼泊尔、斯里兰卡、印度尼西亚。

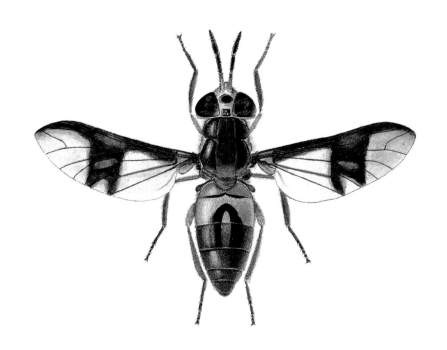

中华斑虻

Chrysops sinensis Walker

形态特征：体长 8～10 毫米。额胛黑色，不与复眼相接。口胛、颜胛黄色，颊胛不甚明显。触角第 1、第 2 节及第 3 节基部黄色，其余黑色。胸部黑色，覆灰色粉被，背板中央有 2 条窄条纹。翅透明，横带斑锯齿状。足黄色，有时色较深。腹部背面浅黄色至黄黑色，第 2 背板中央有八字形黑斑，第 3～5 节有短续黑色条纹。雄虫翅、足、口胛、颜胛同雌虫，颊胛黑色，第 2～4 腹节有八字形黑斑。

生活习性：虻的雌性成虫大部分吸血，对人畜的健康影响较大。在草原地带或山区往往对从事野外工作的人员造成很大威胁，对牲畜骚扰性更大，常在叮咬后引起伤口大量流血，致使牲畜日渐消瘦。据报道，被小型虻咬伤一次失血可达 20～30 毫克，被较大型虻咬伤则失血可多至 50～100 毫克。斑虻的幼虫期一般为 6～9 个月，因此 1 年约 1 代。

地理分布：北京、辽宁、内蒙古、山西、河北、陕西及华东、华中、华南地区。

广斑虻

Chrysops vanderwulpi Krober

形态特征：雌虫体长 8 ～ 10 毫米。额胛黄色或仅上端边缘呈黑色，颜胛、口胛均为浅黄色，颊胛退化为黑色小点，触角环节部分黑色，颚须黄色。胸部覆黄灰色粉被，有 3 条黑色条纹延至小盾片。翅斑纹黄棕色，足黄色至灰黄色。腹部黄色，背板第 2 ～ 6 节有 4 条黑色纵纹，腹板黄色或中央有一列小黑斑。雌雄虫体形体色均极相似。

生活习性：虻的幼虫大多数以软体动物、蠕虫、节肢动物、小型甲壳类为食，也有少数种类以腐殖质为食。虻幼虫一般具有相互残杀的习性，但斑虻属幼虫少见。雌虻一般喜在稻田、沼泽、池塘边的植物叶子上产卵，斑虻属的卵通常为一层。

地理分布：黑龙江以南地区均有分布，朝鲜、日本、俄罗斯。

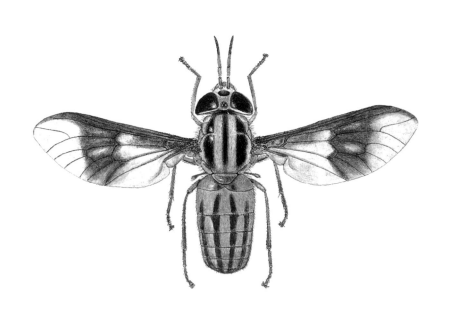

黄腹水虻

Microchrysa flaviventris Wiedemann

形态特征： 体长约 4.5 毫米。青绿色，闪金属光泽。雄虫腹部橙黄色，末端黑色。雌虫腹部、胸部同为青绿色。雄虫复眼在触角上方相接，雌虫复眼分离。触角短小、橙黄色，第 3 节椭圆形，长度约等于前两节的长度之和，芒从近端部生出，长度与触角相同。翅无色透明。足黄色，腿节、胫节端半部及跗节色较深。

生活习性： 水虻科是双翅目中较原始的类群，常见种体色艳丽，拟态胡蜂、蜜蜂、泥蜂等具有攻击性的膜翅目昆虫。该科幼虫多为腐食性，在朽木、泥土或池沼中取食腐败的有机物碎屑。虫体营养价值高，可作为饲料添加剂应用于养殖业。个别种类为植食性，为害水稻、甘蔗、芭蕉等作物。成虫常在菊科、伞形科、蔷薇科植物的花上活动，可以帮助虫媒植物传粉。

地理分布： 广西、台湾、贵州、四川、河南、海南，俄罗斯、日本、印度、巴基斯坦、菲律宾。

黄足水虻

Ptecticus mitsuminensis Ouchi

双翅目水虻科

形态特征: 体长约 10 毫米。黑色,闪蓝色光泽。雌虫额宽为头宽的 1/7,雄虫复眼接式,单眼三角隆起。前额及触角黄色。胸部绿色光泽强,密生黄毛。肩瘤、侧板上缘灰黄色。腹部扁平,第 4 节最阔,密生黄毛。翅微带褐色闪虹光,翅脉黑褐,翅痣黄褐。平衡棒、足黄色,足细长,后足跗节第 1 节特长,比后 4 节长度之和还长。

生活习性: 黄足水虻属长腹水虻属,腹部长而基部窄,具鲜明的黄、绿或黑色条纹,外形似蜜蜂或黄蜂,亦常出现于花的附近。幼虫蠕虫状,肉食性或草食性,其生境多样,如水中、腐败有机质和蔬菜中。在幼虫蜕的皮内化蛹。

地理分布: 广西。

烟翅水虻

Hermetia illucens Linne

形态特征：体长 10 ～ 20 毫米。黑色，头宽。触角长，第 2 节短，第 3 节末端细，节芒上 7 个环节不甚分明。腹部第 2 节雄虫为 1 对白色半透明斑，雌虫在其前缘有 1 对三角形黄褐色纹；雌虫从第 2 节起，雄虫从第 3 节起至第 4 节的后缘两侧长银白或银灰色毛，形成毛斑。翅煤烟色，闪紫色光泽，前方较深。足黑色，各足跗节及后足胫节基半部黄白色至白色。

生活习性：烟翅水虻俗称黑水虻，原产于美洲，现在是一种全世界广泛分布的资源昆虫，是目前世界上研究最多的水虻种类，国内外文献上所涉及的黑水虻几乎全部指的是本种水虻。

地理分布：广西、福建、云南、河南、内蒙古、北京、安徽、浙江、台湾、海南，泰国、越南、菲律宾、马来西亚、印度尼西亚。

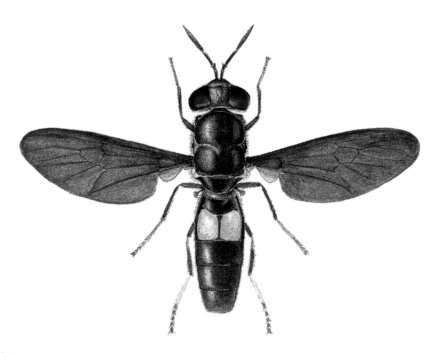

短刺刺腿食蚜蝇

Ischiodon scutellaris（Fabricius）

形态特征：体长 8 ～ 10 毫米。复眼裸，额与颜黄色被黄毛，头顶三角黑亮，单眼三角隆起。中胸盾片黑亮，具细微刻点，被浅褐色细毛，侧缘自肩胛至翅后胛之前为宽黄色带，内缘界线清楚。胸部侧面黑亮，被稀疏的黄色长毛。横沟的前下方有一竖立的黄斑，腹缘连接一横卧的卵圆形黄斑，密被黄色长毛。小盾片黄色，中央淡褐色，足大部分褐色，后足转节后方具一粗短刺。腹部第 2 节有 1 对黄斑，各节前后缘色深，第 2、第 3 节前缘具宽黄带。

生活习性：幼虫捕食棉蚜、玉米蚜等蚜虫。据称短刺刺腿食蚜蝇幼虫期间能捕食棉蚜 350 ～ 720 头。整个食蚜蝇亚科幼虫捕食对象主要为蚜总科中的球蚜科、蚜科、根瘤蚜科、群蚜科、瘿绵蚜科等种类，部分还捕食木虱科、飞虱科、蚧科及粉虱科。食蚜蝇科成虫羽化后均需要补充营养才能性发育成熟。绝大多数成虫取食花粉和花蜜，少数取食蚜虫分泌的蜜露。在条件适宜时从卵到成虫仅 15 天左右。

地理分布：广西、广东、云南、福建、江西、北京、河北、上海、江苏、浙江、山东、湖南、甘肃、新疆、香港，日本、越南、印度及非洲。

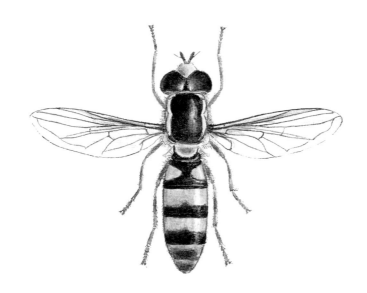

黑带食蚜蝇
Epistrophe balteata（De Geer）

形态特征：体长 8 ～ 11 毫米。体略狭长。头部除单眼三角区棕褐色外，其余均黄色，覆灰黄粉被，额毛黑色，颜毛黄色，单眼三角显著隆起，被黑毛后方覆黄粉。触角基部上方有 1 对小圆形黑斑。中胸盾片黑亮，有 3 条由粉被形成的灰白色纵纹，中间一条较细，不达小盾片。小盾片黄色透明。足黄色，翅透明，翅痣黄褐。腋瓣小，平衡棒黄色。腹部大部分棕黄色，各背板中央有一黑带，后缘黑色或棕黄色。

生活习性：幼虫捕食棉蚜、玉米蚜等多种蚜虫，一头幼虫一生可捕食上千头棉蚜，因此它是重要的捕食性天敌昆虫。有报道称此虫在上海以蛹和少量成虫越冬，3 月上旬越冬成虫开始活动，在该地区 1 年可发生 5 代。成虫羽化后需要补充营养，雌雄成虫在飞行中进行交尾，交尾后雌蝇将卵散产于蚜虫聚集的棉花叶片上，一般叶片背面较多。夏季高温季节，以蛹态进行越夏。在广西年发生代数尚无记载，但常年都有此虫活动。

地理分布：全国各地，俄罗斯、蒙古、日本、澳大利亚、阿富汗及北非、欧洲。

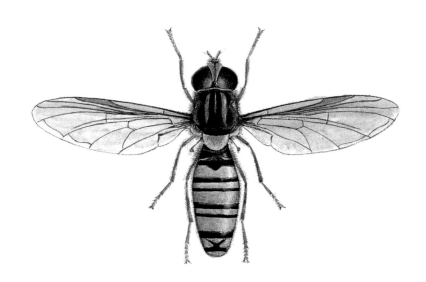

黄果蝇

Drosophila busckii Coquillett

双翅目果蝇科

形态特征：体长约 2 毫米。黄灰色。中胸背板中央黑色纵条在后方一分为二。触角第 1、第 2 节黄色，第 3 节褐色，触角芒羽状。复眼红色，单眼三角较大。小盾片具 2 条棕褐色纹。腹部中线黄色，两侧棕褐色，在棕褐色斑中部靠前方带黄色。足的颜色有时较深，平衡棒黄色，翅透明。

生活习性：果蝇多取食果类或腐败蔬菜和水果。为害农林的蝇类幼虫多为植食性，主要以活植物组织为食，钻入植物根、茎或叶内取食，有的钻入果实内吸食，有的食松柏科球果，有的食蕈类。

地理分布：广西、广东、海南、福建、台湾、江西、湖南、吉林、北京、新疆、山东、陕西、江苏、安徽、上海、浙江、四川、云南，朝鲜、日本、泰国、印度尼西亚、缅甸、尼泊尔、印度、斯里兰卡及北美洲。

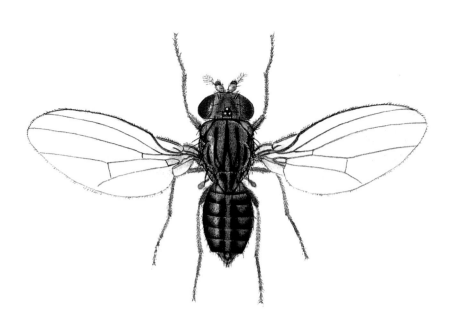

337

圆斑裸蝇

Gymnosoma rotundatum Linne

形态特征： 体长 5 ～ 7 毫米。雄虫复眼不相接。额雄狭雌宽，额侧金黄色，雌虫额上半部星黑色。触角较长，第 2 节与第 3 节几乎等长。后头密生黄白色长毛。雄虫前胸背板前半部黄金色，后半部黑色，两侧沾少许黄褐色。雌虫除肩部饰白粉外，其余黑色。小盾片中间端部金黄色，其余黑色。腹部第 1 节中部黑色，2 ～ 4 节中央后缘有一黑斑。足黑色。翅基部黄色，中部和端部黑灰色。

生活习性： 幼虫寄生半翅目蝽科昆虫，主要寄生于二星蝽属种类。裸蝇对蝽类有一定的抑制作用。寄蝇科成虫对外界环境条件要求较高，如成虫期需补充营养要有食物，喜欢潮湿有水分的环境，在白天有极强的喜光性，对温度的适应也有一定限度。雌成虫将卵产在蝽体上，蝇蛆用口沟的锯齿从卵腹面弄破蝽体壁钻入其体内，老熟后由寄主肛门或节间膜钻出入土化蛹。

地理分布： 广西、北京、河北，俄罗斯、印度、塞浦路斯、阿尔及利亚、摩洛哥、埃塞俄比亚。

蚕饰腹寄蝇

Blepharipa zibina（Walker）

形态特征：体长 10 ～ 18 毫米。头部覆金黄色粉被，间额黑色，前宽后窄。复眼裸，后头被黄毛，单眼鬃毛状。颊密被黑毛。胸部黑色，覆稀薄的灰色粉被。小盾片暗黄或红褐色，基部 1/3 黑褐色。翅基部和沿前缘部分暗褐色，下腋瓣杏黄色。足黑色，后足胫节的前背鬃长短一致，排列紧密。腹部两侧及腹面暗黄色或红褐色，沿背中线及前后端黑色，有时整个腹部暗黑色。雄虫第 4 背板腹面两侧各有一密毛小区。

生活习性：幼虫寄生家蚕、柞蚕、落叶松毛虫、榆毒蛾、赤松毛虫、马尾松毛虫、思茅松毛虫、蝙蝠蛾等几十种蛾类幼虫。成虫喜潮湿，具强喜光性，以花蜜及蜜露补充营养。雌虫将已完成胚胎发育的卵产在害虫寄主植物的叶片上，卵不能自然孵化，当害虫取食已被寄蝇产有卵的叶片时，同时将蝇卵吞下，借助其胃液作用，蝇卵孵化，幼蛆通过害虫消化道进入其体腔，游动一段时间后，固定在害虫的神经节上生长发育，待害虫幼虫老熟或化蛹时，老熟蝇蛆钻出寄主虫体入土化蛹。

地理分布：广西、广东、云南、福建、江西、湖南、浙江、北京、黑龙江、吉林、辽宁、河北、山东、陕西、四川、西藏，日本。

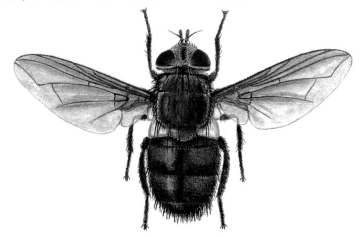

白头亚麻蝇

Parasarcophaga albiceps Meigen

双翅目麻蝇科

形态特征: 体长 7 ～ 16 毫米。黑灰色。侧额、颊黄白色,复眼赤褐色,眼后鬃后有 1 ～ 2 行完整或不完整的黑毛。中胸背板有 3 条黑色纵条达小盾片,两黑色纵条之间有一条黑色细线,仅达横沟之前。腹部具中黑线,两侧有黑褐色纵条(第 3 节)或倒三角形棕色斑(第 3、4 节)。胫节无长毛。肛尾叶侧面观后缘呈钝角形,端部斜切状。

生活习性: 幼虫能滋生于人粪中。在印度,幼虫还能滋生于死兔,或寄生于一种夜蛾幼虫体内,或寄生于水牛组织引起蛆症;在日本也发现该幼虫寄生于一种松毛虫的幼虫体内。成虫飞行能力强,喜湿喜光。

地理分布: 黑龙江、吉林、辽宁、内蒙古、河北、山西、山东、河南、陕西、宁夏、甘肃、四川、江苏、湖北、江西、浙江、福建、台湾、广东、广西、云南、西藏、朝鲜、日本、缅甸、印度、巴基斯坦、斯里兰卡、越南、菲律宾、印度尼西亚、巴布亚新几内亚、澳大利亚、俄罗斯、欧洲及所罗门群岛。

肥躯金蝇

Chrysomya pinguis Walker

双翅目丽蝇科

形态特征：体长 7～11 毫米。蓝黑色。复眼、触角红褐色。单眼三角略突起。侧颜及颜堤毛黑色，颊毛几乎全黑。中鬃为0+2，腋瓣暗棕色，当翅收合时上腋瓣外方褐色，上面有褐色至黑色纤毛。雄虫额狭，前单眼旁的侧额宽度显然狭于前单眼的横径。复眼上半小眼不明显增大，复眼在前部中央不隆起。

生活习性：本种为我国东南部山区夏秋季节常见种，主要滋生于腐败动物质中，包括牛骨、屠宰废料、臭鱼、鼠尸、蛇尸、羊皮等，且可在蝇尸中滋生，滋生繁殖季节自 5 月下半月起到 12 月中旬止，历时 7 个多月。幼虫主要以尸体、人畜粪为食。自然栖所是森林，很少在城市内人的住宅周围滋生。产卵在鸟类及小动物尸体上，成虫很少进入室内。

地理分布：广西、广东、海南、云南、山东、河南、陕西、甘肃、宁夏、安徽、江苏、上海、浙江、江西、湖北、湖南、四川、贵州、福建、台湾、西藏、日本、越南、泰国、菲律宾、马来西亚、印度尼西亚、印度、斯里兰卡、孟加拉国，朝鲜半岛。

大头金蝇

Chrysomya megacephala (Fabricius)

形态特征： 体长 8～10 毫米。蓝绿色。复眼、中额、触角红色，侧颜毛、颜堤毛及颊毛黄色。中鬃为 0+1，腋瓣带棕色，具暗鬃至棕黑色缘，缘缨除上下腋瓣交接处呈白色外，其余大都呈灰色。雄虫复眼的大小眼面区在下方 2/3 处有明显区划，腹侧片及第 2 腹板上的小毛大部分黑色。雌虫额宽约为头宽的 1/3，在额部的眼前缘稍微向内凹入。腹侧片及第 2 腹板上的小毛以黄毛占多数。

生活习性： 幼虫主要滋生于厕所、粪池等处稀的人粪中，此外也分布在腐败动物质中及垃圾中。雌虫产卵在新鲜人粪上或粪缸内壁，每次产卵常逾 200 个。用鱼肉饲育，在平均室温 22℃ 左右时卵发育为成虫历时 20 天，25℃ 时约 13 天，32℃ 时为 11 天。幼龄幼虫对干燥抵抗力弱。成蝇粪食，常饱食粪便后栖息在附近植物上，同时亦极嗜甜性物质，可用腐败动物质大量诱致。是肠道传染病的媒介者，偶尔也寄生于人畜伤口。

地理分布： 广西、广东、海南、福建、台湾、贵州、云南、四川、山东、河南、陕西、甘肃、宁夏、安徽、江苏、上海、浙江、江西、湖北、湖南、西藏、内蒙古、黑龙江、吉林、辽宁，朝鲜、日本、越南，东洋区、澳洲区及非洲、南美洲。

异色口鼻蝇

Stomorhina discolor （Fabricius）

形态特征：体长 5 ～ 7 毫米。黑褐色。口上片突出。侧额布褐色斑。中胸背密布褐色斑，无斑处为灰色粉被所覆盖。小盾片背面同胸背，腹部中部斑不及侧缘明显，翅透明，R_5 室很狭地开放，腋瓣边缘具双边。雄虫第 1、2 腹部合背板具狭褐色后缘，具细正中条，雌虫无正中条。雄虫第 3、4 背板有正中条及褐色前后缘，第 4、5 背板棕黑色，带青黑色金属光泽。雌虫各节腹背为棕黑色。

生活习性：本种有自狭颈木工蚁巢中育出的报道。成蝇常被见到在有蚁巢的树下小范围回飞。在大洋洲曾发现滋生于澳白蚁属、长鼻白蚁属等白蚁巢内，而在当地 3 ～ 4 月和 11 ～ 12 月最常见。有人发现本种幼虫似乎是捕食性的，他们观察到本种一只雌虫产卵在一个饲养家蝇的饲养管上，孵出的幼虫长大后侵袭家蝇的幼虫。成虫常在花上出现。

地理分布：广西、广东、海南、福建、台湾、浙江、江西、云南、西藏，越南、泰国、菲律宾、马来西亚、印度尼西亚、孟加拉国、印度、巴基斯坦、斯里兰卡、巴布亚新几内亚、澳大利亚。

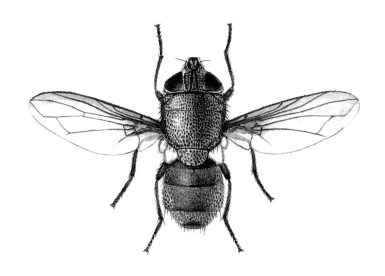

双翅目蝇科

东方溜蝇

Lispe orientalis Wiedemann

形态特征：体长 7～8 毫米。黑色。额宽，约为头宽的 1/3。复眼黑褐色。额鬃向内弯。中胸背有 5 条不甚分明的黑色纵条，正中 1 条不延至小盾片，其余各处与腹部一样饰灰白色粉被。腹部第 3、4、5 背板有八字形暗褐色斑，第 5 背板斑互相接近。翅较透明。腿节、胫节黑色，胫节基部和跗节有时棕色，平衡棒黄色。雄性侧颜等于或大于触角第 3 节的宽度。中、后足腿节腹面具鬃状毛列。

生活习性：为水生型，1、2 龄幼虫在卵内发育完成，3 龄以后在粪水中生活，早期 3 龄幼虫和晚期 3 龄幼虫在形态结构上有许多差异。从卵的孵化到成蝇再产卵历时 2～3 周。成虫嗜湿，具喜沼泽性，常见它们在地面积水的水面上活动。

地理分布：吉林、辽宁、河北、北京、山东、安徽、四川、湖北、江苏、浙江、云南、福建、台湾、广西、广东，朝鲜、日本、印度、巴基斯坦、印度尼西亚。

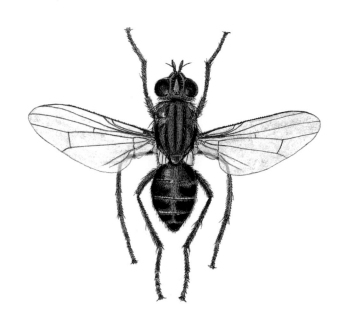

黑须芒蝇

Atherigona atripalpis Malloch

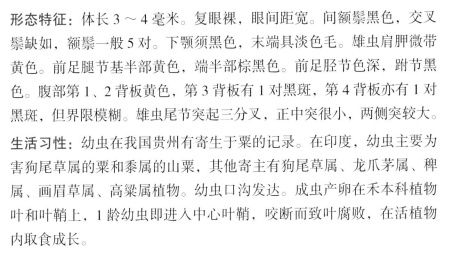

形态特征：体长 3～4 毫米。复眼裸，眼间距宽。间额鬃黑色，交叉鬃缺如，额鬃一般 5 对。下颚须黑色，末端具淡色毛。雄虫肩胛微带黄色。前足腿节基半部黄色，端半部棕黑色。前足胫节色深，跗节黑色。腹部第 1、2 背板黄色，第 3 背板有 1 对黑斑，第 4 背板亦有 1 对黑斑，但界限模糊。雄虫尾节突起三分叉，正中突很小，两侧突较大。

生活习性：幼虫在我国贵州有寄生于粟的记录。在印度，幼虫主要为害狗尾草属的粟和黍属的山粟，其他寄主有狗尾草属、龙爪茅属、稗属、画眉草属、高粱属植物。幼虫口沟发达。成虫产卵在禾本科植物叶和叶鞘上，1 龄幼虫即进入中心叶鞘，咬断而致叶腐败，在活植物内取食成长。

地理分布：广西、广东、海南、福建、上海、江苏、河南、湖南、四川、贵州、云南、菲律宾、缅甸、印度尼西亚、印度、尼泊尔、斯里兰卡、澳大利亚。

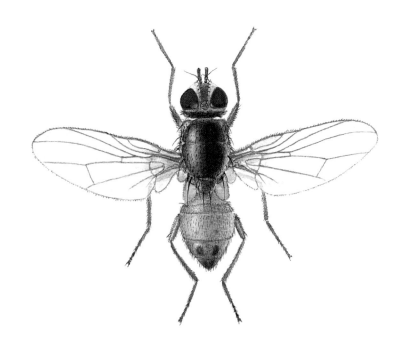

热带家蝇

Musca domestica nebulo Fabricius

双翅目蝇科

形态特征： 体长约 6 毫米。灰黑色，腹部黄褐色。雄虫额宽约为一眼宽的 1/8，两复眼几乎相接。侧颜饰灰白色粉，单眼三角略突起。中胸背板从后往前看，有 4 条黑色纵条，中部 2 条不达小盾片，外侧 2 条在横沟前一段扩宽略呈三角形。小盾片中部黑色。腹部第 1～3 节中央有黑色纵条，两侧因观察部位不同而呈黄白色、褐黑色等斑块。

生活习性： 本种通过长期演化，已广泛适应人类生活环境。幼虫赖以生存的基质是人和家畜家禽的排泄物，或人类在食物生产过程中的有机弃物，如厨房垃圾、屠宰废弃物、酒糟、酱渣、糖渣、禽畜饲料、果园腐果等。幼虫性喜温而不耐高湿，发育最适温度在 35℃左右，从卵发育到成虫历期仅稍逾一周。过湿可致死，因此一年中的雨季往往使其繁衍受到抑制。没有真正越冬或越夏，只要环境条件适宜，全年都可不同程度地繁殖。可以卵、幼虫、蛹、成虫等形态在各发育期越冬。家蝇携带病毒和细菌，是许多疾病的传播媒介。

地理分布： 除青藏高原海拔较高地区未发现外，全国各地均有分布。

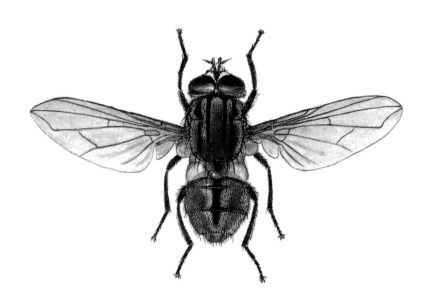

舍蝇

Musca domestica vicina Macquart

形态特征：体长 5～8 毫米。黑色。雄虫额宽约为一眼宽的 1/4。中胸背饰薄的灰白粉被，中部 4 条纵黑线几乎达小盾片。腹部色彩较明显，灰黄色、赤色组成斑块，因观察部位不同而呈变化。第 5 腹板后侧部不太横向扩展。翅透明，足黑色，下腋瓣大，腹背中央具纵黑条，后背中鬃发达。外形与家蝇极相似。

生活习性：成虫习性广杂，经常进入人畜居所取食，接触人畜的食物和口鼻眼分泌物等，并将它从人粪、畜粪、垃圾、尸体等污物场所带来的病原微生物通过体表带菌、吐滴带菌和蝇粪带菌等方式机械地传播给人畜，并可能使人畜共患的疾病传播开。家蝇所携带的病毒、衣原体、噬菌体、立克次体、细菌和原生动物不下 200 种，很多是属于病原性的，已证实它参与传播的有霍乱、痢疾、伤寒等几十种传染病，还有多种禽畜流行病及人畜寄生虫病，其幼虫也能致人、畜患蝇蛆病。现在认为舍蝇和热带家蝇都属家蝇。

地理分布：全国各地。

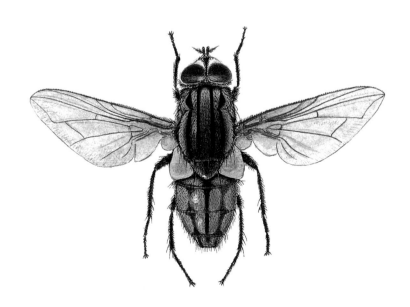

灰种蝇
Hylemyia（*Delia*）*cana*（Macquart）

形态特征： 体长 4～6 毫米。灰黑色。额黑色，侧额窄，颜灰白色。前中鬃列不整齐，列间距略小于其与前背中鬃列间距。中胸背板在横沟前中央有一黑色纵条，中胸背板、小盾片、腹部背面均饰极稀薄的灰白色粉被。腹部中央具纵线，各节前缘色深。翅略带烟黑色。后足端半部具前腹列鬃，后腹鬃 5～6 根。后足胫节密生一行几乎等长的突立细鬃。

生活习性： 幼虫为害花生、棉花、麻，以及豆类、瓜类、十字花科蔬菜等多种作物的幼苗和初萌发的种子，食性较杂。1 年发生 2～3 代，南方以幼虫、北方以蛹在土中越冬。春季 3～4 月间成虫大量羽化。4 月下旬至 5 月中下旬幼虫均有发生，此时正值花生、棉花、豆类等种子发芽期，幼虫钻入种子或幼苗使种子丧失发芽力，造成苗期大量缺苗断垄。成虫发生严重程度和施肥量有一定关系。卵、幼虫、蛹的发育受土壤湿度影响较大，如干燥土中卵的孵化率仅 20%～25%，而含水量大的土中则可达 85%～100%。成虫完成一个世代所需时间长短亦与气温有很大关系。

地理分布： 广西、福建、台湾、贵州、黑龙江、辽宁、内蒙古、甘肃、青海、新疆、河北、山西、陕西、河南、江苏、浙江、安徽、西藏，世界各地。

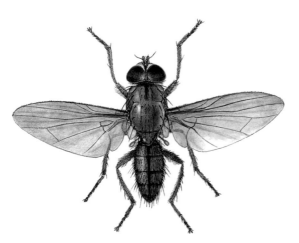

蓝黑沼蝇

Sepedon santeri Hendel

形态特征：体长约 10 毫米。黑色闪蓝色金属光泽。翅在中横脉之上为黑色。触角超过头长，第 1 节短小，第 2 节最长，第 1 节赤黄色，其余两节黑褐色。额凹，颜在前方伸长。前胸背板黑色，上饰非常薄的白粉。小盾片较小，平衡棒淡黑褐色。各足腿节黄赤色，胫节淡褐色，跗节黑褐色，跗节第 1 节最长。后足腿节下方列生刺毛，端部较密。

生活习性：沼蝇的幼虫在水中生活，以软体动物为食。此虫为长角沼蝇属的种，是稻田寄生性天敌昆虫，幼虫寄生锥实螺、小土蜗等。成虫常把卵产在稻株中下部叶片上，有时也产在芦苇、水生杂草上。卵粒中间凹，两头向外凸，初产时乳黄色，后期灰褐色。幼虫体呈圆柱形，两端略尖，体黄色至棕色。蛹船形，漂浮于水面。成虫喜欢在水稻等庄稼作物附近活动。从 3 月到 9 月都能在稻田中见到。

地理分布：我国南方各地。

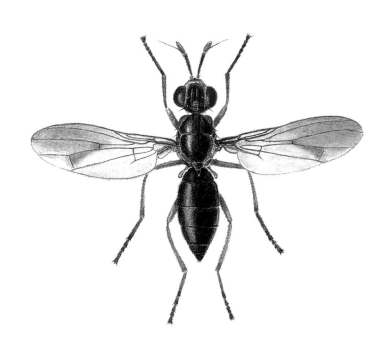

双翅目突眼蝇科

赤足突眼蝇
Telopsis sp.

形态特征： 体长约8毫米。黑色。头、足赤红色。头部向两侧突伸，复眼着生在突伸部的末端，触角着生在突伸部靠近复眼的地方。触角短小，赤红色。胸部拱起，前窄后宽。小盾片方形，后两侧角突伸成2根长刺，周围被毛。平衡棒黄褐色。腹部前窄后宽，略饰有灰白色粉。前足腿节膨大，中后足细长。

生活习性： 突眼蝇主要分布于热带和亚热带地区，成虫喜欢生活在潮湿、背阴、腐殖质丰富的环境中，也有些成虫生活在森林、草丛中。由于生活环境的多样性，它的取食习性也呈现出多样性，大多数种类营腐生，主要取食腐烂的动植物。突眼蝇多为植食性，有的蛀食水稻、玉米。

地理分布： 广西、云南。

长足水蝇

Brachydeutera longipes Hendel

双翅目水蝇科

形态特征：体长约 3.5 毫米。紫灰色。前缘脉终止于 R_{4+5} 脉。口孔大，前口部突出。3 根额眼缘刚毛向外方伸出。触角短小，芒羽状。胸部背面饰暗灰色粉被，侧板饰青灰色粉被。背中和中鬃位仅剩最后一根鬃。小盾片、腹部色及粉被同背部，平衡棒黄白色。足腿节黄灰色，胫节与跗节黑紫色，跗节长。

生活习性：水蝇科昆虫体形小，常大量出现于池塘、溪流和海边。短脉水蝇属是一属分布广泛、十分常见的水蝇。它们喜欢栖息于各种小型的静水水域，六足较长，跗节接触水面，可以稳定站立在水面上，但在水面上爬行的速度很慢，所以大多数时间静立或慢慢爬行，短距离行动基本靠飞行，资料显示它们利用宽阔的口器从水面处过滤水中的微生物为食。

地理分布：我国南方各地。

蟑卵旗腹蜂
Evania appendigaster Linnaeus

形态特征： 雄蜂体长约 9 毫米，黑色。头、胸部被灰白色细毛。触角13 节。中胸盾片具稀疏粗刻点，盾纵沟伸达后缘。中胸侧板下部具稀疏粗刻点和皱褶，上部光滑，中央上方有一斜的横凹槽。并胸腹节具粗网状刻孔，后部向下倾斜，中央纵凹。前翅具前缘室。腹部光滑、具光泽，从并胸腹节前部中央伸出，第 1 节柄状，以后各节强度侧扁，侧观呈三角形旗状。产卵管鞘不伸出腹末。雄蜂体形较小，后翅略呈三角形。

生活习性： 此虫产卵于东方蠊和美洲大蠊的新鲜卵鞘中。蜂产 1 粒卵于寄主卵鞘的 1 粒卵内，单寄生。蜂幼虫孵化后先以寄生的此卵粒为食，2 龄以后则取食卵鞘内其他卵粒，一卵鞘内的全部卵粒常全被吃光，实际上以捕食习性为主。老熟幼虫在寄主卵鞘内越冬，翌春化蛹，一卵鞘内只出一蜂。

地理分布： 广西、浙江、江苏、福建、广东，国外广泛分布。

螟蛉瘤姬蜂

Itoplectis naranyae（Ashmead）

形态特征： 体长 5 ～ 13 毫米。头、胸部黑色，腹部黄褐色至黑褐色，触角黄褐色，足黄色至黄褐色，后足腿节末端、胫节两端黑褐色，翅基片黄色。翅基部翅脉淡黄褐色，其余脉深褐色。翅痣黑褐色。头宽略小于胸，复眼近触角窝处明显凹入。并胸腹节具 1 对中纵脊。腹部背板具刻点，第 1 背板有 1 对中脊，第 2 ～ 6 背板近后缘有一浅横沟。产卵管鞘粗壮，与后足胫节约等长。

生活习性： 此虫寄生于茶长卷蛾、棉褐带卷蛾、红树卷叶蛾和银纹弧翅夜蛾等，亦为稻田常见的寄生蜂，寄生于二化螟、三化螟、稻纵卷叶螟、稻螟蛉、大螟、黏虫、稻苞虫、稻负泥虫，有时亦作为重寄生蜂寄生于茧蜂茧内。此蜂在寄主老熟幼虫期寄生，蛹期羽化，单寄生于体内。在我国南方稻田常见。

地理分布： 广西、广东、海南、福建、云南、贵州、浙江、辽宁、河北、山东、山西、陕西、江苏、上海、安徽、江西、湖北、湖南、四川、台湾，朝鲜、日本、俄罗斯、墨西哥。

广黑点瘤姬蜂

Xanthopimpla punctata Fabricius

形态特征：体长 6～12 毫米。大体土黄色，有黑斑。复眼、单眼区、上颚端齿黑色。胸部、腹部的黑斑分布如下：中胸盾片 3 个，有时相连；并胸腹节和腹部第 1、3、5、7 节各 1 对，有时第 4 节也有 1 对，雄虫的第 2 和第 6 节也有 1 对较小的黑褐色斑。头略比胸小，复眼内缘有凹窝。中胸盾片前端隆突。小盾片中部横形隆起，两侧具颇高的镶边。腹部第 1 背板具 1 对中纵脊，第 2～6 背板近后缘有一浅横沟，两前角有一斜沟。产卵管鞘长约为后足胫节的 1.8 倍。

生活习性：此虫寄生于马尾松毛虫、茶茸毒蛾、桑绢野螟、橘黄绿凤蝶、稻苞虫、稻纵卷叶螟、二化螟、棉大卷叶螟、棉小造桥虫、鼎点金刚钻、棉红铃虫、高粱条螟、二点螟、甘蔗小卷蛾、亚洲玉米螟、粟穗螟、茉莉叶螟、松古毒蛾、杨扇舟蛾、甘薯茎螟、稻螟蛉、沁茸毒蛾、棉古毒蛾等。单寄生于寄主幼虫到蛹期，羽化时咬破寄主蛹前端。

地理分布：河北、山东、河南、陕西，长江流域及其以南各省区。

无斑黑点瘤姬蜂

Xanthopimpla flavolineata Cameron

膜翅目姬蜂科

形态特征：体长 6～10 毫米。体黄色至黄褐色。复眼、单眼区、产卵管鞘黑色。头横置，上颚扭曲。并胸腹节光滑，脊完整，中区近似正六边形。足粗壮，爪的最粗一根刚毛末端扩大。腹部背板具刻点，第 1 节具背侧脊和背中脊，第 2～6 节近后缘有一横沟，近前角有一斜沟。产卵管鞘粗，长约为后足胫节的一半。

生活习性：此虫寄生于稻纵卷叶螟、稻显纹纵卷水螟、稻苞虫、隐纹稻苞虫、二化螟、大螟、台湾籼弄蝶及甘薯茎螟，也见到其从螟蛉悬茧姬蜂的茧内羽化。

地理分布：广西、广东、海南、福建、浙江、江西、湖北、湖南、四川、台湾、贵州、云南，从东南亚至澳大利亚。

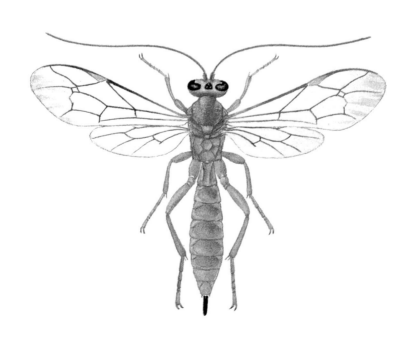

松毛虫黑点瘤姬蜂
Xanthopimpla pedator Fabricius

形态特征：体长约 15 毫米。体黄色，具黑斑。复眼、单眼区、后头、额中央、触角柄节和梗节背面黑色。雌蜂胸部、腹部及足的黑斑分布如下：中胸盾片 4 个，翅基片 1 个，并胸腹节 2 个，腹部第 1～5 及第 7 背板各 1 对，后足第 1 转节腹面和腿节后部各 2 个，胫节基端 1 个。头光滑。小盾片呈钝锥形，侧脊隆起。并胸腹节中区近似正六边形，气门前有一瘤状突起。中、后足爪的最粗一根刚毛末端扩大。腹背具刻点，第 1 节有背侧脊和背中脊，第 2～6 节有横沟和斜沟。产卵管鞘长约与后足胫节相等。

生活习性：此虫寄生马尾松毛虫、油松毛虫、杉小毛虫、樟蚕、柑橘凤蝶、二化螟、稻毛虫、茶茸毒蛾和稻苞虫。蜂产卵于松毛虫老熟幼虫或前蛹内，在蛹期羽化，羽化孔在蛹前端。单寄生。

地理分布：山东、陕西、香港，长江流域及其以南各省区，东南亚。

螟黑点瘤姬蜂

Xanthopimpla stemmator Thunberg

形态特征：体长约 13 毫米。体黄色，具黑点。复眼、单眼区、后头 2 个小斑，额中央黑色。中胸盾片、并胸腹节和腹部第 1～7 背板各有 1 对黑斑，小盾片前凹有一小黑斑，有时并胸腹节和中胸盾片的黑斑不明显，雌蜂第 6 腹节黑斑常缺。盾纵沟仅前端明显，并胸腹节中区近正六边形。中、后足爪最粗一根刚毛末端扩大。腹部背板具刻点，第 1 节有 1 对背中脊，第 2～6 节有横沟和斜沟。产卵管鞘约与后足胫节等长。

生活习性：此虫寄生于二化螟、大螟、二点螟、条螟、甘蔗小卷蛾、黄尾蛀禾螟、甘薯茎螟、棉大卷叶螟、玉米螟、马尾松毛虫、台湾稻螟。在寄主蛹期羽化，单寄生。

地理分布：广西、广东、台湾、福建、云南，日本以及东南亚。

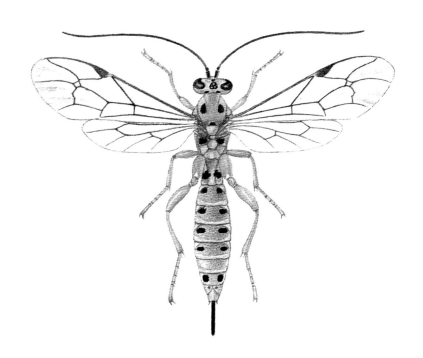

膜翅目姬蜂科

寮黑瘤姬蜂
Coccygomimus laothoe（Cameron）

形态特征：体长 13 ～ 16 毫米。体黑色。翅基片前部、小盾片后部、前足和中足腿节以下、后足腿节和胫节赤褐色，后足跗节黑褐色。翅透明，带烟黄色。头宽小于胸宽，额凹陷。中胸盾片、腹部第 1 ～ 5 节背板（除后缘）具紧密的点状刻点。小盾片刻点稀疏，具侧脊。并胸腹节具皱状刻点，无中区和分脊。腹部第 2 ～ 4 节背板前侧角有斜沟。产卵管鞘略比后足胫节长。

生活习性：此虫寄生于马尾松毛虫、稻苞虫、黏虫。此属通常为裸露和半裸露鳞翅目昆虫蛹的内寄生蜂，埃姬蜂属及黑点瘤姬蜂属的少数种有时成为重寄生蜂。产卵于老熟幼虫、预蛹或蛹体内，均在蛹期从蛹内羽化，单寄生。本种为最普通的姬蜂。

地理分布：广西、广东、福建、湖南、湖北、四川、台湾、贵州、云南，世界各国。

358

东方拟瘦姬蜂

Netelia orientalis（Cameron）

形态特征：体长 15 毫米。大体赤褐色，翅痣暗黄色，翅脉暗褐色。复眼内缘近触角窝处凹入，单眼区隆起，侧单眼与复眼相接。上颚扭曲，上端齿特别长。盾纵沟仅前端有凹痕。小盾片长形，侧脊伸达后端。并胸腹节具细横皱线，端横脊处具侧突。爪具栉齿。小翅室无柄，第 2 肘间横脉后端不着色，小脉外叉式，后小脉上方 2/3 处曲折。腹部细长侧扁，产卵管鞘长约为后足胫节的一半。

生活习性：此虫寄生于黏虫、斜纹夜蛾幼虫，大多数寄生于老熟的鳞翅目昆虫幼虫和叶蜂幼虫。单寄生，外寄生。卵大型，常具一柄，柄端埋于寄主体壁内。寄生蜂幼虫并不立即侵害寄主，而是等到寄主幼虫结茧或进入蛹室时侵害。

地理分布：广西、浙江、山东、湖南、台湾，日本、缅甸、斯里兰卡、印度。

花胸姬蜂
Gotra octocinctus（Ashmead）

形态特征：雌蜂体长约 10 毫米。大体黑色，有花斑。触角中段、脸、眼眶、颊、前胸背板前缘及后上方、中胸盾片中央一圆斑、小盾片及上侧隆脊、翅基片、中胸侧板近翅基处及下方的两纹、后小盾片、后胸侧板上部及下部各一纹、并胸腹节的近似凸字形纹、腹部各节后缘或附近，均为黄白色。体密布刻点，盾纵沟明显。并胸腹节具两横脊和基区。小翅室近扁四边形。产卵管鞘长约与后足胫节等长。

生活习性：此虫寄生于马尾松毛虫、赤松毛虫、文山松毛虫。雌蜂产卵于近老熟的寄主幼虫体内，孵化后在寄主幼虫体内生活，被寄生的幼虫仍能结茧，但不能化蛹。寄生蜂幼虫成熟后，即在寄主茧内作灰白色茧化蛹，一个寄主上可寄生 16 只蜂。常被其他寄生蜂寄生。

地理分布：广西、广东、浙江、陕西、江苏、安徽、江西、湖北、湖南、四川、云南，朝鲜、日本。

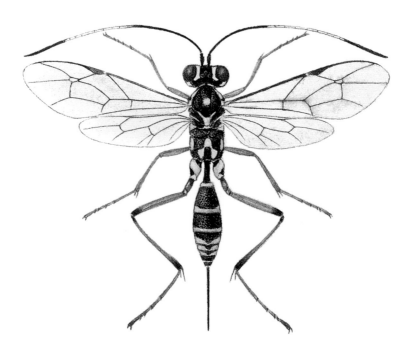

横带驼姬蜂

Goryphus basilaris Holmgren

膜翅目姬蜂科

形态特征： 体长约 8 毫米。头、前胸、中胸背板黑色。雌蜂触角中段背面黄白色。小盾片、中胸侧板后方、并胸腹节赤褐色。翅痣下方有一暗褐色大横斑。雌蜂第 1、第 2 背板后缘及第 7 背板、雄蜂第 1～3 背板后缘及第 7 背板均为黄白色，其余黑色。盾纵沟明显。并胸腹节具网状细褶皱，两横脊中央均向前突出，端横脊两侧的片状角突明显。产卵管鞘长约为后足胫节长的 0.85 倍。

生活习性： 此虫寄生于重阳木斑蛾、黑肩蓑蛾、马尾松毛虫、竹织叶野螟、松梢斑螟、桃蛀野螟、大菜粉蝶、多点粉蝶、菜粉蝶、二化螟、稻纵卷叶螟、稻螟蛉、大螟、稻苞虫、高粱条螟、橙尾白禾螟，也有作为重寄生蜂寄生于松毛虫黑胸姬蜂、广黑点瘤姬蜂、螟蛉悬茧姬蜂、螟蛉脊茧蜂。从寄主蛹内或茧内羽化，单寄生。

地理分布： 广西、广东、海南、福建、浙江、江西、湖北、湖南、四川、台湾、香港、马来西亚、日本、缅甸、印度尼西亚、印度。

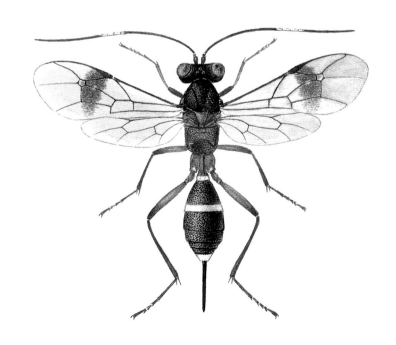

三化螟沟姬蜂
Amauromorpha accepta schoenobii （Viereck）

形态特征： 雌蜂体长约 10 毫米。头、前胸和中胸黑色，后胸和并胸腹节橙红色，足橙红色至黑褐色。腹部背板第 1 节两端、第 2 节后缘及窗疤、第 3 节均为橙红色，第 7 节后半部黄白色，其余黑色。体被灰白色茸毛。盾纵沟浅，不达后端。并胸腹节具细的基横脊和端横脊。前翅缺第 2 肘间横脉。腹部第 2 节窗疤小，圆形。产卵管鞘长约为后足胫节长的 0.7 倍。雄蜂多为全体黑色。

生活习性： 此虫寄生于大螟、二化螟、三化螟、二点螟、橙尾白禾螟和甜菜夜蛾等的幼虫体内，蜂幼虫老熟后钻出寄主体壁在茎秆内结茧化蛹，偶有蜂幼虫在寄主蛹期才钻出。

地理分布： 广西、广东、海南、湖北、湖南、四川、台湾、福建、贵州、浙江、江西、云南，泰国、马来西亚、印度等。

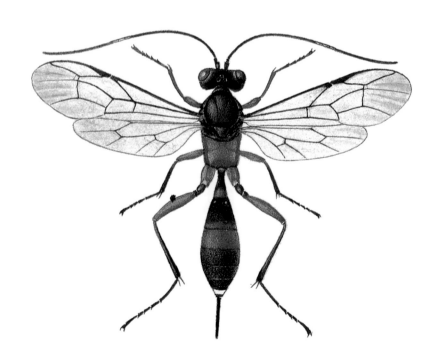

斜纹夜蛾刺姬蜂

Diatora prodeniae（Ashmead）

形态特征： 体长约 2.5 毫米。头、胸部黑色。触角柄节黄色，鞭节褐色。翅基片黄色，足黄褐色。腹部第 1 背板黑色，第 2～3 背板黄褐色，其余黑褐色。体光滑，具强烈光泽。头较胸宽，脸被白色细毛。触角端部稍大。盾纵沟向中间收缩，止于近末端处，但不相接。并胸腹节分区，中区近似六边形，端区大而长。前翅小翅室外方开放。产卵管鞘约与第 1 腹节等长。

生活习性： 此虫寄生于螟蛉盘绒茧蜂、双沟绒茧蜂以及在稻苞虫、黏虫上寄生的一些绒茧蜂。雄性在飞行中寻找雌性，触角比雌性长，没有一段白色，中段几节下方有隆起的感觉器。雌性通常用产卵器刺入寄主茧中，将寄主蛹或预蛹杀死，或使其麻痹，然后产一粒卵在寄主体外，营外寄生。

地理分布： 广西、广东、浙江、江西、湖南、湖北、台湾、贵州、云南，菲律宾。

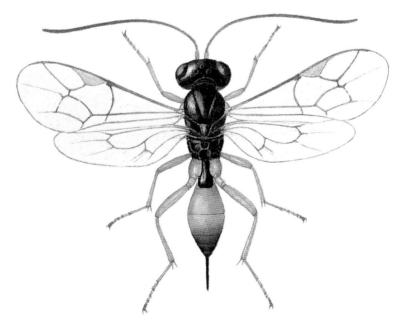

稻切叶螟细柄姬蜂
Leptobatopsis indica（Cameron）

形态特征：雌蜂体长约 8 毫米。大体黑色。唇基、上颚（除端齿）、下颊一个小斑、额的两侧、中胸盾片前缘两侧、小盾片后部、翅基下脊、后翅基部下方、后胸侧板后下角、腹部第 1～3 节背板基部和第 2～3 背板后缘以及第 6 节以后各节背板、下生殖板后端，均为黄色至黄白色。足大体赤褐色。前足基部、中足基部、后足胫节亚基部和基跗节基部黄色至黄白色。后足腿节端部黑色，胫节和跗节其余部分黑褐色。前翅末端有一烟褐色斑。腹部瘦细，第 1 节柄状，下生殖板大，产卵管鞘长约与腹部等长。雄蜂面部大部分、前胸背板前缘、腹部第 4 背板两端黄色至黄白色，第 6 背板黑色。

生活习性：此虫寄生于竹织叶野螟、稻切叶螟和稻纵卷叶螟幼虫。单寄生。此种成虫产卵管鞘长的个体，可寄生于孔洞、卷叶、芽、囊或其他类似场所中的寄主，成虫将卵产在寄主身上，产卵管短的种类则寄生于裸露幼虫。

地理分布：长江流域及以南各省区，印度、澳大利亚。

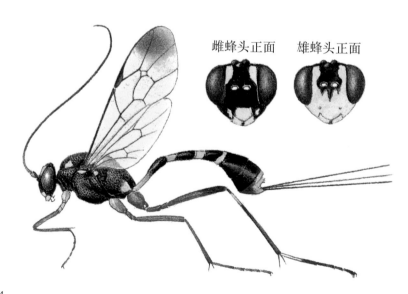

雌蜂头正面　　雄蜂头正面

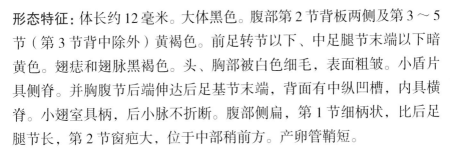

稻苞虫凹眼姬蜂

Casinaria pedunculata pedunculata（Szepligeti）

形态特征：体长约 12 毫米。大体黑色。腹部第 2 节背板两侧及第 3～5 节（第 3 节背中除外）黄褐色。前足转节以下、中足腿节末端以下暗黄色。翅痣和翅脉黑褐色。头、胸部被白色细毛，表面粗皱。小盾片具侧脊。并胸腹节后端伸达后足基节末端，背面有中纵凹槽，内具横脊。小翅室具柄，后小脉不折断。腹部侧扁，第 1 节细柄状，比后足腿节长，第 2 节窗疤大，位于中部稍前方。产卵管鞘短。

生活习性：此虫寄生于稻苞虫、隐纹稻苞虫和台湾籼弄蝶。本种是稻田常见寄生蜂，单寄生。据云南文山州农科所考察，稻苞虫寄生率可达 52.2%。寄生于幼虫体内，蜂幼虫老熟后钻出，在寄主尸体旁边或附近稻叶上结茧。但此蜂又为螟蛉埃姬蜂、稻苞虫兔唇姬小蜂、绒茧灿金小蜂等的寄主。

地理分布：广西、广东、福建、浙江、河南、安徽、江西、湖北、湖南、四川、台湾、贵州、云南，印度、印度尼西亚。

螟蛉悬茧姬蜂
Charops bicolor Szepligeti

形态特征： 体长约 8 毫米。头、胸部黑色，密被白色细毛。触角基部两节腹面、翅基片、前足、中足黄色，后足赤褐色。腹部背板大体赤褐色，腹面黄色，第 2 节背板基半的倒箭状纹及后缘和雄蜂腹末 3 节黑色。中胸盾片近圆形，无盾纵沟，小盾片近方形，并胸腹节略呈三角形。腹部瘦长，第 1 节具长柄，第 2 节以后侧扁。产卵管鞘短，稍突出。

生活习性： 此虫寄生于稻纵卷叶螟、稻显纹纵卷水螟、豆蚀叶野螟、稻螟蛉、黏虫、稻毛虫、条纹螟蛉、棉铃虫、棉小造桥虫、苎麻夜蛾、鼎点金刚钻、禾灰翅夜蛾、斜纹夜蛾、么纹稻弄蝶、黏土尺蠖和茶尺蠖等。寄生率一般不高，重寄生蜂种类多。幼虫会吐丝将茧悬于空中，故有"灯笼蜂"之称。

地理分布： 广西、广东、海南、福建、台湾、浙江、吉林、辽宁、山东、河南、陕西、江苏、安徽、江西、湖南、四川、贵州、云南，朝鲜、日本及东南亚。

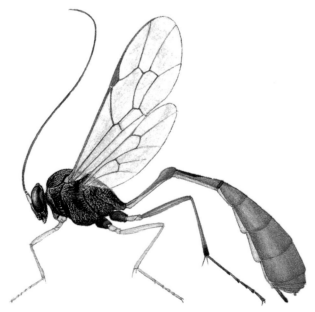

台湾弯尾姬蜂

Diadegma akoensis（Shiraki）

膜翅目姬蜂科

形态特征：体长约 7.5 毫米。头、胸部黑色，上颚（除端齿外）和足黄褐色，后足胫节末端黑褐色，翅基片黄色。腹部第 1 节背板、第 2 节背板基部、第 5 节背板后端至腹末黑色，第 3 节背板基端黑褐色，其余黄褐色。头略比胸宽，单眼区稍隆起。盾纵沟不明显。小盾片隆起，无侧脊。并胸腹节后部有横皱褶，基区呈倒三角形，中区长形，后端开放。小翅室菱形，上方具短柄。腹部第 1 节柄状，第 2 节背板窗疤小，圆形。产卵管鞘长约为后足胫节的 0.7 倍，末端稍向上弯曲。

生活习性：此虫寄生于三化螟、纯白禾螟和尖翅小卷蛾的幼虫体内，单寄生。蜂幼虫老熟后钻出寄主体外，一般在寄主尸体上方结茧。成虫喜白天活动，有时取食蚜虫的分泌物，在诱虫灯内也常发现。以幼虫在寄主幼虫体内越冬。

地理分布：广西、广东、海南、浙江、河南、江苏、上海、安徽、江西、湖北、湖南、台湾、四川、福建、贵州、云南，日本。

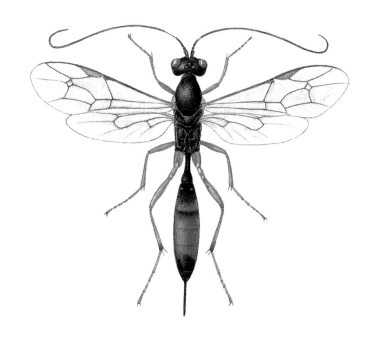

菲岛抱缘姬蜂

Temelucha philippinensis（Ashmead）

形态特征：体长 8 毫米。体黄褐色。复眼、单眼区、腹柄基部、第 2 腹节背板基部倒三角形斑、第 3 节背板基部及产卵管鞘均为黑色，触角、头顶及后头、中胸盾片 3 个斑深褐色。雄蜂并胸腹节基部常有一黑褐色大斑。并胸腹节具脊，后部明显具细横皱，中区呈长五边形。腹部细长侧扁，第 1 节背板下缘近中央处在腹面向内呈弓形弯曲，两边几乎相接，第 2 节背板具细纵刻线。产卵管鞘长约为后足胫节的 2 倍。

生活习性：本种为我国稻田常见种类，寄生于二化螟、三化螟、稻纵卷叶螟、稻显纹纵卷水螟、稻苞虫和棉大卷叶螟等害虫幼虫，单寄生。蜂幼虫寄生于卷叶、植物组织和果实内的鳞翅目幼虫。茧长圆筒形，黄褐色。

地理分布：广西、广东、海南、浙江、河北、河南、江苏、上海、安徽、江西、湖北、湖南、四川、台湾、贵州、云南，菲律宾、泰国、马来西亚、印度。

黄眶离缘姬蜂

Trathala flavo-orbitalis（Cameron）

形态特征：体长约7毫米。大体褐色至黄褐色。脸、复眼眶、前胸背板、中胸盾片侧缘及盾纵沟、小盾片黄色。复眼、单眼区、腹部第1节柄部、第2节背板大部及以后各节背板基部倒三角形长斑、产卵管鞘均为黑色至黑褐色。翅痣上部暗黄色，下部深褐色。并胸腹节分区，具细横皱。腹部侧扁，第1节背板下缘在腹面平行相距颇远，第2节背板具细纵刻线。产卵管鞘长约为后足胫节的2倍。

生活习性：幼虫寄生于桃蛀野螟、梨云翅斑螟、二化螟、三化螟、稻纵卷叶螟、欧洲玉米螟、棉红铃虫等的幼虫体内，蜂幼虫老熟后钻出寄主幼虫在尸体附近结茧化蛹。单寄生。茧圆筒形，灰黄褐色。

地理分布：国内除西北及西藏外广泛分布，远东及密克罗尼西亚、夏威夷。

褐斑瘦姬蜂
Dicamptus reticulatus （Cameron）

形态特征：体长约22毫米。大体黄褐色。单眼、复眼、上颚端齿黑色。腹部第3节背板、第5节背板以后两侧缘、第6～7节腹板黑褐色。翅痣黄褐色，翅脉黑褐色，前翅无毛区内的三角形基骨片赤褐色，另一小骨片浅黄褐色。单眼大，与复眼几乎相接。上颚两端齿等长。盾纵沟仅前方明显。并胸腹节有基横脊，该脊前方具细刻点，后方具网状皱脊。前翅小脉稍内叉，后翅有9根翅钩。腹部侧扁，向下呈弯弓。产卵管鞘不超出腹末。

生活习性：幼虫寄生于大型鳞翅目昆虫的幼虫。本亚科为鳞翅目昆虫幼虫的内寄生蜂，寄生蜂从寄主幼虫或蛹内羽化，单寄生。

地理分布：广西、福建、台湾、浙江、陕西、湖北、四川、云南，缅甸、孟加拉国、印度。

黑斑细颚姬蜂

Enicospilus melanocarpus Cameron

形态特征：体长约 17 毫米。体黄褐色，腹部第 5 节以后黑色至黑褐色，产卵管鞘黑色，翅痣暗黄褐色，翅脉黑褐色，盘肘室上方无毛区内的骨片浅黄褐色。上颚上端齿长于下端齿。盾纵沟不明显，小盾片侧脊完整。并胸腹节有基横脊，该脊前方光滑，后方具网状皱脊。前翅盘肘室基骨片大，与端骨片相连，中骨片卵圆形，小脉对叉式。后翅有 7 根翅钩。腹部细长侧扁，产卵管鞘不超出腹末。

生活习性：幼虫寄生于大型鳞翅目昆虫的幼虫。本亚科为鳞翅目昆虫幼虫的内寄生蜂，寄生蜂从寄主幼虫或蛹内羽化，单寄生。

地理分布：广西、广东、福建、海南、浙江、河北、山西、陕西、江苏、江西、湖南、贵州、云南、西藏、日本、菲律宾、缅甸、印度、尼泊尔、巴基斯坦、斯里兰卡、马来西亚、印度尼西亚、新几内亚、澳大利亚等。

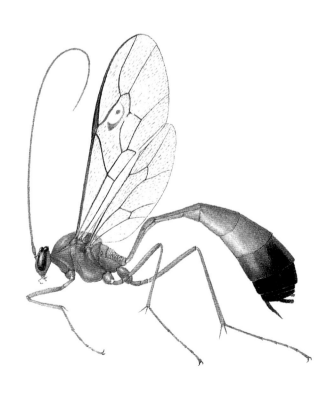

稻纵卷叶螟黄脸姬蜂
Chorinaeus facialis Chao

形态特征：体长约6.4毫米。大体黑色。脸、唇基、上颚（除端齿外）、额的两旁、触角柄节腹面、翅基片及足黄色。头、胸部具小刻点，有光泽。中胸盾片后部中央有一纵沟，小盾片具侧脊。并胸腹节具中纵脊和侧纵脊以及端横脊，分脊不明显。足粗短。前翅无小翅室。腹部具粗刻点，后部较宽，末端下弯，第1节背板分别具1对强的背中脊和背侧脊，第2节背板具中纵脊和短的亚侧脊，第3节背板仅基部具中纵脊。

生活习性：此蜂的寄主为卷叶的鳞翅目昆虫，幼虫寄生于稻纵卷叶螟，产卵于4、5龄幼虫体内，结茧化蛹于寄主蛹内，在蛹期羽化，成蜂从寄主蛹前端羽化钻出。单寄生。

地理分布：广西、广东、福建、浙江、江西、湖北、湖南、四川、贵州、云南。

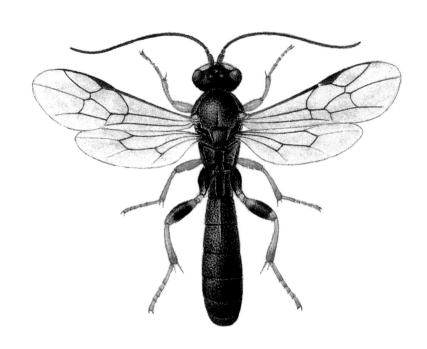

斜纹夜蛾盾脸姬蜂

Metopius rufus browni（Ashmead）

形态特征： 体长约 12 毫米。大体黑褐色。颜面、额的两侧、前胸后上缘、中胸侧板上方一大斑、翅基下脊、小盾片后部及基侧方的脊、后盾片、并胸腹节 2 个斑、腹部各节背板后部以及前足、中足腿节末端以下均为黄色。前翅尖有一深褐色大斑。颜面呈盾状隆起，周缘具脊，上缘中央有一三角形薄片状纵突，与额中央的尖突相连。胸部、腹部具粗刻点。小盾片短，具侧脊，末端呈刺状突出。中足仅 1 胫距。腹部向后渐宽，产卵管鞘不伸出腹末。

生活习性： 寄主为裸露、折叶和卷叶的鳞翅目昆虫等。雌蜂产卵于寄主幼虫体内，在寄主蛹内结茧化蛹并羽化，成蜂从寄主蛹前端外出。单寄生。在国内已知幼虫寄生于斜纹夜蛾、黏虫、稻苞虫。

地理分布： 广西、广东、福建、浙江、江苏、江西、湖北、四川、台湾、云南、香港，蒙古、朝鲜、日本、菲律宾、印度。

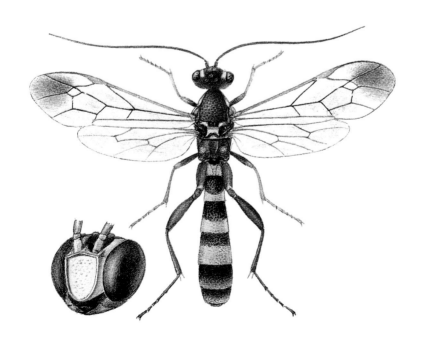

食蚜蝇姬蜂

膜翅目姬蜂科

Diplazon laetatorius（Fabricius）

形态特征： 体长 5.5 毫米。头、胸部大体黑色，口器、脸的两侧、前胸后角、中胸盾片两侧角、翅基片、翅基下脊、中胸后侧片上方、小盾片及后盾片均为黄色。足大体黄褐色，后足胫节基部及近端部黑色，中间黄白色。腹部第 1～3 节背板黄褐色，其余黑褐色。触角比体短。并胸腹节具强脊和粗刻纹。腹部扁平，第 1～4 节背板具粗刻点，近后缘或中部有横沟，第 1 节背板有强背中脊。产卵管鞘不超出腹末。

生活习性： 幼虫寄生于多种食蚜蝇，据记载寄主有黑带食蚜蝇、短刺刺腿食蚜蝇、大灰食蚜蝇、凹带食蚜蝇及狭带食蚜蝇等 20 多种。雌蜂产卵于寄主卵或初龄幼虫，从寄主蛹内羽化，单寄生。

地理分布： 广西、广东、台湾、福建、浙江、黑龙江、辽宁、内蒙古、河北、河南、山西、山东、陕西、宁夏、甘肃、新疆、江苏、安徽、江西、湖北、湖南、四川、贵州、云南，广泛分布于全世界。

黑尾姬蜂

Ischnojoppa luteator（Fabricius）

膜翅目姬蜂科

形态特征：雌蜂体长约 15 毫米。赤褐色。复眼、单眼区、触角端段、后足腿节和胫节末端及跗节、腹部第 5～7 节背板（除第 6 节后缘及第 7 节中央外）黑色。触角中部第 4～5 节黄白色。翅痣暗黄色，翅脉黑褐色。触角端部变粗，末端尖。额稍凹，颊隆肿，后头强度凹入。盾纵沟不明显，小盾片隆起，具侧脊。并胸腹节分区，脊弱。小翅室五边形。产卵管鞘稍伸出腹末。雄蜂触角端部不变粗，腹部第 5 节非黑色。

生活习性：幼虫寄生于稻苞虫、隐纹稻苞虫和姜弄蝶，亦有从三化螟为害的稻茎中育出的记载。雌蜂通常把卵产于寄主蛹内，有时产卵于幼虫，在蛹期羽化。单寄生。

地理分布：广西、广东、浙江、江苏、江西、湖北、湖南、台湾、四川、福建、贵州、云南、西藏，朝鲜、日本、菲律宾、印度尼西亚、新加坡、马来西亚、缅甸、印度、斯里兰卡、澳大利亚。

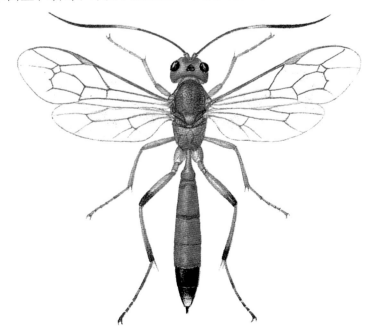

趋稻厚唇姬蜂
Phaeogenes sp.

形态特征：雌蜂体长约 8 毫米。头、胸部黑色。触角中段约 3 节背面淡黄褐色。足赤褐色，后足腿节末端、胫节两端黑色。腹部第 1 节基部、第 4 节端部大部及以后各节均为黑色，其余赤褐色。头、胸部具紧密刻点。头比胸宽，触角端部稍粗，盾纵沟不明显。并胸腹节分区完整，中区后端凹入。腹部较细长，两侧平行。产卵管鞘略伸出腹末。雄蜂触角中段无浅色，端部不变粗。

生活习性：幼虫寄生于稻纵卷叶螟蛹。其同亚科姬蜂是一个很大的类群，全世界均有分布，寄生于多种鳞翅目昆虫蛹体内。雌蜂通常把卵产于寄主蛹内，有时产卵于幼虫，在寄主蛹期羽化。单寄生。

地理分布：浙江、安徽、江西、湖北、湖南、四川、福建、广东、广西、贵州、云南。

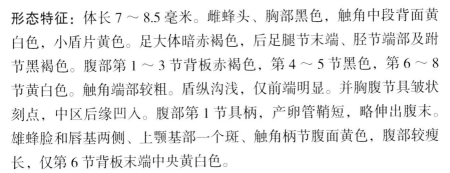

纵卷叶螟白星姬蜂
Vulgichneumon diminutus （Matsumura）

膜翅目姬蜂科

形态特征： 体长 7 ～ 8.5 毫米。雌蜂头、胸部黑色，触角中段背面黄白色，小盾片黄色。足大体暗赤褐色，后足腿节末端、胫节端部及跗节黑褐色。腹部第 1 ～ 3 节背板赤褐色，第 4 ～ 5 节黑色，第 6 ～ 8 节黄白色。触角端部较粗。盾纵沟浅，仅前端明显。并胸腹节具皱状刻点，中区后缘凹入。腹部第 1 节具柄，产卵管鞘短，略伸出腹末。雄蜂脸和唇基两侧、上颚基部一个斑、触角柄节腹面黄色，腹部较瘦长，仅第 6 节背板末端中央黄白色。

生活习性： 幼虫寄生于稻纵卷叶螟、稻苞虫，从寄主蛹内羽化，单寄生。其同亚科姬蜂是一个很大的类群，全世界均有分布。寄生于多种鳞翅目昆虫蛹体内。雌蜂通常把卵产于寄主蛹内，有时产卵于幼虫，在蛹期羽化。

地理分布： 广西、广东、云南、浙江、江西、湖北、湖南、四川、台湾、福建，日本。

雄蜂头正面

黄褐反颚茧蜂
Phaenocarpa sp.

形态特征： 雌蜂体长 1.4 毫米。大体黄褐色。复眼、单眼区黑褐色。触角、中胸背板中央条斑、并胸腹节、第 1 腹节深褐色。头光滑，颊明显膨出，颜面隆凸。上颚闭合时两齿端相距颇远，整个上颚可向外反转。中胸背板隆起，具盾纵沟。并胸腹节具强的中纵脊和侧纵脊。翅痣窄，前翅具外小脉，有 3 个肘室。腹部长度短于头胸之和，第 1 节背板具中纵脊和侧脊。产卵管鞘长约为后足胫节的一半。触角、足及翅密生细毛。

生活习性： 反颚茧蜂亚科内寄生于双翅目环裂亚目蝇类幼虫，也有将卵产于蛹中，在寄主蛹期撕裂蛹壳羽化。单寄生。寄主主要为潜蝇科、花蝇科、角蛹蝇科、丽蝇科、秆蝇科、腐木蝇科、果蝇科、水蝇科、日蝇科、麻蝇科、食蚜蝇科、尖尾蝇科、蝇科等几十个双翅目各科的蝇类。

地理分布： 广西。反颚茧蜂亚科广泛分布于全世界，但以热带地区为主。

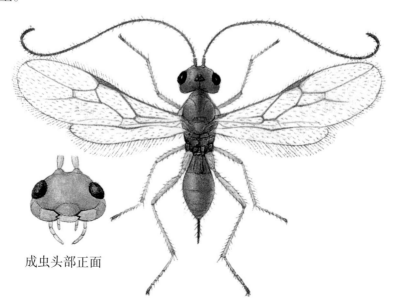

成虫头部正面

褐斑幽茧蜂

Euagathis seniflava Szepligeti

形态特征: 雌蜂体长约 8.5 毫米。体橘黄色,眼黑色。触角鞭节、前翅端部 1/3 和中部一横斑、后翅末端、后足胫节末端和跗节均为黑褐色。头横形,正面观近正三角形,两触角窝之间有一对凸脊,额洼围无隆脊。中胸盾纵沟宽而深,内有细横脊。小盾片前、后缘有脊。并胸腹节近方形,具纵脊和横脊。足的爪分叉,后足长距长于基跗节的一半。产卵管鞘稍伸出腹末。

生活习性: 幼虫寄生于缘点黄毒蛾和榆绿木黄毒蛾幼虫,单寄生。此属的种类均寄生于鳞翅目昆虫幼虫体内。

地理分布: 广西、广东、海南、浙江、江西、湖南、四川、福建、台湾、贵州,日本、缅甸、尼泊尔、泰国、印度尼西亚、马来西亚、斯里兰卡、印度、巴基斯坦、加里曼丹等。

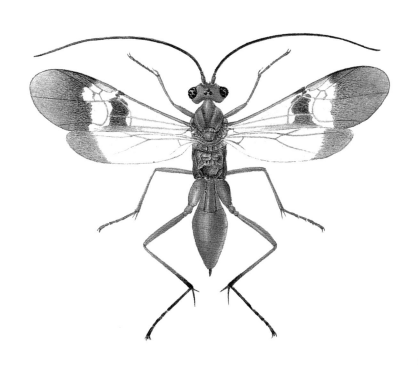

黄斯茧蜂
Zelomorpha sp.

形态特征：雌蜂体长约 7.2 毫米。体黄色。眼，触角鞭节，前翅前缘脉末端、翅痣端半部、痣外脉、臂脉及其相对的翅后缘，后足胫节末端及跗节，产卵管鞘，均为黑色至黑褐色。前翅前缘脉末端下方及第 2 臂室基部分别有一淡褐色斑。头横形、具额洼围，两触角窝间有一对额脊。中胸盾纵沟明显，小盾片前凹和后端具脊。并胸腹节具纵脊和横脊。各足爪分叉。腹部长度约为头胸之和。产卵管鞘略伸出腹末。

生活习性：此虫寄生于黏虫。

地理分布：广西。

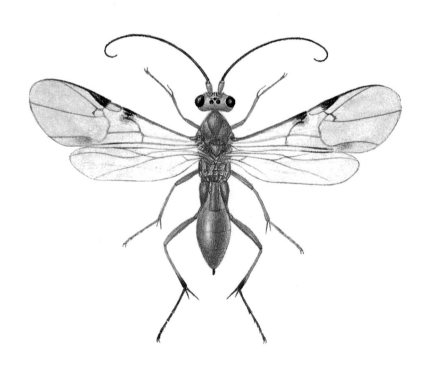

横带折脉茧蜂

Cardiochiles sp.

形态特征： 雌蜂体长约 5.5 毫米。体黑色。复眼、前足腿节末端以下、后足腿节基端、腹部第 1 节背板两侧膜质部稍带褐色。翅透明，前后翅基部和末端均黑褐色。体密被棕黑色细长毛。触角比体略短，复眼被毛。中胸盾纵沟呈 Y 形。并胸腹节表面有皱脊，中区呈大菱形。前翅径脉第 3 段明显曲折，该段的前段与第 2 肘间横脉不着色，呈白色透明。腹部宽阔，大于胸宽。产卵管鞘略短于后足基跗节。

生活习性： 幼虫寄生于稻纵卷叶螟，单寄生于寄主幼虫体内，在体外结茧。折脉茧蜂属寄生于鳞翅目螟蛾科、麦蛾科和卷蛾科。目前已知种类约 50 种，约占折脉茧蜂亚科种类的 25%。

地理分布： 广西、广东、福建、湖北、贵州、云南、台湾，印度尼西亚、菲律宾、马来西亚、泰国、尼泊尔、老挝。

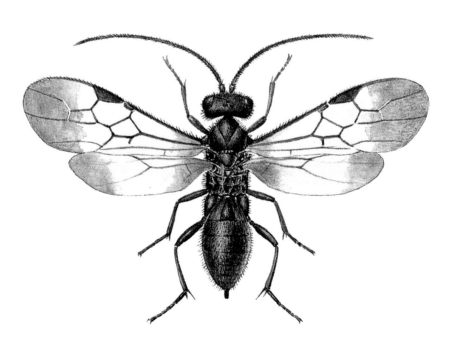

中华茧蜂

Bracon chinensis Szepligeti

形态特征：雌蜂体长约 4 毫米。头、胸部大体黄褐色，复眼、单眼区、触角黑色，并胸腹节黑褐色。翅浅褐色半透明，基部色略深，翅痣和翅脉黑褐色。前足赤褐色，中、后足黑色。腹部大体黑色，第 1 节背板两侧膜质部、第 2 节背板前缘两侧和侧缘及以后各节背板后缘两侧均为黄白色。体光滑、具强烈光泽。头背面圆隆，无后头脊。单眼区隆起。中胸盾纵沟伸达后缘，但不相接。并胸腹节无脊。腹部第 1 节背板两侧具宽阔膜质。产卵管鞘长约与后足胫节相等。

生活习性：幼虫寄生于三化螟、二化螟、大螟、二点螟、黄螟、高粱条螟，是水稻和甘蔗上螟虫常见的寄生蜂。成虫多在白日羽化，上午 9 时至下午 4 时最为活跃。产卵于寄主幼虫体表，卵群集一处，一个寄主上可多达 24 粒，一般每只幼虫上只发育 5 ～ 6 只蜂。蜂幼虫成长后即在寄主尸体附近结茧化蛹。

地理分布：广西、广东、福建、浙江、山东、上海、安徽、江西、湖北、湖南、四川、台湾、贵州、云南等，朝鲜、日本、菲律宾、印度尼西亚、印度、巴基斯坦。

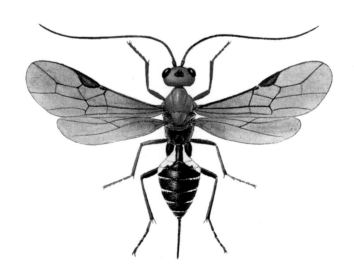

螟黑纹茧蜂

Bracon onukii Watanabe

膜翅目茧蜂科

形态特征： 雌蜂体长约 3.8 毫米。大体黄褐色。复眼、单眼区、后胸、并胸腹节、腹部第 1 和第 2 节背板中央的近方形斑、第 3 或第 3～4 节背板中央的一对小斑均为黑色或黑褐色，但个体间色斑常有变化。头、胸部光滑具光泽，无后头脊。中胸盾纵沟伸向后端会合。并胸腹节粗糙，中央有粗隆线。腹部宽大，第 1 节背板两侧有纵沟，中部粗皱隆起，第 2 节背板粗糙。体密被细毛。产卵管鞘比后足胫节稍短。

生活习性： 幼虫寄生于二化螟、三化螟和大螟幼虫，是最常见的寄生蜂。在稻桩内越冬螟虫的寄生率低，而转株到大麦、小麦内的大螟或二化螟寄生率则相当高。此蜂为幼虫体外寄生蜂。据记载，其寄主还有二点螟、稻螟蛉和棉红铃虫，重寄生蜂有黏虫广肩小蜂。

地理分布： 广西、广东、海南、浙江、辽宁、山东、山西、河南、陕西、江苏、安徽、江西、湖北、湖南、四川、台湾、福建、贵州、云南等，朝鲜、日本。

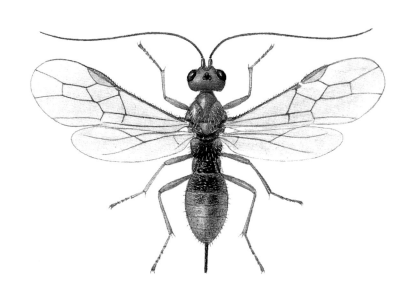

三化螟茧蜂

Tropobracon schoenobii（Viereck）

形态特征：雌蜂体长约 4.5 毫米。大体黄褐色。复眼、单眼区、并胸腹节、产卵管鞘黑色至黑褐色。腹部第 1～5 节各有一对深色或浅色黑斑。足褐色，中、后足胫节基部有一黄色斑。头、胸部光滑具光泽，无后头脊，盾纵沟深，伸至后端相会。并胸腹节具皱状刻纹和白色长毛。腹部背面粗糙，第 1 节背板两侧有纵沟，第 2 节背板有斜沟，自前角伸向后缘中央，但不相接，形成一块近正三角形的区域。产卵管鞘比后足胫节略短。

生活习性：幼虫寄生于三化螟、二化螟和大螟等，单寄生。在广东为最普遍的一种三化螟寄生蜂。在台湾 1 年发生 5～6 代，每代周期平均约 3 周，多寄生于第 4 龄幼虫。

地理分布：江西、湖南、台湾、福建、广东、广西，印度尼西亚、菲律宾、印度、巴基斯坦、斯里兰卡。

松毛虫脊茧蜂

Aleiodes dendrolimi（Matsumura）

形态特征： 雌蜂体长约 8 毫米。头、胸部黄褐色。复眼、单眼区黑色。触角、并胸腹节、翅痣、翅脉、足、腹部大体黑褐色。复眼大，内缘近触角窝处凹入。后头具后头脊。中胸盾纵沟几乎伸达后缘，不相接，中叶后端有一浅纵凹沟。并胸腹节具皱褶纹，有一中脊。前翅径脉第 1 段长度约为第 2 段的 1/2，小脉位于第 1 盘室的中部或基部 2/5 处。腹部第 1、2 节背板及第 3 节背板前半部具纵皱褶，有一中纵脊。产卵管鞘稍伸出腹末。

生活习性： 幼虫寄生于马尾松毛虫、文山松毛虫及油松毛虫等，单寄生。化蛹后寄主萎缩，羽化孔在寄主腹末背方，近圆形。松毛虫脊茧蜂 1 年发生 1 代，以老熟幼虫在寄主体内越冬，次年 5 月间羽化。成虫平均寿命 2 周左右，成虫寿命最长可达 45 天。松毛虫脊茧蜂也常被一些其他寄生蜂如姬蜂科、长尾小蜂科、广肩小蜂科、巨胸小蜂科、金小蜂科和旋小蜂科等科的种类所重寄生。

地理分布： 广西、广东、浙江、黑龙江、吉林、辽宁、河北、北京、山东、陕西、新疆、江苏、安徽、江西、湖北、湖南、四川、台湾、福建、云南、朝鲜、日本、蒙古、德国、意大利、俄罗斯、奥地利、阿富汗、匈牙利。

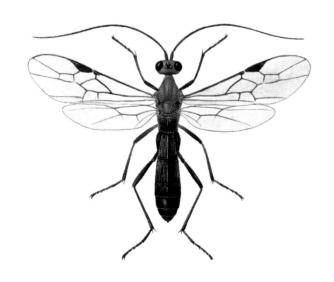

螟蛉脊茧蜂

Aleiodes narangae Rohwer

形态特征：雌蜂体长约4.8毫米，土黄色。复眼、单眼区黑色，翅脉、翅痣及足黄褐色。头沿下方和后方渐收窄，正面和侧面观似三角形。单眼和复眼间距甚远，复眼内缘近触角窝处微凹。中胸盾纵沟仅前方略显。小盾片具侧脊。并胸腹节具皱状刻纹，有中纵脊。前翅径脉第1段与第2段约等长。腹部第1～3节背板有细纵刻条，第1、2节背板具明显的中纵脊。产卵管鞘甚短。

生活习性：幼虫寄生于稻螟蛉，单寄生。据记载寄主还有稻条纹螟蛉和三点水螟。螟蛉脊茧蜂幼虫老熟后常被其他蜂所寄生，其重寄生蜂有螟蛉瘤姬蜂、负泥虫沟姬蜂、次生大腿小蜂、广大腿小蜂、绒茧金小蜂、黏虫广肩小蜂、菲岛黑蜂等。

地理分布：江苏、浙江、江西、四川、台湾、福建、广东、广西、贵州，日本、泰国、马来西亚、菲律宾和印度等。

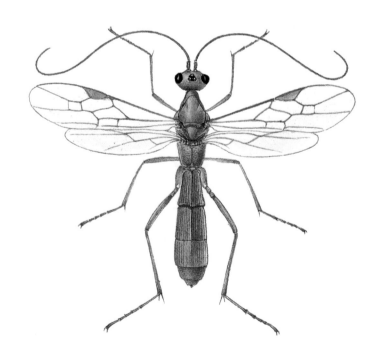

两色刺足茧蜂
Zombrus bicolor（Enderlein）

形态特征：雌蜂体长约 13 毫米。头、胸部赤褐色，翅大体棕色，复眼、单眼区、触角、翅痣及翅脉、足、腹部黑色或黑褐色。体密被灰黄色细长毛。头近似立方体，具额脊，后头有一浅纵沟。前胸背板和中胸背板中叶隆起，盾纵沟伸至后端相会。小盾片前凹，具 3 条纵脊。并胸腹节具粗大浅刻孔。后足基节背面有 2 根粗刺，长刺弯曲，腿节粗短。腹部第 1、2 节背板具纵刻条和中纵脊，第 2 背板前部有 1 对斜沟，中部有 1 横沟。产卵管鞘长约为腹长的 0.7 倍。

生活习性：幼虫寄生于橘褐天牛、葡萄脊虎天牛、竹绿虎天牛、红胸天牛、八星粉天牛、白带窝天牛、粗鞘双条杉天牛、槐绿虎天牛、家茸天牛、青杨天牛、双条杉天牛、星天牛、云斑天牛、中华蜡天牛、长蠹、竹长蠹等钻蛀性甲虫幼虫，在寄主体外生活，单寄生。

地理分布：广西、广东、浙江、北京、陕西、安徽、湖北、湖南、四川、台湾、福建、海南、贵州，日本。

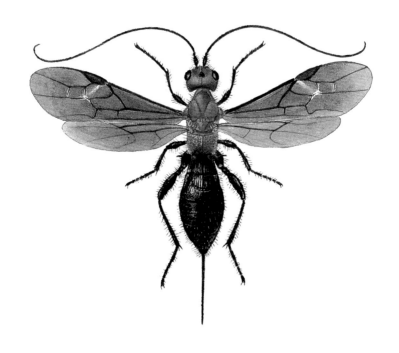

斑头陡盾茧蜂
Ontsira palliatus（Cameron）

形态特征：雌蜂体长约 5.3 毫米。大体暗淡黄褐色。复眼、前胸背板两侧、中胸侧板上部、后胸背板、并胸腹节后部黑褐色。腹部第 1 节背板周缘黑色，第 2 节背板一方形斑和第 3、4、5、7 节背板上的横形斑均为黑褐色。头近似立方体，单眼后有中纵沟。中胸盾纵沟伸至后缘会合。小盾片扁平，具侧脊和端脊。并胸腹节前部有一中纵脊，具中区。腹部第 1 节背板具纵刻纹，基部有 1 对中纵脊，第 2 节背板基半部亦有纵刻纹，中部有一横沟。产卵管鞘略长于后足胫节。

生活习性：幼虫寄生于松墨天牛、粗鞘双条杉天牛、长角深点天牛、杉棕天牛、青杨天牛、双条合欢天牛、星天牛等的幼虫。聚寄生于寄主体外，人工繁殖释放有一定效果。

地理分布：广西、广东、浙江、湖南，日本、越南、印度、塞舌尔及夏威夷群岛。

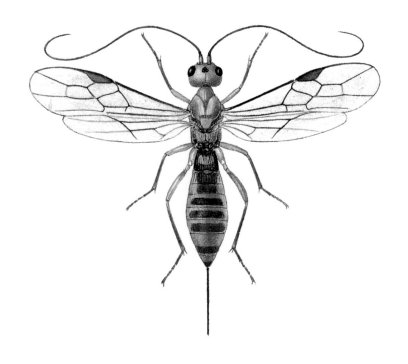

食心虫白茧蜂

Phanerotoma planifrons （Nees）

形态特征： 雌蜂体长约4.5毫米。体黄色至黄褐色。复眼、单眼区黑色。翅痣褐色，基部暗黄色。后足胫节中部色浅，末端深褐色。头比胸稍宽，具后头脊，后头凹入。中胸背板和小盾片较平坦。盾纵沟仅前方较浅。并胸腹节具皱，有一弱横脊，无侧齿。腹部背板仅见3节，具纵皱纹，第1节背板有1对中纵脊，自前侧角向中部斜伸。前翅小脉后叉式，约在第1盘室基方的1/3。产卵管鞘不伸出腹末。

生活习性： 幼虫寄生于大豆食心虫、棉大卷叶螟、桑绢野螟和桃斑野螟的卵至幼虫期。雌蜂产卵于寄主卵内，单寄生。据记载，此虫在国外还寄生于豆荚野螟。在寄主茧内结茧化蛹，茧圆筒形，两端钝圆。

地理分布： 广西、浙江、山东、江苏、江西、四川、重庆、海南、云南、菲律宾、新加坡、马来西亚、印度尼西亚。

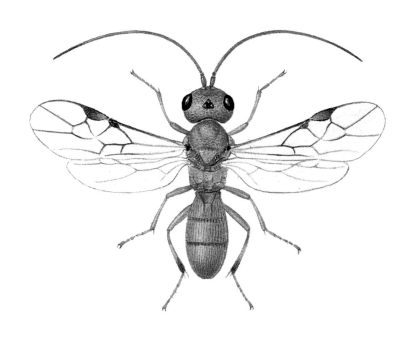

黄色白茧蜂
Phanerotoma flava Ashmead

形态特征：体长约8毫米。体黄色至黄褐色。复眼、单眼区、触角、翅痣黑褐色。后足胫节末端深褐色，中部色浅。腹部末端深褐色。头具后头脊，后头凹入。胸部具皱状刻点，中胸背板和小盾片较平坦，盾纵沟仅前方较浅。并胸腹节具弱脊，在端横脊两端呈小齿状突起。腹部背板仅见3节，具纵皱纹，第1节背板有1对中纵脊，自前侧角向后缘中部斜伸。前翅小脉后叉式，自第1盘室中央伸出。产卵管鞘不伸出腹末。

生活习性：幼虫寄生于棉红铃虫、缀叶丝螟、核桃楸螟、酸枣缀叶螟、黄连木缀叶螟。容性内寄生于鳞翅目昆虫的卵到幼虫期，主要寄主是隐蔽性生活的卷蛾科和螟蛾科。单寄生。雌蜂产卵于寄主卵内，蜂的1龄幼虫直至寄主幼虫成熟准备好化蛹处所后，才继续发育，最后钻出寄主，在寄主茧内结茧化蛹。

地理分布：广西、广东、福建、浙江、辽宁、河南、甘肃、上海、安徽、湖北、湖南、四川、台湾、贵州。

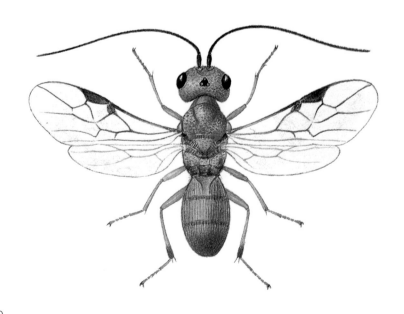

菲岛长体茧蜂

Aulacocentrum philippinensis（Ashmead）

膜翅目茧蜂科

形态特征： 雌蜂体长约 8.5 毫米。大体黄褐色。头、腹部第 3 节以后黑色。复眼、触角、后足腿节末端和胫节端部黑褐色。翅痣两端带黄色，其余黑褐色。头横形，比胸宽，眼发达。中胸背板盾纵沟深，伸达后缘，中叶有一纵脊。并胸腹节具粗刻点和横皱褶。足细长。腹部狭窄，第 1 节背板有横的细刻线，第 2 节背板和第 3 节背板基部有纵的细刻线。产卵管鞘约与体等长。

生活习性： 幼虫寄生于桑绢野螟、白蜡卷野螟、稻纵卷叶螟、二化螟、杨卷叶野螟，也有寄生于白杨缀叶野螟的记载。茧长圆筒形，棕红色，表面多细白丝，无光泽。长体茧蜂单寄生或聚寄生于卷蛾科、麦蛾科、织蛾科、螟蛾科、夜蛾科、灰蝶科和透翅蛾科等昆虫幼虫。具多胚生殖习性，但不少种类仅能育出一只蜂。

地理分布： 广西、台湾、山西、陕西、浙江、湖北、湖南、重庆、四川、云南，日本、印度、菲律宾。

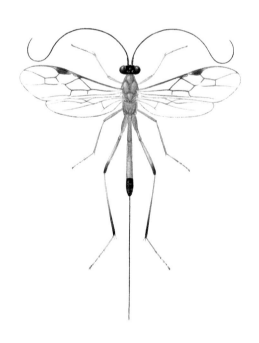

纵卷叶螟长体茧蜂
Macrocentrus sp.

形态特征：雌蜂体长约5.3毫米。大体黄褐色。复眼、单眼区黑色。足淡黄褐色，后足转节与腿节间色较深。并胸腹节和腹部第1～3节常有褐色至黑褐色斑。头横宽，触角比体长，两触角窝分开甚远。中胸背板中叶特别隆起，盾纵沟明显，沟内具脊。小盾片前凹具一中纵脊。并胸腹节具细网状脊纹。足细长，后足特别长，其胫距不达基跗节的一半。腹部第1～3节背板具细纵刻条。产卵管鞘比体稍长。

生活习性：幼虫寄生于稻纵卷叶螟、亚洲玉米螟、桑螟、竹织叶野螟、杨扇舟蛾和杨卷叶野螟。茧长圆筒形，红褐色，有光泽。对此茧蜂属的生物学了解很少，从目前已知寄主来看，主要寄生于螟蛾科昆虫幼虫。

地理分布：广西、黑龙江、吉林、辽宁、江苏、浙江、安徽、江西、湖北、四川、贵州。

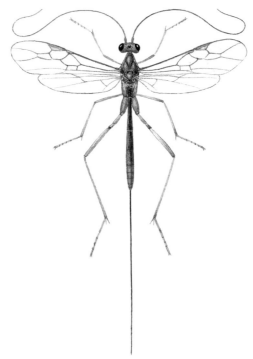

斑痣悬茧蜂

Meteorus pulchricornis Wesmael

膜翅目茧蜂科

形态特征：雌蜂体长约 4.8 毫米。大体赤褐色。复眼、单眼区、并胸腹节、第 1 腹节黑色。触角、盾纵沟、小盾片前凹、后胸背板、腹末数节黑褐色。翅痣上缘黄色，中、下部深褐色。后头在单眼之后倾斜。中胸盾纵沟宽阔，具皱状刻点。并胸腹节有粗网状刻纹，基部有中纵隆线。前翅径脉第 1 段长约为第 2 段的一半。腹部第 1 节背板后部具纵列刻纹，其下缘在腹面有短距离接触。产卵管鞘长约为后足胫节的 0.7 倍。茧外表具粗丝。

生活习性：寄主范围较广，单寄生于暴露性生活的鳞翅目昆虫幼虫。国内报道的寄主有棉小造桥虫、棉铃虫、紫四眼尺蠖、棉大卷叶螟、桑红腹灯蛾、桑螟、桑剑纹夜蛾、瓜绢螟、甜菜夜蛾、斜纹夜蛾、银纹夜蛾、烟夜蛾、黏虫、梨小食心虫、直纹稻苞虫等，国外报道的寄主有舞毒蛾、油杉毒蛾、栎枯叶蛾、大棉铃虫、苎麻夜蛾等几十种。

地理分布：广西、河北、吉林、江苏、浙江、安徽、福建、江西、河南、湖北、湖南、陕西、四川、贵州，日本，欧洲及北非。

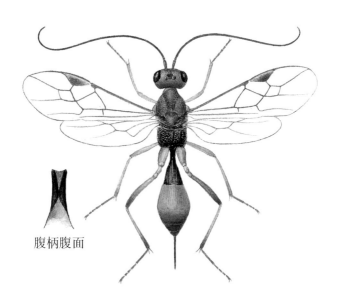

腹柄腹面

虹彩悬茧蜂
Meteorus versicolor Wesmael

形态特征：雌蜂体长约 4.5 毫米。体黄褐色。复眼、第 1 腹节（除基部和后缘外）黑色。单眼区、盾纵沟、并胸腹节、第 2 ～ 3 节背板常为褐色至黑褐色。头光滑，后头斜切，单复眼间距相当于侧单眼直径。盾纵沟具皱状刻点，相会于后端。并胸腹节具粗网状皱褶。前翅径脉第 2 段长约为第 1 段的 2 倍，相当于第 2 肘间横脉的长度。腹部第 1 节背板下缘在腹面有长距离接触。产卵管鞘长约与后足胫节等长。

生活习性：寄主范围较广，单寄生于鳞翅目枯叶蛾科的欧洲松毛虫、赤松毛虫、栗枯叶蛾、杂灌枯叶蛾、黄褐天幕毛虫，尺蛾科的褐叶纹尺蛾，毒蛾科的茸毒蛾、黄毒蛾、雪毒蛾、舞毒蛾、古毒蛾、旋古毒蛾，夜蛾科的窄眼夜蛾、烈夜蛾，眼蝶科的眼蝶及带蛾科的异舟蛾等。茧纺锤形，黄褐色，两端色较深。

地理分布：广西、辽宁、吉林、黑龙江、浙江、福建、湖北、湖南，日本、蒙古、巴勒斯坦、奥地利、保加利亚、法国、德国、英国、匈牙利、爱尔兰、荷兰、波兰、瑞典、美国。

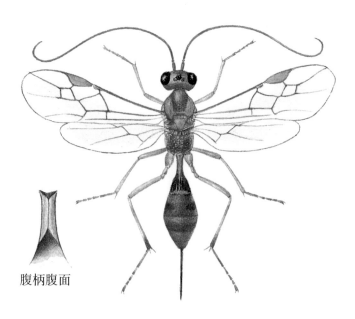

腹柄腹面

黏虫悬茧蜂

Meteorus gyrtor（Thunberg）

形态特征：雌蜂体长约 4.5 毫米。体土黄色至黄褐色。头光滑，单复眼间距约为侧单眼直径的 2 倍。中胸盾纵沟具皱状刻点，伸达后端。并胸腹节具细网状皱纹，基半中央有细纵脊。前翅径脉第 2 段长约为第 1 段的 3 倍，约等于第 2 肘间横脉的长度。腹部第 1 节背板下缘在腹面不接触，气门前方有一对明显的气门窝，中、后部具细纵刻条，第 2 节背板以后光滑。产卵管鞘长约为后足胫节的 0.65 倍。

生活习性：单寄生。在我国仅发现寄生于黏虫，稻田和麦田内均常见。雌蜂产卵于黏虫幼虫体内，蜂幼虫老熟以后即钻出寄主体外，先吐丝黏附于叶片上，再引丝下垂，上下多次，似加粗丝索，然后悬空吐丝结茧。有时从茧内会育出负泥虫沟姬蜂、次生大腿小蜂等重寄生蜂。据记载，在国外寄主还有棉铃虫、甜菜夜蛾、舞毒蛾、油杉毒蛾、天幕毛虫等近 60 种。

地理分布：北京、河北、山西、辽宁、吉林、黑龙江、上海、江苏、浙江、福建、江西、河南、湖北、广西、广东、四川、贵州、云南、陕西。

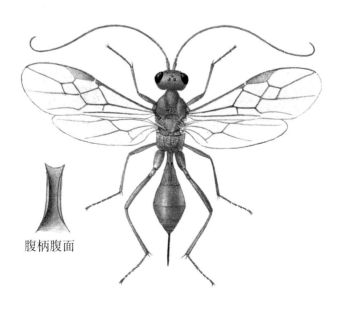

腹柄腹面

纵卷叶螟绒茧蜂
Apanteles cypris Nixon

形态特征： 雌蜂体长约 2.8 毫米。体黑色。前足腿节以下，中足胫节以下，后足转节、胫节基部、基跗节基部和端跗节均黄褐色。翅痣茶褐色（雄蜂无色透明）。体被细白毛。并胸腹节具纵脊和横脊，分区明显。前翅径脉第 1 段长约为肘间横脉的 2 倍，相连处呈弧形。腹部第 1 节背板长方形，拱曲，基部光滑，端部具刻纹，第 2 节背板梯形。产卵管鞘长度相当于后足胫节的 0.75 倍。

生活习性： 寄生于稻纵卷叶螟幼虫，单寄生。此蜂寄生率高，是纵卷叶螟幼虫最主要的天敌。成蜂行为活泼，常在稻丛间摆动式疾飞，在稻株上则靠爬行寻找寄主幼虫。雌蜂产卵于 1～3 龄幼虫体内，多在寄主 3～4 龄时，偶尔在 5 龄时钻出体外，结茧化蛹。世代历期约 13天。成蜂寻找寄主时，利用稻纵卷叶螟幼虫在稻叶上取食后造成的白斑、卷叶、丝及粪便等作为线索，寻找到线索后，便用产卵器在上面试探，一旦触及寄主，便迅速将产卵器插入寄主体内产卵。此蜂的茧内，也常育出许多重寄生蜂。

地理分布： 广西、广东、福建、浙江、陕西、山东、江苏、上海、安徽、江西、湖北、湖南、四川、台湾、贵州、云南。

螟蛉绒茧蜂

Apanteles ruficrus（Haliday）

形态特征：雌蜂体长约2.3毫米。体黑色。翅基片黄褐色，翅痣土黄色。足大体黄褐色，后足基节黑色，腿节末端、胫节两端及跗节褐色至黑褐色。体被白色细毛。并胸腹节具粗网状皱纹，不分区。前翅径脉第1段与肘间横脉等长或略短，两脉连接处外方呈尖角曲折，内方近弧形。腹部第1、2节背板具粗皱纹，第1节背板近似梯形，第2节背板横长方形。产卵管鞘不明显超出腹末。

生活习性：此蜂是夜蛾幼虫常见的寄生蜂，在我国已发现的寄主有稻螟蛉、条纹螟蛉、禾灰翅夜蛾、黏虫、劳氏黏虫、棉小造桥虫、棉铃虫、大螟、二化螟、三化螟和稻苞虫等。此外，据记载还有小地老虎等20多种寄主。雌蜂成虫产卵于寄主幼虫体内，蜂幼虫在内取食，成熟后即从寄主体表钻出，在其附近结茧化蛹。稻螟蛉数量因此受到控制。但当此蜂数量上升之后，它的重寄生蜂数量也相应上升，其中以绒茧灿金小蜂最多。

地理分布：几乎全国各地，朝鲜、日本、菲律宾、印度、斯里兰卡、大洋洲、非洲、欧洲。

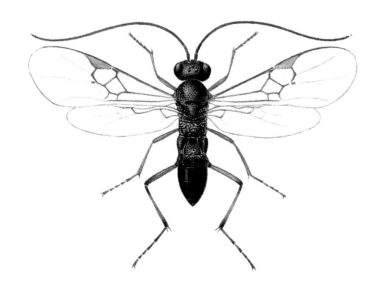

螟黄足绒茧蜂

Apanteles flavipes（Cameron）

形态特征： 雌蜂体长约 2 毫米。大体黑色。触角、上颚、上唇、须、翅基片、翅痣及各足黄色至黄褐色。体被白色细毛。头光滑，颜面突出。触角粗，亚念珠形，比体短（雄蜂触角丝形，比体长）。中胸较扁，翅基片间距大于背腹板厚度，背板平坦。并胸腹节不分区，具网状皱纹。前翅径脉第 1 段从翅痣中央伸出，与肘间横脉和回脉长度约相等。腹部第 1、2 节背板具皱状刻纹，第 1 节背板梯形，第 2 节背板横长方形。产卵管鞘仅达腹末。

生活习性： 寄生于大螟、二化螟、三化螟、棉铃虫、劳氏黏虫、列星大螟、二点螟、黄螟、高粱条螟等幼虫体内，在体外结茧。对大螟幼虫的寄生率有时达 80% 以上。重寄生蜂有盘背菱室姬蜂、扁股小蜂。

地理分布： 广西、广东、福建、浙江、湖北、湖南、江苏、安徽、江西、四川、台湾、贵州、云南等，日本、马来西亚、菲律宾、印度、巴基斯坦、斯里兰卡、澳大利亚、毛里求斯。

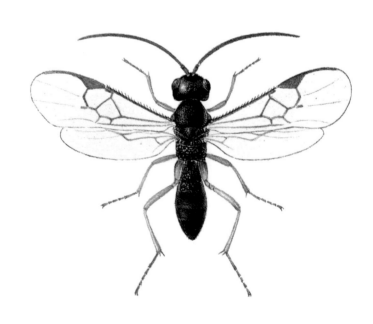

398

三化螟绒茧蜂

Apanteles schoenobii Wilkinson

形态特征：雌蜂体长约 3 毫米。体黑色。足大体黄褐色，中足胫节末端及跗节、后足腿节末端和胫节两端及跗节黑褐色。翅痣深黄褐色。腹部腹面及第 1、2 节背板侧缘黄褐色。体被白色细毛。头、胸部具细刻点。并胸腹节具中区和分脊，有皱状刻纹。前翅径脉第 1 段与肘间横脉等长，连接处曲折明显。腹部背面较平坦，第 1、2 节背板具皱状纵刻纹，第 1 节背板梯形，第 2 节背板横长方形。产卵管鞘约与后足胫节相等。

生活习性：除寄生于三化螟幼虫外，在我国还在二化螟幼虫上发现。单寄生于幼虫体内，老熟后幼虫钻出寄主体外，在旁边结茧化蛹。茧长圆筒形，两端钝圆，白色，质地甚薄，外表较光滑。

地理分布：广西、广东、福建、浙江、江苏、江西、湖北、湖南、四川、台湾、贵州、云南等，印度至菲律宾一带。

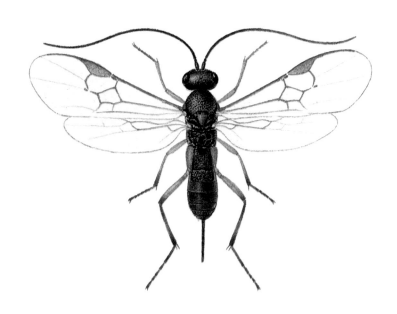

長尾螳小蜂

膜翅目长尾小蜂科

长尾螳小蜂

Podagrion sp.

形态特征： 体长约 3.8 毫米。头、胸部及后足基节大部分为蓝黑色，具金绿色光泽。触角和足黄褐色至棕褐色。腹部背板基部和中部黄褐色，亚基部和端半部黑褐色。触角着生于复眼中部水平线上，柄节超出头顶，棒节膨大。胸部背板具皱状刻点，盾纵沟明显。并胸腹节中央具斜粗皱脊。后足基节长于腹长的 1/2，腿节膨大，腹面有 7 个齿，胫节弯曲。各足基跗节长约为跗节的一半。雌蜂产卵管鞘长为体长的 2.1 倍。

生活习性： 寄生于螳螂卵内，有些雌蜂寄附在雌螳螂体表，以保证它们能在寄主卵鞘的泡沫硬化之前，及时把自己的卵产于其上。

地理分布： 广西、广东、浙江、江苏、四川、云南，日本、美国及欧洲。

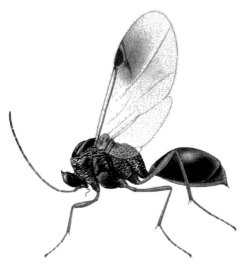

形态特征：体长约 4 毫米。体黑色。触角（除端部渐黑褐色外）、颚须、足（除基节暗褐色外）黄褐色，复眼黑褐色，翅基片深褐色，翅半透明，前翅翅痣附近烟褐色。头极短，横形，头顶呈横脊状。后单眼间有一对刀片状三角形突起。中胸盾片光滑，盾纵沟伸向后端中央但不相接，沟内具横脊。中叶近侧角处有一短纵洼沟。小盾片前凹深，内具 2 条纵脊。中胸侧板光滑，中部有一横凹洼。后胸侧板和并胸腹节具网状皱纹。腹部光滑。

生活习性：寄生于黄斑盘瓢虫幼虫，单寄生。细蜂科大多数生活在潮湿的地方，一般寄生于鞘翅目幼虫体内，如步甲科、叩甲科等。雌蜂产卵于寄主幼虫体内，刺入动作很快。寄主幼虫在被寄生后起初看起来未受影响，逐渐发育停滞、行动缓慢，到寄生蜂幼虫成熟前静止不动。成熟幼虫从寄主腹面节间膜处钻出，寄生蜂蛹与寄主幼虫都是腹部腹面对腹部腹面，蜂蛹头部斜向前方。蜂蛹无茧。在每一寄主上既有单寄生，也有聚寄生。

地理分布：广西、台湾、福建、浙江、湖南、贵州，尼泊尔、印度尼西亚。

稻虱红螯蜂
Haplogonatopus japonicus Esaki et Hashimoto

形态特征：雄蜂体长 2.4 毫米。体黑褐色。口器、翅基片、翅脉、翅痣和足暗黄褐色。头比胸宽，后头中部凹入。触角和复眼均密被灰白色细毛。中胸盾片中央有 Y 形纵沟，后部两侧有一浅纵凹。小盾片和后盾片大。并胸腹节具粗皱褶。翅密被细毛，前翅具前缘室，后翅有臀叶。前、中足胫节具 1 距，后足胫节具 2 距。腹部光滑，有稀疏细毛。雌蜂无翅。

生活习性：寄生于褐飞虱、灰飞虱、白背飞虱、长突飞虱、喙头飞虱、二条黑尾叶蝉和电光叶蝉等。螯蜂科的寄主全为同翅目头喙亚目约 20 个科的昆虫，但不同类群的寄主有一定的范围。雌蜂以螯紧抱所捕寄主后，迅速弯曲腹部探索产卵部位。卵产在寄主翅基或近腹末的腹部节间膜之下，卵一端刚外露，孵化后就在此处发育。老熟幼虫爬至植株上结茧化蛹。茧薄、白色、椭圆稍扁，茧上还覆有单层的丝膜。寄主被寄生后仍能存活，但不能蜕皮和进行繁殖，直至蜂幼虫发育成熟离开后寄主才死亡。

地理分布：几乎全国各地，印度、斯里兰卡、马来西亚、菲律宾、泰国、日本、澳大利亚。

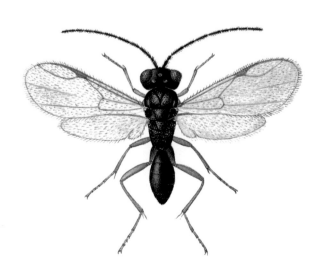

四齿盾脊青蜂
Chrysis sp.

形态特征： 体长 12～14 毫米。体蓝黑色，具紫绿色金属光泽。触角鞭节和各足跗节深褐色。腹部第 3 节背板紫黑色。体密布粗刻点，背面观中部最宽。触角着生于复眼下端连线。额的上部呈一处脊围成的圆形浅凹，中单眼在其中。盾纵沟明显。后盾片如舌形向后尖出，背中呈凹窝。并胸腹节极短，具脊，两后侧角呈锥状凸出。腹部可见 3 节，末端有 4 个尖齿。产卵管鞘不超出腹末。

生活习性： 青蜂科全为寄生性。本种寄生于鳞翅目昆虫幼虫，与上海青蜂寄生于黄刺蛾幼虫茧内行为习性有可能相似。上海青蜂羽化后即咬破虫茧走出，择偶交尾。雌蜂产卵时，先找寻刺蛾幼虫茧，找到后即在茧上咬一小圆孔，然后把产卵器插入茧内刺螫幼虫。产卵前先分泌毒液，使寄主幼虫麻痹并防腐，再产一粒卵于刺蛾幼虫体表。产卵后雌蜂会把产卵孔封闭，防止刺蛾幼虫和青蜂卵发霉致死。蜂卵孵化后，即在体外吸食刺蛾幼虫体液。蜂幼虫成熟后，分泌黄丝结茧于寄主茧内。

地理分布： 广西。

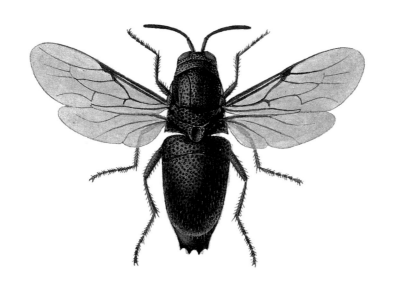

台湾马蜂
Polistes formosanus Sonan

形态特征： 体长约 18 毫米。大体黄褐色。头顶和后头各一横斑、中胸盾片 3 条纵斑、中胸腹板及侧板中央一纵斑、后胸腹板及侧板两端或全部、并胸腹节两端缘及 3 条纵斑、各足基节和转节及腿节的腹面、腹部第 1 节腹板和背板基部的 3 个斑、腹部第 2 节背板前缘一横带，均具黑色斑块。腹部第 1、2 节背板中央紧接黑色处和各节背板中部有棕褐色斑及波曲形横线纹。翅不飞翔时纵褶。雌蜂触角 12 节，腹部 6 节；雄蜂触角 13 节，腹部 7 节。

生活习性： 属社会性行为的昆虫类群，生活习性较复杂，一切活动均以蜂巢为核心。从进化上看更为先进。此蜂筑巢群居，蜂群中分工明确，有蜂后、工蜂和专司交尾的雄蜂。蜂后为上一年秋后交尾受精的雌蜂，在避风、恒温场所抱团越冬，春季散团后即分别活动，自行寻找适宜场所营巢产卵。此蜂成虫在大田中能捕食多种农林害虫，幼虫食性为严格的肉食性，靠工蜂猎捕多种昆虫及其他的小动物或腐肉来喂饲。当人误触蜂巢时，蜂群会追袭蜇刺人。若被蜇多刺，应及时就医。

地理分布： 广西、广东、福建、浙江、江苏、江西、湖南、四川、台湾、贵州、云南，日本。

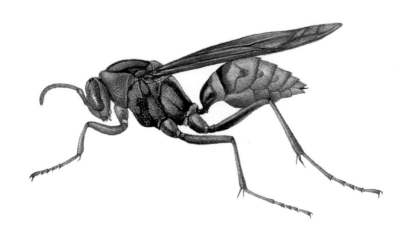

形态特征：雌蜂体长约 15 毫米。大体黑色。头（除头顶一横带为黑褐色外）、前胸背板后部、中胸盾片、小盾片、翅基片、各足腿节以下均为黄褐色。翅深棕色半透明，具紫黑色闪光。前胸背板近下角有一个小隆突，近上角有一大一小隆突。小盾片大，后盾片钝锥形。中胸侧板中央上方有一明显的横沟。并胸腹节无脊，具浅横刻纹。各足胫节和跗节密生小刺。腹部 6 节，末端锥形。

生活习性：蛛蜂寄生于蜘蛛，性喜阳光，成虫常在花丛间匆忙搜寻，寄主行动敏捷。发现蜘蛛时，先设法逮住猎物，用上颚咬住其身体一侧几个足的基部，随后把腹末弯向前方刺螯并麻痹猎物，旋即在猎物腹基部背面产卵，也有些蛛蜂先把麻痹了的猎物搬到合适的地方隐藏后才产卵。成虫常在地下、石块缝隙或朽木中筑巢，也有利用其他动物废弃的巢穴，或昆虫的蛀道和有隧道植物的茎秆，将猎物放入巢中，供幼虫取食。

地理分布：广西、浙江、安徽、台湾、江苏、上海，日本、菲律宾、缅甸。

美长柄泥蜂

Sceliphron formosum（Smith）

形态特征：体长约 21 毫米。大体黑色。头较胸宽。前胸背板后端叶状隆起，顶缘呈黄色横带。中胸盾片密布细横纹。小盾片短宽，中央为一黄色大横斑。翅基下片前半部和中胸侧板上方有一黄色斑。并胸腹节密布横脊纹，末端和前侧角分别有一黄色斑，中部有近似山字形的浅沟。腹部具弯曲长柄，柄后腹膨大呈榄核形，各节基半部黑色（第 4 节以后常缩入看不见）。

生活习性：此种与大多数泥蜂一样具有复杂的捕猎及筑巢本能。捕猎对象为节肢动物，包括昆虫、蜘蛛及蝎子等，本科各属或种的捕猎对象不同。泥蜂大多数在土中筑巢，于巢室内产卵。成虫捕到猎物后先用螯刺将其麻痹，再将猎物带回巢中，放于巢室内，封闭巢室，幼虫孵出后取食猎物，直至老熟化蛹。泥蜂大多独栖，少数种类类似共生，即若干雌蜂共用一个巢口及通道，每只雌蜂单独构筑自己的巢室。

地理分布：广西、台湾。

棒胫行军蚁

Aenictus clavitibia Forel

形态特征： 雄蚁体长约 6.5 毫米。大体浅蜜黄色至浅褐色。头黑褐色。体被细密灰白色短柔毛。颊宽大，向后头强度收窄。上颚角状弯曲，末端尖锐，基部宽大，其表面较平，内缘有一突起。触角柄节大，侧扁。胸部肥大，背面隆凸。小盾片宽大，突起，末端圆形。各足短，腿节侧扁，胫节棒状，端部强度膨大。腹柄 1 个结节，宽大于长，中部凹，侧缘圆弧形。腹面呈脊状，腹部呈粗大圆柱形，略弯。

生活习性： 该属工蚁具猎食性，猎食时常三四列成排前进，非常有规律。雄蚁具强烈的趋光性。

地理分布： 广西。

东方行军蚁
Dorylus orientalis Westwood

形态特征： 雄蚁体长 18～20 毫米。头黑褐色，胸、腹部黄褐色，触角、上颚、足栗褐色，翅淡褐色透明，翅脉深褐色。全体被浅灰黄色绒毛。头横形，较胸窄。额隆凸，具深的中纵沟。上颚宽大而扁，末端钝，基部内缘有一突起。胸部肥厚，被毛较长。中胸背板均匀隆起，小盾片圆隆，后部收缩，后端中部略凹。各足短小，腿节宽阔，强度侧扁。腹部一个结节，较大，稍呈正方形，背面圆隆。腹部长，圆柱形，稍向下弯曲，末端收缩。

生活习性： 此属常营巢地下，雄蚁具趋光性。在贵州、湖南等地，东方行军蚁在田间取食白菜、洋芋、黄豆、豇豆、玉米、茄子、花生、番薯、西瓜、柑橘和大丽菊等蔬菜、果树、花卉，为上述作物的主要害虫。

地理分布： 我国南方各省，斯里兰卡、印度、缅甸。

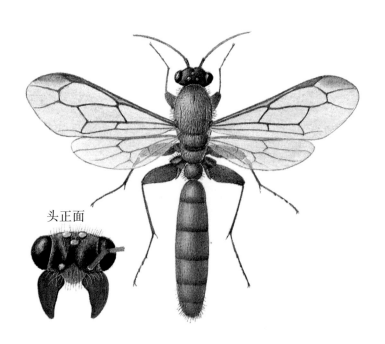

头正面

大腹切叶蚁

Carebara lignata Westwood

形态特征： 雌蚁体长约 18 毫米。大体栗褐色、具光泽。头具浓密刻点，额具深的中纵沟。唇基三角形，中部隆突。上颚略弯曲，基部窄，端部宽阔，表面有纵刻条，端缘斜切，具 6 个黑色小齿。触角 10 节，鞭节不明显、为棒状。中胸盾片和小盾片表面隆凸。腹柄结节 2 节，第 1 节侧观呈三角形，背面圆，横形，中间略凹，第 2 节横矩形，两侧气门处瘤状突起。

生活习性： 蚂蚁是一类群居、筑巢、营社会性生活的昆虫。在一个群体中，有雌蚁、雄蚁和工蚁三个基本品级。各品级间不但形态相异，而且在生理、职能上有明显的不同。食性有肉食性和植食性，有的还能种植菌圃取食菌类，因此有益害之分。

地理分布： 广西。

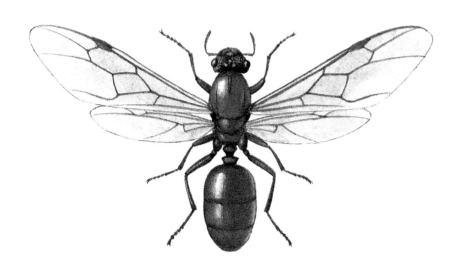

图书在版编目（CIP）数据

灯下昆虫图鉴 / 李永禧，周至宏，王助引编绘 . —南宁 : 广西科学技术出版社，2024.1
ISBN 978-7-5551-1861-9

Ⅰ . ①灯… Ⅱ . ①李… ②周… ③王… Ⅲ . ①昆虫—图谱 Ⅳ . ① Q96-64

中国国家版本馆 CIP 数据核字（2023）第 142603 号

DENG XIA KUNCHONG TUJIAN

灯下昆虫图鉴

李永禧 周至宏 王助引 编绘

责任编辑：赖铭洪 罗 风	助理编辑：谢艺文
责任校对：盘美辰	装帧设计：梁 良
责任印制：韦文印	封面插图：李小东

出 版 人：梁 志	出版发行：广西科学技术出版社
社 址：广西南宁市东葛路 66 号	邮政编码：530023
网 址：http://www.gxkjs.com	编 辑 部：0771-5864716
印 刷：广西民族印刷包装集团有限公司	

开 本：890 mm×1240 mm 1/32	
字 数：369 千字	印 张：13.25
版 次：2024 年 1 月第 1 版	印 次：2024 年 1 月第 1 次印刷
书 号：ISBN 978-7-5551-1861-9	
定 价：98.00 元	